U0271785

作者简介

　　吉日木图，蒙古族，内蒙古农业大学食品科学与工程学院教授，博士研究生导师，兼任中蒙生物高分子应用联合实验室主任、中国畜牧业协会骆驼分会理事长、内蒙古骆驼研究院院长，主要从事骆驼基因组和骆驼产品开发方面的科研工作。先后主持国家重点研发计划项目、国家国际科技合作专项、国家自然科学基金项目、内蒙古自治区科技重大专项、内蒙古自治区科技计划项目等20余项。获得发明专利8项，参与骆驼产品标准制定10多项。在*Nature Communications*、*Communications Biology*、*Molecular Ecology Resources*、*LWT-Food Science and Technology*等学术期刊上发表文章100余篇，主编论著和教材10余部。被授予"内蒙古自治区草原英才"荣誉称号，获得"俄罗斯农业部自然科学奖"和"蒙古国骆驼科技贡献奖"等奖项。

作者简介

　明　亮，蒙古族，工学博士，内蒙古农业大学食品科学与工程学院讲师，硕士研究生导师，主要从事乳与乳制品工艺学教学工作以及双峰驼驼乳与基因组方面的科研工作。先后参加国家自然科学基金项目、国家国际科技合作专项、内蒙古自治区科技重大专项、内蒙古自治区科技计划项目、内蒙古自然科学基金项目等多项科研项目。获得专利1项。参编《神奇的骆驼与糖尿病》《骆驼产品与生物技术》《骆驼乳与健康》图书共3部，在*Communications Biology*、*Molecular Ecology Resources*、*Scientific Reports*、*Animal Genetics*等学术期刊上发表论文20余篇。

作者简介

何　静，工学博士，内蒙古农业大学食品科学与工程学院讲师，从事驼乳深加工和机理研究方面的科研工作。先后参加国家重点研发计划项目、内蒙古自治区科技重大专项、内蒙古自治区科技计划项目等的实施。参与骆驼产品标准制定10项。参编《骆驼乳与健康》，在 *LWT-Food Science and Technology*、*Journal of Dairy Science*、*Scientific　Report* 等杂志上发表论文15篇。

褐色骆驼

红色骆驼

白色骆驼

深褐色骆驼

黑褐色骆驼

杏黄色和深褐色骆驼

花色驼羔

花色骆驼

棕红色骆驼

褐色驼羔

彩图 1　不同被毛颜色的骆驼

彩图 2　阿拉善双峰驼

彩图 3 苏尼特双峰驼

彩图 4 青海双峰驼

彩图 5 塔里木双峰驼

彩图 6 准噶尔双峰驼

彩图 7　嘎利宾戈壁红驼

彩图 8　哈那赫彻棕驼

彩图 9　图赫么通拉嘎驼

彩图 10　哈萨克斯坦双峰驼

彩图 11　伊朗双峰驼

彩图 12　野生双峰驼

彩图 13　Al-Majaheem 品种单峰驼

彩图 14　Al-Wadda 品种单峰驼

彩图 15　Al-Homor 品种单峰驼

彩图 16　Al-Safrah 品种单峰驼

彩图 17　澳大利亚地区的骆驼

彩图 18　苏利羊驼

彩图 19　瓦卡亚羊驼

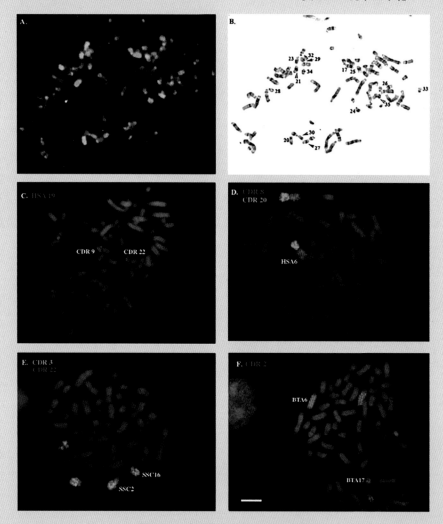

彩图 20　骆驼染色体 FISH 杂交图

注：A，骆驼最短染色体 7 种颜色荧光原位杂交图；B，同一峰骆驼的细胞分裂中期 GTG-带；C，骆驼染色体 10 和 22 上的人染色 19 个探针；D，两种颜色的荧光原位杂交，在人 6 号染色体上的骆驼 8 号染色体（红色）和 20 个探针（绿色）；E，两种颜色的荧光原位杂交，猪的 2 号和 6 号染色体上的骆驼 3 号（绿色）染色体和 22（红色）个探针；F，荧光原位杂交，骆驼 2 号染色体在牛 6 号和 17 号染色体上的 FISH 探针。

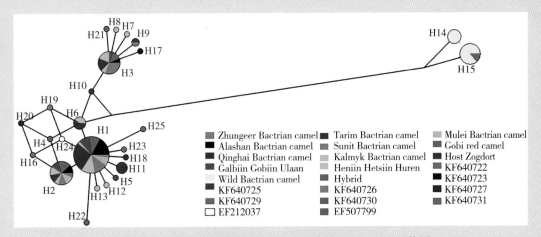

彩图 21　双峰驼线粒体 DNA D-loop 区序列的 Network 网络图

注：Zhungeer Bactrian Camel，准格尔双峰驼；Tarim Bactrian Camel，塔里木双峰驼；Mulei Bactrian Camel，木垒双峰驼；Alashan Bactrian Camel，阿拉善双峰驼；Sunit Bactrian Camel，苏尼特双峰驼；Gobi Red Bactrian Camel，戈壁红驼；Qinghai Bactrian Camel，青海双峰驼；Kalmyk Bactrian Camel，卡尔梅克双峰驼；Galbiin Gobiin Ulaan，嘎利宾戈壁红驼；Heniin Hetsiin Huren Camel，哈那赫彻棕驼；Hos Zogdort Camel，图赫么通拉嘎驼；Wild Bactrian Camel，野生双峰驼；Hybrid Camel，杂交驼；KF640722、KF640723、KF640725～KF640727、KF640729～KF640731、EF212037、EF507799 是从 GenBank 数据库下载的序列号。

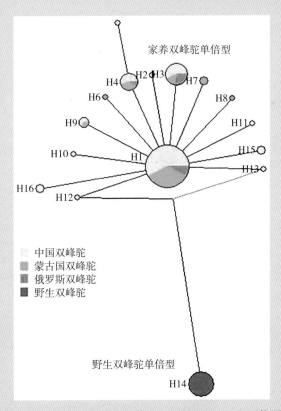

彩图 22　双峰驼群体线粒体 *Cytb* 基因 Network 网络图

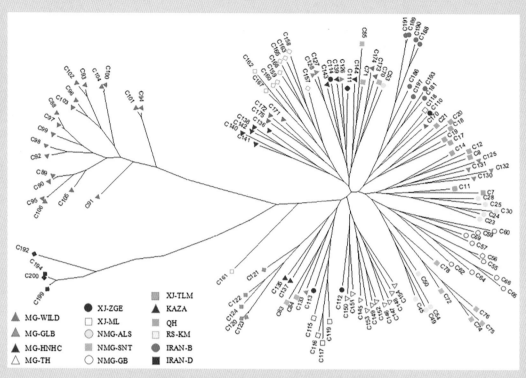

彩图 23　双峰驼和单峰驼群体无根系统发育树

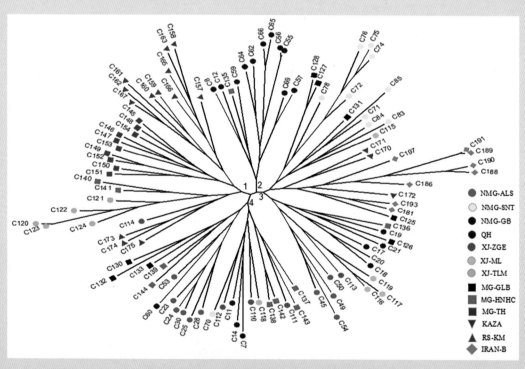

彩图 24　13 个家养双峰驼群体无根系统发育树

注：1、2、3、4 分别代表不同支系。

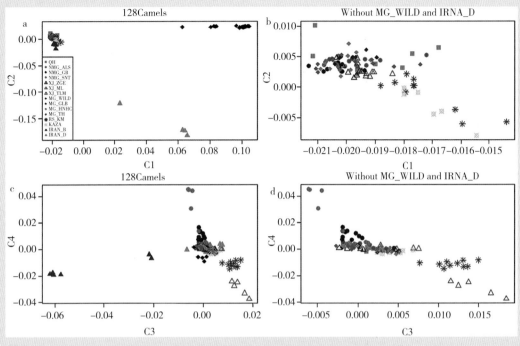

彩图 25　骆驼群体主成分分析结果所提示的群体结构

注：C1、C2、C3 分别是主成分1、2、3。

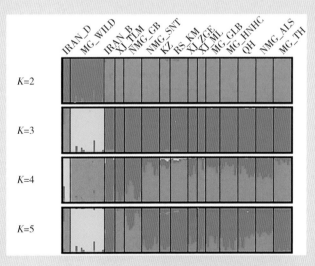

彩图 26　全基因组 SNP 的骆驼群体结构推断

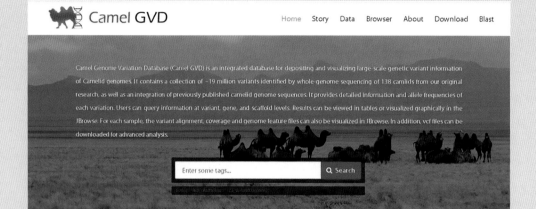

彩图 27　CamelGVD 主界面

国家出版基金项目
NATIONAL PUBLICATION FOUNDATION

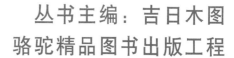

丛书主编：吉日木图
骆驼精品图书出版工程

骆驼基因与种质资源学

吉日木图 明 亮 何 静◎主编

中国农业出版社
北 京

内容简介

    该书分别阐述骆驼科物种的起源、进化与驯化，性状与生物学特性，群体遗传多样性，种质特性研究，基因组学特性及数据库构建，转录组学、蛋白质组学、宏基因组学等，提炼总结在全世界不同地域、历史变迁及不同经济社会背景条件下的骆驼种质保存情况，希望为骆驼种质资源保护、品种培育提供分子水平的科学依据。

丛书编委会

骆 驼 精 品 图 书 出 版 工 程

编 写 人 员

主　编　吉日木图（内蒙古农业大学）

　　　　明　亮（内蒙古农业大学）

　　　　何　静（内蒙古农业大学）

副主编　刘佳森（内蒙古自治区农牧业科学院）

　　　　张文彬（内蒙古自治区阿拉善盟畜牧研究所）

　　　　杨天一（内蒙古苏尼特驼业生物科技有限公司）

　　　　王　振（中国科学院上海生命科学研究院）

　　　　斯仁达来（内蒙古农业大学）

　　　　王英丽（内蒙古农业大学）

参　编（以姓氏笔画为序）

　　　　艾毅斯（内蒙古国际蒙医医院）

　　　　伊　丽（内蒙古农业大学）

　　　　李全允（内蒙古农业大学）

　　　　肖宇辰（内蒙古农业大学）

　　　　郭富城（内蒙古农业大学）

　　　　海　勒（内蒙古农业大学）

前 言 FOREWORD

　　骆驼被列为蒙古族人民的"草原五畜"之一，也是古代"丝绸之路"上最适合的交通工具，因此被誉为连接东西方文化的桥梁。纵观人类发展史，骆驼在运输、贸易、战争、农耕、文化交流等方面发挥了不可替代的作用，极大地促进了人类文明的交流与社会的进步。

　　骆驼分布广泛，广阔的沙漠、半沙漠和荒漠草原都是适合骆驼的生存环境。从分布区域来说，中国、蒙古国、俄罗斯和哈萨克斯坦是世界上双峰驼的主要分布国；此外，阿富汗北部、巴基斯坦北部、伊朗和土耳其等地也有少量的骆驼群体。由于地理分布广泛，再加上养驼牧民们长时间的驯养和精心选育，因此形成了各具特色而又品性优良的骆驼品种。

　　随着科技的逐渐发展，后基因组学技术日渐盛行。在揭示动物系统进化、生长发育、抗病免疫和生物毒理学过程及相应机理方面的研究中，蛋白组学、基因组学、转录组学等各类组学技术发挥着愈来愈重要的作用。利用各类组学研究，人们可以深刻地明确骆驼科物种各项生命活动规律的分子机制及其内在关系，并根据相应的结果将其进一步应用于药品筛选、环境监测、抗病育种和种质资源保护等多个研究领域。本书系统总结了这一领域的最新进展，旨在使读者理解骆驼科物种的基因及种质资源，便于今后更好地开展具有创新性的相关研究。

　　本书共分为十二章，主要包括骆驼科物种的起源、进化和驯化，骆驼性状与生物学特性、骆驼科物种的分布数量和生产性能，同时从基因组学、转录组学、蛋白质组学和微生物组学等不同分子层面获取组学数据，探究骆驼生物过程和分子机制的作用，为实现骆驼种质资源保护、资源综合开发利用提供科学依据。

本书编写分工为：第一章由明亮、吉日木图、王振撰写；第二章由明亮、刘佳森、斯仁达来、李全允撰写；第三章由吉日木图、何静、杨天一撰写；第四章由何静、张文彬撰写；第五章由何静、王英丽撰写；第六、七章由何静、肖宇辰撰写；第八章由明亮、艾毅斯撰写；第九章由明亮、伊丽撰写；第十章由明亮、郭富城撰写；第十一章由明亮、海勒撰写；第十二章由何静撰写。

由于该领域研究发展迅速及受编写水平的限制，书中疏漏和不妥之处还望诸位同仁和广大读者赐教。

编　者

2020 年 8 月

目 录 CONTENTS

第一章

CHAPTER 1

骆驼科物种的起源、进化与驯养

第一节　骆驼科物种系统学地位分类及比较生物学特性

一、系统学地位分类

骆驼在动物分类学上属于动物界（Animalia）、脊索动物门（Chordata）、哺乳纲（Mammalia）、有胎盘亚目（Placentalia）、偶蹄目（Artiodactyla）、胼足亚目（Tylopoda）、骆驼科（Camelidae）。骆驼科可分为两个属，分别为骆驼属（*Camelus*）和美洲驼属（*Lama*）；根据分布区域通常又分两大类，分别为旧大陆骆驼（东半球骆驼，Old World camelids）和新大陆骆驼（西半球骆驼，New World camelids）。骆驼属包括 2 个种，即分布于北非、东非及阿拉伯半岛干旱沙漠地区的单峰驼（*Camelus dromedarius*，Arabian camel），以及分布于亚洲及周边较为凉爽地区的双峰驼（*Camelus bactrianus*，Bactrian camel）。其中，双峰驼又包括 2 个亚种，即家养双峰驼（*Camelus bactrianus*，Domestic bactrian camel）和野生双峰驼（*Camelus bactrianus ferus*，Wild bactrian camel）。美洲驼属又称为羊驼属，包括 4 个种，即大羊驼（*Lama glama*，Llama）、羊驼（*Lama pacos*，Alpaca）、小羊驼（*Vicugna vicugna*，Vicuna）和原驼（*Lama guanicoe*，Guanaco）。骆驼科物种的生物学分类见图 1-1。

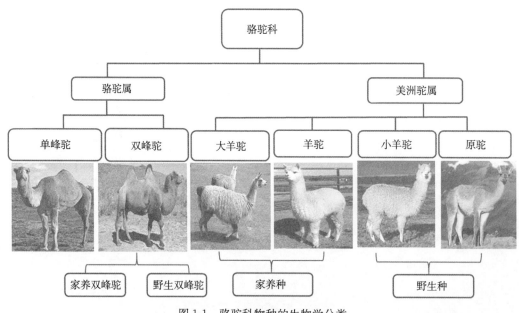

图 1-1　骆驼科物种的生物学分类

二、比较生物学特性

（一）双峰驼

1. 地理分布　双峰驼（图 1-2）主要分布于亚洲北部的喜马拉雅山地区，我国的新疆、甘肃、内蒙古和青海及蒙古国，主要为家养驼。目前认为我国新疆的阿尔金山-罗布泊野双峰驼自然保护区是世界上野生双峰驼的栖息地之一，野生双峰驼被认为是 4 000 万年前就已出现的化石动物。基因鉴定表明，中英科学家于 1999 年在我国新疆南部无人区联合发现的野骆驼遗骸属于一种新的骆驼物种，与家养骆驼的基因仅存在 3% 的差异。

图 1-2　双峰驼

2. 形态特征　成年双峰驼体重450～500kg，双峰背高（包括峰高）平均213cm。冬季被毛粗糙，呈咖啡色；夏季脱落，颈部有一长条被毛，似胡须。浓眉，双排睫毛，嘴唇和鼻孔能自由关闭以抵御风沙，足坚硬，有齿，适应于在沙漠和石砾中行走（Sanderson，1961；Morris，1965；Vaughan，1972；Crump，1981；Boitani，1982；Tibary，1997）。

3. 饮食习性　双峰驼为草食性反刍动物。嘴极其坚硬，喜食干、带刺且咸、苦的植物。当食物资源匮乏时，能撕食其他动物的皮、肉、绳子和帐篷。胃呈囊状。双峰驼具有长时间耐干旱的生理适应机制，缺水时可行走数日；当遇到水源时，能在 10min 之内喝掉大约 114L 的水。双峰中能贮存大量脂肪，每峰可存 36kg，当营养缺乏时可分解脂肪以供给机体能量。因此，峰的大小是双峰驼食物状况、营养水平和健康的显著标志（Sanderson，1961）。

4. 生殖特性　双峰驼在秋季交配，发情的公驼暴躁，互相撕咬、喷鼻。性成熟时间一般为 3～5 岁，妊娠期 13 个月，产单胎，偶产双胎。幼驼出生后几小时内可站立，一直与母驼待在一起，直到性成熟（Crump，1981；Boitani，1982）。

5. 行为特征　双峰驼一般以 6～20 峰为一组，呈队列穿过沙漠。公驼带路，通过步测保证匀速前进。双峰驼跑步时，每小时可达 16～32km（Sanderson，1961；Morris，1965；Crump，1981）。

6. 生存环境　主要生活于沙漠中，适宜环境温度为 −29～38℃。

（二）单峰驼

1. 地理分布　单峰驼（图 1-3）主要分布在埃塞俄比亚和澳大利亚。单峰驼穿过印度北部适应了中东干旱贫瘠的环境，一部分到达非洲的撒哈拉大沙漠。1991 年被澳大

利亚中部地区引入，目前认为野生单峰驼至少在
2000 年前已经绝迹（Nowak，1991）。

2. 形态特征 成年体重为 300～690kg，背高
1.8～2.0m，单峰，长颈，部深而窄。被毛呈典型
的酱褐色，颜色深浅范围从黑色到几乎白色。咽
部、肩部和峰部被毛较长，足有垫，双排睫毛，
鼻孔能关闭自如，以抵御风沙（Kohler，1991）。

3. 饮食习性 单峰驼为草食动物，主要食
物是带刺的植物、干草等，每天花费8～12h 的
时间用来觅食，然后反刍。此外，单峰驼需要其
他家畜 6～8 倍的盐分来锁住体内水分，因此，
摄取的 1/3 食物为盐土植物，每次咀嚼 40～50

图 1-3 单峰驼

次。研究表明，单峰驼能忍受 30％体重的机体失水，遇到水源时能在 10min 内迅速摄
入约 100L 的水。

4. 生殖特性 平均寿命 40～50 年，性成熟年龄为 3 岁，4～5 岁开始交配。公驼 3
岁发情，6 岁达到完全性成熟。单峰驼为季节性交配，交配一般发生在雨季，公驼尽可
能地站得很高、曲颈，以此来吸引异性。交配时间持续 7～35min，平均 11～15min，
妊娠期 15 月，产单胎。幼驼出生后 24h 内可自由运动，随母驼生活 1～2 年
（Gauthier，1981；Kohler，1991）。

5. 行为特征 约 20 峰组成一个家庭单元，包括 1 峰公驼、数峰母驼及其幼驼。骆
驼呈队列行走，公驼是家庭中的统治者，一般走在队列最后。单峰驼用前足或后足挠
痒，或在树干上摩擦止痒，喜在沙地中打滚（Gauthier，1981；Kohler，1991）。

6. 生存环境 单峰驼喜在长期干旱和短期雨季结合的沙漠中生存，对寒冷和潮湿
较敏感，不能被引种到其他气候环境中（Nowak，1991）。

（三）美洲驼

1. 地理分布 美洲驼（图 1-4）主要分布
在新热带区的秘鲁、玻利维亚南部和阿根廷北
部（Nowak，1991）。

2. 形态特征 美洲驼成年体重为 130～
155kg。四肢修长。被毛长而浓密，头、颈和四
肢处被毛短。体态不匀称，体长 153～200cm，
肩高 100～125cm，尾长 22～25cm，被毛颜色从
白色到褐色、黄色、黑色不等（Sybil，1988）。

3. 饮食习性 草食动物，喜食各种树叶和
草料（Sybil，1988）。

4. 生殖特性 12～24 个月达到性成熟，交

图 1-4 美洲驼

配一般发生在8—9月，妊娠期348~368d，产单胎。幼驼出生时体重8~16kg，5~8月后断奶。

5. 行为特征　美洲驼为家养动物，喜在海拔为2 300~4 000m的草地和灌木丛中采食。美洲驼奔跑时，步态轻盈，姿态优美。卧地休息和睡眠。一般在直径2.4m范围内定点成堆排便。公驼搏斗时，用腿踢和脖子缠斗。卧式交配。

6. 生存环境　在沙漠、高山和草地中生存。

（四）羊驼

1. 地理分布　羊驼（图1-5）原产于秘鲁等国家，后被澳大利亚、英国、美国、中国等许多国家成功引种（Nowak，1991）。

2. 形态特征　成年体重约70kg，毛品质比美洲驼的好，颜色从白色到黑色等共有22种。羊驼有两种类型：Suri 和 Huacaya，前者毛长，但后者毛品质优于前者。

3. 饮食习性　羊驼为草食性反刍动物，喜食紫花苜蓿、红豆草等，但食量少。

4. 生殖特性　母驼10月龄卵巢开始活动，12~14月龄排卵，营养水平较高时，1

图1-5　羊驼

周岁体重达40kg可妊娠。公驼2~3岁可进行交配。卧式交配，产后18~21d可再次妊娠。妊娠期平均342~345d，95％的妊娠发生在左侧子宫角，正常分娩一般发生在温和天气的6：00~13：00。机理尚不清楚，可能与光周期有关（Julio，1996）。

5. 行为特征　羊驼为家养动物，奔跑时步态轻盈，姿态优美。卧地休息和睡眠。定点成堆排便。当公驼搏斗时，用腿踢和脖子缠斗（Julio，1996）。

6. 生存环境　喜冷（Julio，1996）。

（五）原驼

1. 地理分布　原驼（图1-6）主要分布为秘鲁南部、智利、阿根廷的安第斯地域到南美洲南部的火地岛，巴拉圭西部也有部分分布，被认为是美洲驼和羊驼的祖先（Redford，1992）。

2. 形态特征　成年体重为115~140kg，肩高110~120cm，颈部与四肢修长，体态苗条。头为典型的骆驼科家族特征，有长的、突出的耳和分裂且活动灵活的唇。被毛长而浓密，

图1-6　原驼

特别是腹侧、胸部和大腿处。背部呈红褐色，腹下呈白色。

3. 饮食习性　原驼为草食性动物，食各种植物。

4. 生殖特性　母驼为诱导排卵，妊娠期 11 个月。幼驼一般在当地 11 月至翌年 2 月出生，出生时体重为 8～15kg，哺乳期 11～15 个月。性成熟年龄最早为饲养 1 年，一般交配年龄为 2～3 岁。

5. 行为特征　有 3 种典型的群体：家庭小组、公驼小组和单个公驼。一个家庭小组包括 1 峰公驼、几峰母驼和幼驼。公驼常常通过赶走 6～12 月龄的公幼驼或者让其他的母驼加入进来以限制家庭成员数量。公驼是家庭领土的保卫者，它们以大堆的公共粪便为界限互不侵犯。仅仅 18% 的公驼组成家庭小组，其余公驼单独成群或单个独处。公驼小组一般由年幼的公驼组成，在小组内通过彼此"战斗"游戏来提高生存能力。单个公驼一般为寻找母驼的成熟公驼。原驼奔跑时速度可达 56km/h。

6. 生存环境　原驼生活在海拔为 4 000m 的草地和灌木丛中，偶尔在森林中越冬。

（六）骆马

1. 地理分布　骆马（图 1-7）存在于秘鲁南部、玻利维亚西部、阿根廷西北部和智利北部的安第斯山脉。

2. 形态特征　成年体重 35～65kg，是骆驼科家族中体积最小的物种，体长 125～190cm，尾长 15～25cm，肩高 70～110cm，身体修长。耳长而狭窄并突出；头呈圆形，颜色呈微黄到红棕色；颈部有微黄而红的护颈；腹侧和腹下呈杂白色；胸部有一簇奇怪的白色柔滑鬃毛，

图 1-7　骆马

长 20～30cm，如同胸饰。前肢内侧无茧结，以区别于美洲驼和原驼，另一显著特征是骆马头的相对质量较大。在偶蹄动物中，骆马口腔一侧有独一的类似啮齿的门牙。视力和听觉较好，但嗅觉相对较差（MacDonald，1984；Grizmek，1990；Nowak，1991）。

3. 饮食习性　骆马为严格意义上的草食动物，主要采食相对较短的多年生草（特别适应其门牙）。骆马经常一边躺卧休息，一边采食。与其他骆驼科家族成员不同，骆马需要每天饮水，因此常居住在离水源较近的地方（MacDonald，1984）。

4. 生殖特性　交配一般发生在 3—4 月，呈卧式交配，持续时间 10～20min。妊娠期 330～350d，产单胎，站立式分娩，母骆马不舔舐幼骆马或胎衣。幼骆马出生时体重为 4～6kg，出生后 15min 可自由活动，哺乳至 8～10 个月。母骆马 2 年后可交配，个别母骆马生殖年龄可达 19 年，野生骆马平均寿命 15～20 年（MacDonald，1984）。

5. 行为特征　骆马常常因胆小和害羞而飞快逃走。在海拔 4 500m 的高原上，奔跑

速度可达到 47km/h。骆马奔跑时姿势优美，遇到危险时会发出清亮的叫声。骆马家庭成员一般有 6～10 只组成，一只占统治地位的公骆马决定领土范围和家庭成员数量。各家庭间相邻居住，弯颈表示顺从和接受（MacDonald，1984；Grizmek，1990；Nowak，1991）。

6. 生存环境 骆马生存在海拔为 3 500～5 750m 的草地或森林中容易获取水源的地方，喜欢干燥、寒冷的气候。

第二节　双峰驼的起源、进化与驯化

一、起源

（一）最早的考古学材料

目前，有关双峰驼驯化的最早证据多集中在伊朗东北部和相邻的土库曼斯坦南部，特别是考匹特塔克山脉（Kopet Daghmountain）地区，在该山脉北缘的 Anau 遗址第二文化层发现了双峰驼骨骼（Duerst，1904）。至公元前第 3 千纪，这一地区双峰驼的骨骼材料已较多见。该地区在青铜器时代中期的遗址地层中多出现双峰驼骨骸（Ermolova，1979），以及 Kelleli Oasis 遗址（Kohl，1984），甚至还有双峰驼的陶塑像。更为重要的是，其中有些遗址的青铜器时代早期地层中还出现了骆驼拉车的陶塑像，这都被当作早至公元前 3000—前 2500 年该地区双峰驼被驯化的直接证据（Masson，1980）。可以肯定的是，考匹特塔克山脉地区驼骨和陶塑像的出现表明，在土库曼斯坦南部双峰驼的开发早在公元前 3 千纪的上半叶，至少不晚于公元前 2500 年。这些材料充分表明了这一地区在双峰驼驯化过程中的重要性。

当然，双峰驼材料分布最早并不局限于这一区域，还有如伊朗东部的锡斯坦地区 Shahrisokhta 遗址。该遗址第二期遗存中出有 5 件驼骨，同时还出土了骆驼粪便和毛发。表明在这些地区，骆驼曾与遗址居民紧密地生活在一起，代表了家养种（Compagnoni，1978）。遗址第二期遗存年代经测定为公元前 2700—前 2500 年（Voigt，1992），但这些驼骨是否属于双峰驼目前还有争议（Peters，1997）。在伊朗南部早在公元前第 3 千纪的 Khurab 墓地还出土了双峰驼的青铜模型（Maxwell-Hyslop，1995），它铸于一件青铜鹤嘴斧的钝端，也有学者认为其年代属于公元前第 2 千纪（Lamberg，1969）。伊朗北部的 Shah Tepe 遗址青铜时代地层也出土了双峰驼骨骼（Amschler，1939）。另外，更遥远的南方地区，如巴基斯坦的 Mohenjo-Daro 遗址也出土了双峰驼的骨骼（Meadow，1984），年代在哈拉帕文化时期。进入公元前第 2 千纪或在公元前 1700—前 800 年，巴基斯坦的 Pirak 城址中出土了大量的双峰驼骨骼及陶塑像，有的还是彩绘的，明显属于家养种（Meadow，1979）。

一般认为，双峰驼在伊朗东北部和土库曼斯坦被驯化后，在公元前 1700—公元前 1200 年向北扩散到哈萨克斯坦和乌拉尔地区，在公元前 10 世纪向西到达西伯利亚，在公元前 9 世纪到达乌克兰，大约公元前 300 年才来到中国（Bulliet，1975）。但也有学者认为，双峰驼被驯化的地点比以前人们认为的伊朗东北部及土库曼斯坦要更向东，应包括哈萨克斯坦南部、蒙古国西北部和中国北方地区（Peters，1997）。其主要依据是这些地区还有野生双峰驼存在，而家养双峰驼是由野生双峰驼驯化来的。不过，分子生物学研究表明，现存的野生双峰驼与家养双峰驼并无直接的亲缘关系，各自是独立的种，二者在更新世早期（70 万年以前）已开始分离，它们并非同一母系起源（权洁霞，2000）。韩建林等（2000）认为，若前者是后者的直接祖先，在驯化后短短的 5 000 年内，二者线粒体 DNA 不可能演化出如此大的差异。他还推测，现存的野生双峰驼可能是已灭绝的"巨类驼"的另一遗留分支，而家养双峰驼则极有可能是从现已绝种的"诺氏驼"驯化而来。这样其驯化的地点可能是前人提到的哈萨克斯坦南部、蒙古国西北部和中国北方地区，时间应在距今 3000—2500 年前（韩江林，2000）。总之，国内学者还是倾向家养双峰驼的起源地应包括中国西北部的甘肃一带，即从蒙古高原到哈萨克斯坦中部的寒冷沙漠地带开始驯化（Ji，2009）；而且家养双峰驼在中国出现的时间应远早于国外学者提出的公元前 300 年，可能在公元前 1000 年就已向东扩散至中国西部（苏学轼，1990）；或认为中国甘肃西部地区距今 3000 年传入家养双峰驼（傅罗文，2009）。当然，这些观点均是简单提及，而未作论证。

（二）母系起源

1. 动物线粒体 DNA 的结构及分析方法　哺乳动物线粒体 DNA（mitochondrial DNA，mtDNA）是共价闭合的环状双链 DNA，大小比较恒定。双链分子中一条为重链（H 链），另一条为轻链（L 链）。编码区内含有 37 个基因：2 个 *SrRNA* 基因（*16SRNA* 和 *12SRNA*）；22 个 tRNA 基因（*TA*、*TR*、*TN*、*TD*、*TC*、*TQ*、*TE*、*TG*、*TH*、*TI*、*TL1*、*TL2*、*TK*、*TM*、*TF*、*TP*、*TS1*、*TS2*、*TT*、*TW*、*TY*、*TV*）；13 个蛋白质基因（分别为细胞色素 C 氧化酶亚基 I、II、III 基因，即 *Co XI*、*CoXII*、*CoXIII*；细胞色素 b 脱氢酶基因，即 *Cytb*；ATP 合成酶基因 6 和 8，即 *ATPase6* 和 *ATPase8*；NADH 脱氢酶亚基 1～6，即 *ND1*、*ND2*、*ND3*、*ND4*、*ND5*、*ND6*；4L，即 *ND4L*）。非编码区是线粒体基因组的复制控制区（control region 或 displacement loop，D-loop）。野生双峰驼的线粒体 DNA 结构如图 1-8 所示（Cui，2007）。

mtDNA 属于细胞核外遗传物质，是能够独立进行复制和转录的双链环状 DNA 分子。线粒体基因组的遗传特点一般表现为：①进化速率快，其进化速度是单拷贝 DNA 的 5～10 倍；②一级结构的碱基替代率比核基因高，进化特征以碱基替换为主，包括转换和颠换，碱基插入和缺失较少，在世代间没有基因重组；③增殖速度快，突变的概率增加；④无核蛋白保护，易受代谢中间物诱变而发生突变；⑤选择压力小，突变容易积累，群体内变异大，边缘种间、种内遗传分析的灵敏度高；⑥遵从严格的母系遗传（maternal inheritance）。哺乳动物合子的细胞质几乎全部来自雌性配子，mtDNA 通过卵子的细胞质传到下一代，所以一个母系祖先的后代具有相同的 mtDNA 类型，即后代只表现母本的某些基因型。当然，并不排除有精子 DNA 进入卵子而发生父系渗

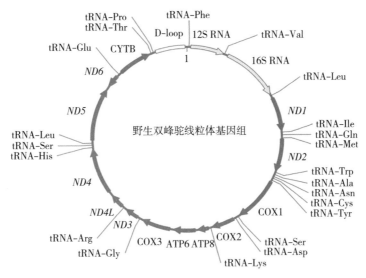

图 1-8　野生双峰驼线粒体 DNA（16 680bp）结构示意图

（资料来源：Cui，2007）

注：箭头表示复制方向，深色代表编码蛋白基因，浅色代表 *rRNA* 基因。其中，*ND6* 是反方向转录，*tRNA* 基因以编码的氨基酸标注。

入引起个体内 mtDNA 异质性和产生双亲遗传现象的可能性，但这种概率极低。线粒体的这些遗传特性使其成为物种起源和进化分析的有力工具。

mtDNA 用于系统发育研究通常有两种分析方法：

（1）限制性片段长度多态性技术　限制性片段长度多态性（restriction fragment length polymorphism，RFLP）技术是利用限制性内切酶能识别 DNA 分子的特异序列，并产生限制性片段的特性，来研究 mtDNA 多态性的一种方法。对于不同种群的生物个体而言，如果它们的 DNA 序列存在的差别刚好发生在内切酶的酶切位点上，并使内切酶识别序列变成不能被识别的序列或使本来不是内切酶识别位点的 DNA 序列变成了内切酶识别位点，就会导致用限制性内切酶酶切该 DNA 序列时减少 1 个或多增加 1 个酶切位点，从而改变酶切片段的数量和长度。在这种情况下，用同一种限制性内切酶切割不同物种的 DNA 序列，就会产生不同长度、不同数量的限制性酶切片段。将这些片段进行电泳、转膜、变性，与标记过的探针进行杂交、洗膜，即可对 *mtDNA* 基因的多态性进行分析。这种方法可用来检查 DNA 的随机序列，适用于大群体的遗传和进化研究。

（2）测序法　指直接测定 mtDNA 的全序列或片段序列，通过比较不同物种或个体间的相关序列来探讨其进化关系。这种方法可以保证某一区段每个核苷酸位置上出现的变异都能被发现。研究结果表明，每个基因均能以其自身特有的平均进化速率用于不同水平的系统发育研究，不同基因间的进化速率不同，同一基因不同区段的核苷酸的保守程度也不一样。这决定了不同的基因片段可用于不同的研究目的，如快速或中速进化的基因（如 *Cytb*）或核苷酸区段（如 D-loop）适合于种内或近缘种的系统发育分析，而慢速进化的基因（如 *tRNA*、*sRNA*）适合于远缘种类或高级阶元的系统发育研究。

在动物遗传多样性和个体遗传学背景的研究中，有多种分子遗传标记可供选择。mtDNA 由于具有独特的优点，在哺乳动物分子系统发育研究中得到了广泛应用。Cytb 多用于物种识别、种间系统发育及其进化的研究，D-loop 区序列多用于研究物种的遗传多样性、群体遗传结构及亚种的分化研究等。

有学者认为，在研究和探讨生物起源和进化问题时，不能过分相信和依赖分子生物学的证据，特别是当这些证据与已经确定的化石记录相矛盾时，对这类证据的分析更要谨慎。随着近年来对 mtDNA 的研究不断深入，研究者发现在真核细胞中存在假基因形式的 mtDNA 核拷贝。这些存在于核中的与 mtDNA 相似的序列，相对 mtDNA 序列有更多的突变位点。但在 PCR 试验中，这些序列同样可以由通用引物扩增，甚至比原 mtDNA 序列更容易与通用引物结合而被优先扩增。如果在试验中对所扩增的 mtDNA 的来源不加以区分，由此得出的线粒体高变控制区序列差异度的分析结果就可能缺乏可靠性（Burgener，1998）。探讨动物系统进化的理论基础是建立在 mtDNA 严格的母系遗传特征之上，故将 mtDNA 的碱基变化归结为线粒体高变控制区的基因突变，而不是精卵细胞结合时的染色体同源重组。但是近年来的研究发现，哺乳动物 mtDNA 提取物具有同源重组活性。同时由于基因之间在序列变异方面存在较大差异，因此采用一个或少数几个基因作为研究动物属内的系统进化分析有一定的局限性。

分子进化的研究虽然取得了很大的进展，但利用生物大分子的序列进行分子进化研究的不足之处还体现在以下几个方面：第一，测序的工作量大，在目前的试验条件下，一般只能对个别基因或某些生物大分子的序列进行分析比较，还不能普遍地对整个基因组的序列进行分子进化研究，因而就造成了一定的局限性和片面性。第二，生物大分子序列的变异往往都是其多态性的一种表现，而序列的进化则是生物大分子状态随时间的改变，因此并不能说明生物进化的本质，只能看作是进化的一种"量度标尺"或"指示标尺"。一种生物进化为另一种生物，并不仅仅是其 DNA 分子上变化了多少个核苷酸，而是有着更为复杂的机制与过程。第三，线粒体基因虽然可以进行自我复制、转录和翻译等过程，但却仍然受到核遗传物质的控制，常常表现为与核基因的相互作用（牛屹东，2001；Patrice，2003）。因此，只有深入研究基因组进化的各个方面，才能更加准确地揭示物种进化的机制与过程。

2. 线粒体 DNA 在双峰驼母系起源中的应用　由于 mtDNA 结构简单、稳定，通过母性遗传，在世代传递过程中没有重组，驯化了的家畜一般能保持其野生祖先 mtDNA 类型。因此，mtDNA 作为一个可靠的母性遗传标记已经广泛用于各个家畜的品种起源、演化和分类研究。mtDNA 在不同种间、种内不同群体间具有广泛的多态性，而在研究家畜起源时主要涉及线粒体的两个基因：Cytb 和 D-loop 区。前者进化速率稳定，可用于校正分子钟；后者在种内的变异水平高，可用于分析进化、遗传多样性、品种分布、种群扩张等。

以 mtDNA 序列研究物种的进化关系，大致分两大步骤：①根据研究对象与目的，选择适当的 mtDNA 区域，测定目标片段序列。对于近缘物种的研究，应选用进化速率较快的区域；对于远缘物种的研究，应选用相对保守的区域。②通过对 mtDNA 同源序列比较，采用基本的加权规则及一定的系统重建方法，如简约法、距离法、似然法等综合分析 mtDNA 序列，构建分子系统树（Gares，1998）。近年来，国内外学者利用 mtDNA 序列分析方法对双峰驼及各种哺乳动物的起源进化做了大量的研究工作。

长期以来，遗传学家和考古学家对于家养动物的起源都有浓厚的兴趣，而偶蹄类动物的形态特征在分类及进化研究中受环境条件的影响很大，因此形态学可能不能准确反映出系统进化的关系（Patrice，2003；Agnarsson，2008）。线粒体 DNA 的遗传特点弥补了形态学研究的不足，为研究家养动物的驯养时间、地点和进化过程提供了非常重要的信息。

国内外的科研工作者在分子水平上对骆驼科物种的起源进化作了多方面的研究与探讨。Stanley 等（1994）首次对骆驼科物种包括单峰驼、双峰驼、骆马、小羊驼、美洲驼和羊驼共计 56 峰（只）骆驼科物种的线粒体细胞色素 b（*Cytb*）基因进行了测序，揭示骆驼属与羊驼属的分歧时间与化石记录相吻合，开辟了人们对骆驼科物种祖先进化研究的探索之路。通过分析发现，骆驼科物种线粒体细胞色素 b（*Cytb*）基因序列经过翻译共包含 379 个氨基酸序列，其在蛋白质跨膜结构域中发生的氨基酸数量占到 63%～75%；密码子第 2 位和第 3 位均表现出鲜明的碱基使用偏倚，密码子第 2 位中 T 碱基频率较高而第 3 位中 G 碱基频率较低，这些变化与其他哺乳动物 *Cytb* 基因的变化规律是一致的。与其他哺乳动物 *Cytb* 基因序列最大的不同是，密码子第 3 位上显示了沉默，密码子第 1 位上的碱基转换率比密码子第 2 位的大 4.6 倍。骆驼科物种的 *Cytb* 基因序列差异显示（图 1-9），单峰驼和双峰驼的 *Cytb* 基因差异达到了 10.3%，骆驼属和羊驼属的 *Cytb* 基因差异为 17.3%～19.6%。通过简约分析发现，美洲驼和骆马在系统发育树上更近，小羊驼和羊驼在系统发育树上也显示出了更近的距离。

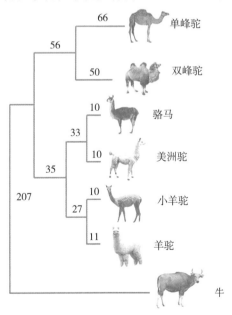

图 1-9　骆驼科物种 *Cytb* 基因基于简约法构建的系统发育树

（资料来源：Stanley，1994）

Han 等（1999）采用限制性内切酶对我国甘肃省现存的野生双峰驼和家养双峰驼的线粒体基因组进行了 RFLP 分析，发现野生双峰驼和家养双峰驼存在 3 个内切酶（*Eco*R Ⅰ、*Pvu* Ⅱ和 *Sca* Ⅰ）位点酶切条带的差异；同时，还证明了野生双峰驼的线粒体基因组与其他哺乳动物一样遵循母系遗传（图 1-10）。

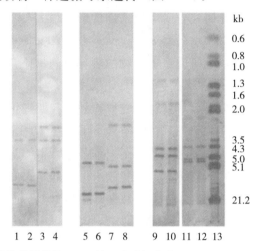

图 1-10　骆驼科物种线粒体 DNA 的 3 个酶切位点 *Eco*R Ⅰ、*Pvu* Ⅱ和 *Sca* Ⅰ的 RFLP
（资料来源：Han 等，1999）

注：1 和 2，家养双峰驼 *Eco*R Ⅰ酶切位点；3 和 4，野生双峰驼 *Eco*R Ⅰ酶切位点；5 和 6，家养双峰驼 *Pvu* Ⅱ酶切位点；7 和 8，野生双峰驼 *Pvu* Ⅱ酶切位点；9 和 10，野生双峰驼 *Sca* Ⅰ酶切位点；11 和 12，家养双峰驼 *Sca* Ⅰ酶切位点；13，Marker。

韩建林（2000）利用 16 种识别 6 个碱基或 4 个碱基的限制性 DNA 内切酶（*Apa* Ⅰ、*Bam* H Ⅰ、*Dra* Ⅰ、*Eco*R Ⅰ、*Hind* Ⅲ、*Sac* Ⅱ、*Cft*41 Ⅰ、*Sca* Ⅰ、*Hae* Ⅲ、*Hap* Ⅰ、*Hin*f Ⅰ、*Mbo* Ⅰ、*Msp* Ⅰ、*Nla* Ⅲ、*Rsa* Ⅰ和 *Taq* Ⅰ）对单峰驼、家养双峰驼和野生双峰驼 mtDNA D-loop PCR 产物进行了 RFLP 分析，发现它们各自具有结构不同的线粒体染色体。D-loop 区域 216 个碱基序列的测定结果表明，单峰驼与家养双峰驼之间的差异为 9.9%，估计这两个种的分化时间在 550 万—600 万年前。说明现在的家养单峰驼和双峰驼分别从其不同的野生祖先驯化而来，这些祖先种的分化和形成在它们到达旧世界大陆之前就已经相对完善了；野生双峰驼与家养双峰驼之间的碱基差异度为 1.9%，其分歧进化发生在 84 万—95 万年前，因此应将现存的野生双峰驼视为旧世界驼属中一个独立的种，它也不可能是现在家养双峰驼的直接祖先，家养双峰驼的直接祖先可能只是现存野生双峰驼的近缘种：单峰驼与野生双峰驼的 DNA 序列差异达到 10.2%。因此，它们的分歧可能要更早，发生在 570 万—640 万年前。对旧世界驼属中 3 个驼种 mtDNA PCR D-loop RFLP 的分析及部分 D-loop DNA 序列的测定表明，它们虽各自具有其独特的母系遗传特征，但种内的变异相对较少。

由于哺乳动物的线粒体基因组序列是很相似的，因此 Cui 等（2007）采用牛、鹿、羊、猪和美洲驼线粒体高度保守区设计引物进行聚合酶链式反应（PCR），注释出了野生双峰驼的 *mtDNA* 基因图谱，发现在野生双峰驼和羊驼的 *ND1* 基因上密码子 GCC

编码脯氨酸。这一差别在南美羊驼的 mtDNA 上是由一个碱基插入引起的，这在其他的哺乳动物中极其少见。野生双峰驼和羊驼的平均进化速率分别是 1.2% 和 0.9%，推导出骆驼科与羊驼科的分化发生在 2500 万年前，这比化石证据提前了 1400 万年。基于分子生物学的证据与化石证据相冲突，这一结论还有待进一步的证实。根据 $Cytb$ 基因构建的进化树显示，双峰驼和单峰驼的分化发生在 800 万年前（若根据化石资料，二者在 300 万年前从北美洲迁移到亚洲，那么在迁移之前就已发生了分化）。此外，羊驼与其他 3 支分离的时间是 100 万年前，原驼和骆马与其共同祖先的分离发生在 140 万年前的早更新世（图 1-11）。

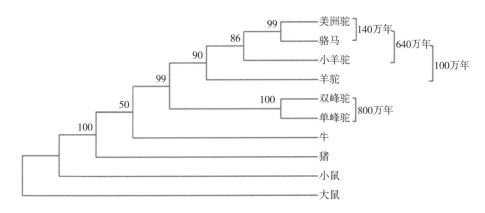

图 1-11　骆驼科物种基于 $Cytb$ 基因序列最大似然法分析的系统发育树

　　程佳等（2009）测定了 37 峰家养双峰驼线粒体细胞色素 b（$Cytb$）的部分基因序列，并结合 GenBank 中已有的家养双峰驼和野生双峰驼线粒体细胞色素 b 基因序列，对家养双峰驼进行系统发育分析，发现测得的家养双峰驼 $Cytb$ 基因序列 1 024bp 的位点中有 14 个变异位点，核苷酸多样性（π）为（0.002 27±0.001 27）；共定义了 11 种单倍型，单倍型多样性（Hd）为（0.820±0.044），平均碱基差异数（k）为 2.327，表明家养双峰驼群体的 $Cytb$ 基因遗传多样性比较丰富。从单倍型的分支及其各自包含的样本来看，H09 和 H10 是南疆双峰驼特有的单倍型，说明南疆双峰驼是一个相对独立的种群。这可能是由于南疆的生态环境较差，与其他地区相距较远，来往不频繁所致。而北疆双峰驼的样本包含在不止 1 个单倍型中。这与传统分类学把新疆骆驼分为北疆双峰驼和南疆双峰驼的结论一致。其余的单倍型（H01、H02、H03、H04、H07、H08）中包含了各个种群的样本，说明我国家养双峰驼之间存在一定程度的基因交流。由于双峰驼是古丝绸之路上重要的交通工具，因此我国古丝绸之路周围的双峰驼种群基因交流的机会大大增加。另外，新疆地区北部还经常从甘肃省的河西地区和内蒙古的阿拉善地区引种，这也加大了双峰驼间基因的流动，从而使北疆双峰驼的基因中混有其他种群的基因，导致北疆双峰驼与其他种群的共享单倍型较多。此外，构建的 NJ 系统进化树显示，家养双峰驼起源于同一个母系，但与野生双峰驼不是同一个母系起源，即我国家养双峰驼的祖先与现存的野生双峰驼并非同一个亚种（表 1-1）。

表 1-1　家养双峰驼 11 个单倍型多态位点

单倍型	碱基突变情况														样本数（个）	单倍型频率占比（%）
H01	T	C	T	C	T	G	T	C	C	C	C	T	A	A	3	8.11
H02	·	·	·	·	·	·	·	·	T	·	·	·	·	·	1	2.70
H03	C	·	·	·	·	·	·	·	·	·	·	·	·	·	1	2.70
H04	·	·	·	C	·	·	·	·	·	·	·	·	·	·	1	2.70
H05	·	·	·	·	·	C	·	·	·	·	·	·	·	·	5	13.52
H06	·	·	·	·	·	·	·	T	·	·	·	·	·	·	1	2.70
H07	·	T	·	·	·	·	·	·	·	·	·	·	·	·	2	5.41
H08	·	·	·	·	·	·	T	·	·	·	·	·	·	·	13	35.14
H09	·	·	C	T	·	·	·	·	·	·	T	·	·	·	1	2.70
H10	·	·	·	·	A	·	·	·	·	·	T	·	·	·	1	2.70
H11	·	·	·	·	·	·	·	·	·	·	·	T	C	G	T	8	21.62

资料来源：程佳等（2009）。

随后，Ji 等（2009）同样分析了野生双峰驼和家养双峰驼的线粒体 *Cytb* 基因序列，采用邻接法和最大似然法构建的系统发育树上有明显的分歧较远的两个分支，并显示家养双峰驼和野生双峰驼之间的平均基因距离为 $2.8\% \pm 0.5\%$；通过高引导值和贝叶斯概率计算的结果表明，家养双峰驼和野生双峰驼属于两个不同的血统。为了进一步研究家养双峰驼和野生双峰驼在进化上的关系，研究者对 3 峰家养双峰驼和 2 峰野生双峰驼线粒体基因组序列进行了测定，共计发现了 195 个变异位点。其中，178 个位点属于碱基转换，17 个位点属于碱基颠换，这与其他脊椎动物线粒体基因组的情况是一样的。此外，系统发育树的结果显示，现存的野生双峰驼和家养双峰驼没有共同的祖先，至少在它们的母系起源上不是一样的亚种。完整线粒体基因组序列的分子钟分析表明，两个谱系的亚种形成时间在 70 万年前的更新世早期（图 1-12）。

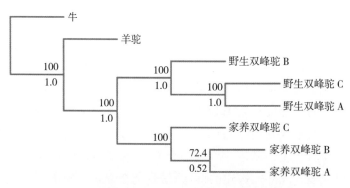

图 1-12　基于全线粒体基因组序列的系统发育树

注：系统发育树上的数字表示 Boostrap 的值。

Silbermayr 等（2009）分别对蒙古国、中国和澳大利亚的野生双峰驼、家养双峰驼和它们杂交后代的线粒体长度为 804bp 的碱基进行了分析，发现了 2 种支系单倍型。其中，全部的家养双峰驼来自一种单倍型支系，包括 6 个单倍型。然而野生双峰驼形成了独立的一个单倍型支系，包括 2 个单倍型。此外，在野生双峰驼和家养双峰驼中表现出了较高的序列变异（1.9%）（图 1-13）。

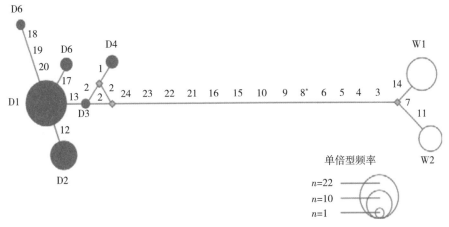

图 1-13　基于 804bp 线粒体序列片段的单倍型网络图

注：D1～D6，家养双峰驼单倍型；W1 和 W2，野生双峰驼单倍型；n，骆驼个体数（峰）。

（资料来源：Silbermayr，2009）

中国是世界上少数几个双峰驼资源丰富的国家之一，历史上双峰驼对我国文化交流、经济发展、荒漠和半荒漠地区的畜牧业发展等方面都发挥了重要作用，但目前对我国双峰驼资源的遗传多样性和起源驯化研究还不够系统和全面。何晓红（2011）采用线粒体 D-loop 部分序列测序的方法，探讨了我国 9 个家养双峰驼群体和 1 个蒙古国家养双峰驼群体的起源驯化问题：10 个家养双峰驼群体的线粒体 D-loop 区 940bp 长序列定义了 21 个单倍型。系统进化和网络中介分析表明，家养双峰驼群体都来自一个支系，并且该支系存在 3 个优势单倍型，占全部个体的 80% 以上。Charruau（2012）对大范围、广地理覆盖度的家养双峰驼（包括蒙古国、俄罗斯、哈萨克斯坦和中国的双峰驼）进行了线粒体基因组研究，表明所得到的家养双峰驼线粒体单倍型没有地域与国家之分，大部分的单倍型都存在共享性。进一步，在乌兹别克斯坦和叙利亚发现的青铜时期和铁器时期的 12 个双峰驼的骨骼线粒体中，部分序列的单倍型与现代家养双峰驼存在共享性（Burger，2016），但与野生双峰驼的单倍型截然不同。此结果证明，现存野生双峰驼既不是青铜时期和铁器时期家养双峰驼的祖先，也不是现代家养双峰驼的祖先。青铜时期、铁器时期和现代家养双峰驼线粒体单倍型的一致性表明，双峰驼可能只经过了一次的驯化事件，即双峰驼属于单母系起源（Trinks，2012）。

吉日木图（2006）以牛的全线粒体基因组序列为外群，对野生双峰驼、家养双峰驼和羊驼的系统发生进行了推测分析。在去掉影响同源性线粒体基因组的调控序列部分后，用长度为 15 440bp 的线粒体基因组构建系统发生树，采用多种系统发生树重建方法都得到了相同结构的进化发生树。结果显示，野生双峰驼和家养双峰驼被聚于不同的分支中，而羊驼有一个独立的分支。对于野生双峰驼和家养双峰驼，线粒体基因组平均序列碱基分歧率为1.8%，双峰驼和羊驼线粒体基因组平均序列碱基分歧率为16.3%。

（三）父系起源

1. Y染色体的进化、结构和功能

（1）进化　哺乳动物的性别染色体由X和Y染色体组成。研究表明，性染色体是由300万年前一对长度和基因含量相同的染色体进化而来（Grskovic，2010）。在进化过程中，X染色体比较保守，无论是基因数量还是基因结构，在哺乳动物之间都高度保守（苏莹，2016）。而同源的Y染色体却逐步退化，长度变短，基因数量逐渐减少（Gribnau，2012）。由于*SOX3*基因发生了突变，因此Y染色体上出现了决定雄性性别的基因*SRY*（sex determining region on the Y gene）。*SRY*基因出现后，在Y染色体上逐渐堆积决定雄性性别相关的基因，而在X染色体上逐渐堆积雌性性别决定相关的基因。

在进化进程中，Y染色体丢失的基因大约是X染色体的2倍（Gribnau，2012）。X染色体基因组的大小约为165Mb，拥有1 000个以上有功能的基因（Ross，2005）；Y染色体基因组的大小却只有65Mb，共178个转录单元，但仅有45个可以编码蛋白质，剩余的大部分都是假基因（Skaletsky，2003）。绝大部分的Y染色体与X染色体不发生配对和重组，存在少量的Y染色体会与X染色体发生交换。由于遵从严格的父系遗传，Y染色体发生的突变会以单倍体的形式保留下来，在这个过程中重复序列和回文结构在形成，因此Y染色体在进化进程中拥有特有的进化轨迹和快速进化的特点。Y染色体基因的退化，导致Y染色体是最小的染色体。但是在不同的物种之间，Y染色体的长度、形状和基因结果差异明显（Ross，2005）。

（2）结构　在长期进化过程中，雄性特异基因积累、某些功能基因丢失，使得Y染色体退化，形成非重组区，即雄性特异区（male specific region of Y chromosome，MSY），MSY占整个Y染色体的95%。剩余区域是Y染色体的拟常染色体区（pseudoautosomal regions，PAR），位于Y染色体末端，与X染色体相应区域具有同源性。在细胞减数分裂时期，PAR区能与X染色体重组配对。

2. 功能　Y染色体上的多数基因具有功能一致性，与性别决定、精子生成调控及繁殖性能相关。性染色体的主要功能是决定个体的性别，其他雄性特异的功能都是在性别决定功能及重组抑制出现后才产生的。众所周知，哺乳动物的性别决定涉及两个关键的步骤：遗传决定性腺的形成和激素控制表型的产生。遗传决定性腺的发育主要受到睾丸决定因子*SRY*基因的调控，*SRY*基因的表达能够启动雄性特异的性腺发育，然后调控支持细胞分化相关基因的活性，分化的支持细胞组装成睾丸索，刺激性别特异的生殖细胞、睾丸间质细胞及其他间质细胞的产生，最后调节睾丸组织的形成（Kashimada，2010）。此外，*SRY*基因的点突变或完全缺失容易导致XY特纳氏综合征，使得胚胎性腺不能发育成睾丸，也不能发育为具有正常功能的卵巢。如果患有特纳氏综合征的女性性染色体上存在 Y 染色体的部分片段，也会导致生殖细胞肿瘤的产生（Hughes 和 Rozen，2012）。

3. 双峰驼 Y 染色体父系起源的研究　Y-SNP 和 Y-STR 这两种分子标记，在人类和一些家养动物的起源进化研究中得到了广泛的应用，已经证明这两种分子标记是父系起源进化研究的理想标记。父系起源和母系起源与考古学研究相结合，能够更加清晰地揭示人类和家养动物的起源进化历史，而骆驼父系起源进化的研究尚未见报道。因此，为了更加清晰地了解家养双峰驼的起源和进化历史，对家养双峰驼的父系起源进化展开研究很有必要。张成东（2014）首次对中国 7 个家养双峰驼类群的 100 峰公驼 MSY 区段的 2 个 Y-SNPs 和 5 个 Y-STRs 进行了研究，从父系角度揭示了中国家养双峰驼各类群间的进化关系，以及 Y 染色体基因的流动迁移模式。

首先根据 GenBank 中已有的部分野生双峰驼 Y 染色体基因预测序列和哺乳动物 Y 染色体基因简并引物，设计 22 对 Y-SNP 引物（表 1-2），并对这 22 对引物进行了特异性筛选。

表 1-2　骆驼 Y-SNP PCR 引物信息

基因	引物序列	片段长度（bp）	退火温度（℃）
ZFY2	F：GCTCAAAGAACTCCAGGGATACT R：CTTCCAACACCTGAATCCATACTT	602	59.5
ZFY3	F：CGGCAATGATGGCTCACAAGA R：ATCTTCTCCCGCTGCATTCG	905	60
ZFY4	F：GCTAAGAAGAGGAGAAGGGGAGA R：GCAAATATGGCAAGGGTATACTGTC	595	61
ZFY9	F：TCACATTGCAGCTTTAGGATTG R：CCTTCACTTGGCAGATGGAT	550	56
ZFY10	F：CCAAAATGGTTGAGCTTTATGA R：GGAGCATAAGTGATCCAATGAA	600	55
USP9Y5	F：CATAGTCTTGCGAGATAGTCTTCAT R：CAACTTTGCCAGGAGGTCA	960	58
USP9Y7	F：ATGATGACATTGCCAACAGAG R：TCACCATCCAAAACGCACA	630	55
USP9Y9	F：GTTGAACTCTTTGTGGGTGGT R：ATTAGGACCATCACTGTAGCG	536	61.5
USP9Y10	F：GCCCTGATAGTTCTTCTGATTCC R：AGTTTCATAAGTATTCTTGCTCCAT	589	58
USP9Y14	F：CTATTCGTCAGTTGGCACA R：AAGAACTTCAGCATTGGGT	576	57.8
USP9Y16	F：GTGTTGAGGAGCCTGTTTTGG R：TTTGGAGGCAGGAAAGATGAA	867	56.4
USP9Y19	F：ACCAGCCATTGAGAGAAGTGT R：CGGACTATTTTCTTGGTGTGA	68.3	56.4

基因	引物序列	片段长度（bp）	退火温度（℃）
USP9Y20	F：GTTGCCTGAAGCAGAAGAA R：GTGAAAGATGAAGGACAAGGT	895	59.8
DBY1	F：AGCAGTTTTGGGTCTCGAGA R：CCAACGACTGTGTCCACT	845	57.8
DBY7	F：GGTCCAGGCGAGGCTTGAA R：CAGCCAATTCTCTTGTTGGG	341	61.8
UTY5	F：TTGGTTTGGTCTAYTTCTAC R：GGTCAACATAAAGGACRTCT	—	55～45
UTY11	F：CATCAATTTTGTACAAATCCAAAA R：TGGTAGAGAAAGTCCAAGA	702	55～45
SMCY3	F：ATTTACCCTTATGAAATRTTT R：TCAAATGGGTGWGTGYACAT	1 300	55～45
SMCY7	F：TGGAGGTGCCCAAAATGTG R：AACTCTGCAAASTRTACTCCT	600	60～50
SMCY14	F：TGCTGGGGCTGTCTGCA R：CTTCTCCTTCTGTTCCCCT	—	55～45
RPS4Y4	F：GAACAGATTCTCTTCCGTCG R：GCTGCAACACGCTTTAAGTG	—	60～50
UBE1Y1	F：GCCCAGAGACAGAACACG R：CAACGGCGGTCCACGTATAA	—	55～45

在所检测的 22 对 Y-SNP 引物中，琼脂糖凝胶电泳检测共筛选出了 DBY1、DBY7、UTY11 和 USP9Y9 这 4 对雄性特异性扩增引物。其中，DBY1、DBY7 和 USP9Y9 基因用普通 PCR 扩增，UTY11 基因用 Touch Down PCR 扩增。DBY1 和 USP9Y9 基因纯化后直接测序，对 DBY7 和 UTY11 基因雄性特异性片段进行 TA 克隆测序。DBY1 和 USP9Y9 基因 PCR 扩增结果、DBY7 和 UTY11 基因 PCR 扩增及其菌液 PCR 检测见图 1-14。

测序得到了 DBY1 基因 776bp 的序列，家养双峰驼 DBY1 基因多序列比对结果显示为单态（图 1-15A），家养双峰驼 DBY1 基因序列与野生双峰驼基因序列比对也未发现多态位点。测序得到了 DBY7 基因 341bp 的序列，家养双峰驼 DBY7 基因多序列比对结果显示为单态（图 1-15B）。

测序得到了 UTY11 基因 602bp 的序列，家养双峰驼 UTY11 基因多序列比对结果显示为单态（图 1-16A），同时测序得到了 USP9Y9 基因 476bp 的序列（图 1-16B）。

综上所述，试验设计出了 DBY1、DBY7、UTY11、USP9Y9 共 4 对 Y-SNP 引物，分别对 DBY1 基因和 USP9Y9 基因做了大量的混合测序，均未检测到多态位点；用 PCR-SSCP 法和 TA 克隆测序对 DBY7 基因进行了研究，也未检测到多态位点，UTY11 基因的 TA 克隆测序也未发现多态位点。表明中国双峰驼 Y 染色体基因遗传多样性单一，中国双峰驼可能为单父系起源。

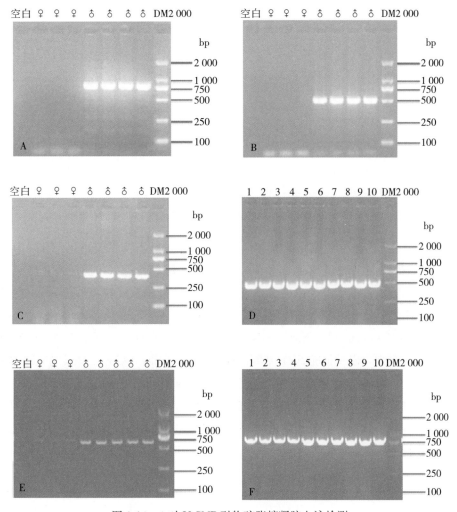

图 1-14　4 对 Y-SNP 引物琼脂糖凝胶电泳检测

A. *DBY1* 基因 PCR 扩增结果　B.*USP9Y9* 基因 PCR 扩增结果　C. *DBY7* 基因 PCR 扩增结果
D. *DBY7* 基因菌液 PCR 扩增结果　E.*UTY11* 基因 PCR 扩增结果　F.*UTY11* 基因菌液 PCR 扩增结果

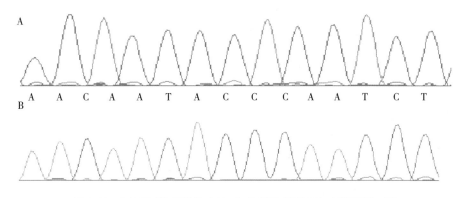

图 1-15　*DBY1* 基因测序（A）和 *DBY7* 基因 TA 克隆测序（B）

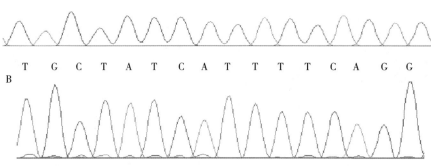

图 1-16　*UTY11* 基因 TA 克隆测序（A）和 *USP9Y9* 基因测序（B）

　　利用 Y 染色体分子标记探究中国家养双峰驼父系的起源与系统进化，可以为双峰驼种质资源的保护和合理利用提供科学依据。2016 年，陈慧玲等以中国河西双峰驼、青海双峰驼、阿拉善双峰驼、苏尼特双峰驼、南疆双峰驼、北疆双峰驼和东疆双峰驼的 7 个家养双峰驼群体雄性个体为研究对象，依据已发表的牛 Y 染色体 *USP9Y*（GenBank：FJ627275）、*UTY*（GenBank：XM _ 015461832）和 *DBY*（GenBank：NM _ 001172595）基因的 mRNA 序列，以及羊驼 *SRY* 基因的序列（GenBank：DQ862123），在 GenBank 数据库中寻找与之相匹配的雄性野生双峰驼与雌性家养双峰驼的预测序列，然后运用 Clustal X 软件将雌、雄双峰驼的预测序列进行比对，选择两者之间差异较大的区域运用 Primer 5.0 软件设计 29 对 Y 染色体特异的引物（表 1-3），筛选 Y-SNP 多态标记，以明确不同中国家养双峰驼群体间的系统进化关系和父系结构。

表 1-3　家养双峰驼 Y-染色体 SNP 引物信息

基因	引物序列	片段长度（bp）	参考序列
DBY2-5	F：TTTCCATTGCGTAAGTCCT R：TCAAAACACTGGAAAAGAGAAC	761	NW _ 006212573.1
DBY4	F：TGATGGTATTGGCAGTCGTGG R：CAGTTGCCTCTACTGGTATA	277	NW _ 006212573.1
DBY13	F：CCTTGGTAAAGTGTTCAGTGC R：ATCCAACAAATCTTTCGTGA	269	NW _ 006212573.1
DBY14	F：TTAGGAAAGTTATGTGTGGG R：TTCTTCTTCTGGCTTTGAG	698	NW _ 006212573.1
USP9Y1b	F：ACTATGGGTAGAGATTTCCTTC R：TTTCTTCCATCTCTCCCTT	406	NW _ 006212573
USP9Y3	F：TTTGGCACATTAAATGGATTCC R：GTCCAAATGGTCTGAAACAAGG	307	NW _ 006212573
USP9Y5	F：TTAAGTGCTTTGTGGTAGTCA R：GAGACAAAGAAAATCACATCATA	696	NW _ 006212573
USP9Y8	F：GATACACTGTGCGTTTTGGAT R：TGTCATCTTCAGAATCTATCAGC	1 434	NW _ 006212573

基因	引物序列	片段长度（bp）	参考序列
USP9Y18	F：TTGGGGTTTTTTTGTTGTCT R：GTTGCTAACTGCCAGAATCA	923	NW＿006212573
USP9Y23	F：ATCACAGCCTCTAATGCCAAT R：CAGAAGAAGATCCAAATAGGGC	319	NW＿006212573
USP9Y28-5	F：TTTTTCCTCCAATTTGCGTA R：TGAAATTGACCGTATGCTAGG	442	NW＿006212573
USP9Y28-8	F：GTTTTTAGGTTCAAAGCAG R：TATGATTCCAACTATATGACAG	371	NW＿006212573
USP9Y28-9	F：TACCTGCTGAATGAAGTGC R：CAAATGTCTGACCTAAATGTT	750	NW＿006212573
USP9Y28-10	F：GACTGTCTTTTCTCCACTGTT R：AATCACTTTAATCATCATCTGC	277	NW＿006212573
USP9Y28-11	F：TATTCATCACGCTTGTCCT R：GCACTATAAACTCAATTCAACAT	432	NW＿006212573
USP9Y30	F：TTATCACCTTGTCTTTGGCAT R：AAATACATACCCTGTGGGAATC	187	NW＿006212573
USP9Y35-1	F：ATTGGTTGCTACTCTCTTGGGT R：CTACAAGGTGGCTGGGGTT	484	NW＿006212573
UTY2-2	F：TTTTGGCAGTCGGCTCGT R：TGCTGTAATGCTTGGGAACG	525	NW＿006223440.1
UTY2-3	F：CCGTAAACCTAAAATGTGCT R：TCAACCTTATCAAATGGACTTA	441	NW＿006223440.1
UTY4-4	F：CCAGAAATACACCTTGGAGTT R：TTGTGAGGGCAATACAGATG	227	NW＿006223440.1
UTY6-1	F：TTTCATTTGTGTGTCTTTCTGG R：CAACAAGCCCTAATAGAGAACA	449	NW＿006223440.1
UTY6-3	F：GTTTTCTGTATTCACTGACCTC R：CACCTACTTTTATCTCTGGC	477	NW＿006223440.1
UTY6-4	F：GATACAGAGAATGGATTGGTT R：CTTTTGCCCTCCAATGTAT	304	NW＿006223440.1
UTY7-2	F：ATTGGTGAGGCATTGTTATCT R：AACCCTAACACCATCTGAACT	615	NW＿006223440.1
UTY8-2	F：GCTATACCTTTCCCCAACTACA R：CGTTTGGGAACCTGACACTT	701	NW＿006223440.1
UTY8-3	F：AAGTCCATTTACATCTTGAGC R：TAAGGGTAAAATCCTATGTCC	687	NW＿006223440.1
UTY15	F：TTGGAGTTTGTAGTCTTTTTAGT R：AAAGAAAACCTGCTTGTGTG	773	NW＿006223440.1
UTY17-1	F：TGAAAATGGTTGACCTCTGACT R：AGGACAGAGAAATCTATGTGGTG	576	NW＿006223440.1
SRY	F：ATGCTTCTGCTATGTTTGCG R：ACCAAAAGTAACGGTGAGAATG	708	NW＿006220067

资料来源：陈慧玲（2016）。

USP9Y、UTY、DBY 和 SRY 这 4 个基因的部分序列测序结果显示，仅有 SRY 基因扩增片段的测序峰图出现双峰及碱基的插入缺失，初步表明 SRY 基因存在多个 SNP 位点及一个 AT 二碱基的插入，还需进一步对各单样测序分析以验证 SNP 的存在。而在 USP9Y、UTY 和 DBY 基因的 28 对引物的扩增产物序列峰图中均发现了双峰现象，表明这 28 对引物的扩增产物无变异位点，不能用于 Y-SNP 研究（图 1-17）。

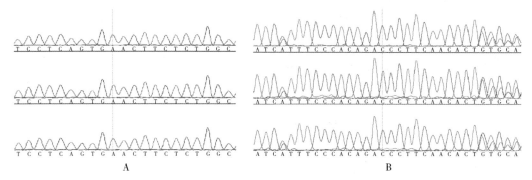

图 1-17　DNA 混池的 USP9Y23（A）和 SRY（B）基因测序峰图
（资料来源：陈慧玲，2016）

利用发现双峰的 SRY 引物对相应的 DNA 混池中各单样分别进行 PCR 扩增测序，经过序列比对，在对应于 DNA 混池中 SNP 位点处寻找各个单样之间碱基的差异（图 1-18A）。每个个体的测序峰图在与混池 DNA 序列的相同位点处存在双峰，而且也具有一个 AT 二碱基的插入。由此推测，在家养双峰驼中，SRY 基因可能是多拷贝基因，需要进行 TA 克隆测序来证明。

青海驼单个个体的 10 个克隆之间的序列存在变异位点和二碱基插入，其他群体的测序结果与青海驼的一致。由于 Y 染色体的 MSY 区不与 X 染色体重组，因而证明在家养双峰驼中单个个体出现 SNP 位点的 SRY 基因是多拷贝的（图 1-18B）。

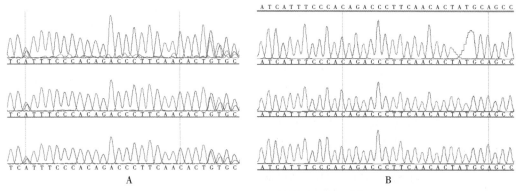

图 1-18　3 峰青海骆驼 SRY 基因测序峰图（A）和克隆测序结果（B）
（资料来源：陈慧玲，2016）。

除多拷贝的 SRY 基因外，其余引物扩增后序列比对显示所有家养双峰驼具有相同的单倍型，未检测到多态位点，与较为丰富的 mtDNA 序列多态性相比差异明显。这一结果印证了哺乳动物 Y 染色体在种内的变异水平较低（Shen 等，2000）。由此得出中国家养双峰驼 Y 染色体变异水平极低，父系起源单一。中国家养双峰驼的父系结构与父系原始建群者、所受自然选择压力、基因交流及定向选育息息相关。考古学研究表明，骆驼科的祖先源自北美洲，一部分经白令海峡大陆迁徙到达中亚，逐渐进化为现在的双峰驼。进入中国的双峰驼父系原始建群者可能较少，而在进化过程中群体间分化程度较低，因此达不到起源多元化。中国家养双峰驼主要分布在新疆、内蒙古、甘肃、青海、宁夏的干旱和半干旱荒漠化地带，生态类型较单一，自然选择压力较小。据考证，甘肃省河西四坝文化的早期铜器与新疆哈密的天山北路文化特征具有相似性，甘青地区的彩陶文化与新疆察吾乎文化中的彩陶也具有密切的联系。由此可见，不同地区间存在文化交流的现象（水涛，2001；安志敏，2002；韩建业，2005；张小云和罗运兵，2014）。依据各地区间单一的生态类型和相似的文化可以推测长期进化也没有造成双峰驼父系结构的多元化。众所周知，家养双峰驼作为古代"丝绸之路"的主要运载工具，在促进不同地域间的经济贸易与文化交流中发挥着重要的作用，因此也不可避免地会发生骆驼群体间血液交流的现象。20 世纪 50 年代，青海地区也曾从甘肃和内蒙古地区引进双峰驼进行杂交。由此可见，中国各主产区家养双峰驼血液交流频繁，这使得其群体结构单一成为可能。为了提高驼群的产绒性能，许多地区都进行驼群选育，该过程也使得驼群父系遗传结构趋于单一。例如，新疆和内蒙古地区都曾进行公驼选育相关的科学研究，通过引进优良公驼与选育种群进行配种来避免近亲繁殖，以提高绒毛产量，达到提高经济效益的目的（张培业等，1991；王无忌，1997）。

（四）双峰驼起源的全基因组研究

双峰驼的全基因组研究工作比较滞后，直到 2012 年才完成了世界首列双峰驼全基因组序列图谱的绘制和解析工作（Jirimutu，2012）。首先，采用同源基因库来检验双峰驼和人、黑猩猩、大鼠、小鼠、牛、犬、马、猪同源基因中的保守区，总共16 065个骆驼基因被归类为12 536个直系同源家族。其中，12 521个基因为脊椎动物中的保守基因，2 912个基因为哺乳动物中的保守基因。选取动物基因组中2 345个单拷贝的直系同源基因，通过 supertree 方法构建系统进化树。通过分析发现，牛和骆驼的关系最近，都属于偶蹄目，这一结果与以前基于骆驼部分基因进化研究所获得的结果一致。从单拷贝的直系同源基因中，进一步选择了 332 个有恒定进化速率的直系同源基因，来估算物种分化的时间。结果显示，牛和双峰驼这两个世系的分化时间在 55 万—60 万年前，即在古新世晚期，此分化时间比在北美洲首次发现骆驼科化石证据的时间（5000万年前）稍早些（图 1-19）。

Fitak 等（2012）采用全基因组 SNP（单核苷酸多态性）的数据探讨了骆驼科物种的起源与进化问题。研究人员对单峰驼（$n=9$）、野生双峰驼（$n=9$）和家养双峰驼（$n=7$）进行了全基因组的 shotgun 测序，并对测序得到的数据进行了进一步的生物信息学分析。与参考基因组比对发现，每个样本平均测序深度达到了 $15\times$，在单峰驼、野生双峰驼和家养双峰驼测序数据中共检测到了4 960 087个 SNPs 位点。进一步采用

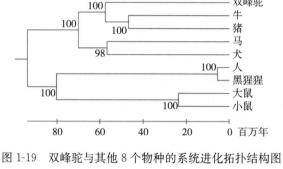

图 1-19　双峰驼与其他 8 个物种的系统进化拓扑结构图

PSMC 模型（pairwise sequentially markovian coalescent model）对骆驼群体数量进行了评估，发现自 20 万至 2 万年前骆驼群体的有效群体数量相对较少（图 1-20）。Fitak 等（2012）发现，35 万年前骆驼科物种存在最大有效群体数量（Ne），达到了 18 000；之后其有效群体数量极度下降，直到末次冰盛时期（2 万年前），其数量达到了一个平稳的时期，大约为 4 000。史上双峰驼群体数量变化的模式与之前所研究的大型哺乳动物数量变化模式很相似，这可能是与当时的（末次冰时期：10 万—20 万年前）环境变化相关。此外还发现，在 4000—5000 年前，双峰驼的群体数量又出现了一次瓶颈时期，这可能与近期双峰驼驯化事件相关。

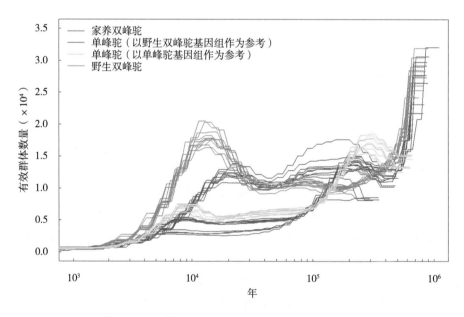

图 1-20　单峰驼、家养双峰驼和野生双峰驼有效群体数量的历史变化
（世代时间 $g=5$、突变速率 $\mu=2.5\times10^{-8}$）

　　由于 PSMC 模型只能预测 2000 年之前发生的骆驼有效群体数量，因此研究人员又采用 SNP 软件对近期（2000 年以内）骆驼群体数量的变化进行了评估。发现用 20k 的 SNPs 数据就可以评估有效群体数量，即 1000 代（约 5000 年）单峰驼、野生双峰驼和家养双峰驼种群数量逐渐减少，然而比起单峰驼和家养双峰驼群体，野生双峰驼群体

具有更小的有效群体数量。

　　Huiguang 等（2014）对双峰驼、单峰驼和羊驼全基因组 SNPs 的研究数据表明，无峰驼（羊驼）和有峰驼（双峰驼和单峰驼）的祖先分歧时间发生在 1630 万年前，这与古生物学家发现的结果很相似（骆驼族和羊驼族的分歧时间发生在 1700 万年以前）；而单峰驼和双峰驼的分歧时间发生在 440 万年前，表明在中新世晚期（724.6 万—490 万年前）（Honey，1998；Orlando，2013），双峰驼与单峰驼与它们的共同祖先发生了分歧，然后由北美洲发源地经过白令海峡一路迁徙到达欧亚大陆（图 1-21）（Huiguang，2014）。

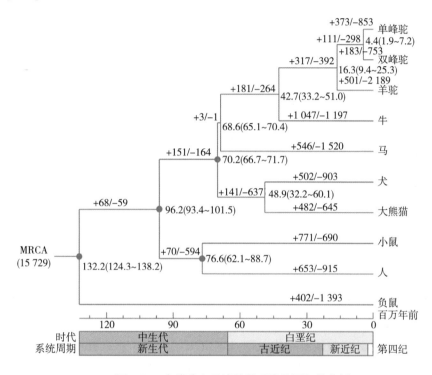

图 1-21　有峰驼和无峰驼的系统基因组学分析

　　利用获得的 3 个物种各自的 SNPs，采用配对顺序马尔科夫联合模型，构建这 3 个骆驼科物种的群体历史（图 1-22）。分析表明，双峰驼祖先在 369 万年前、261 万年前分别出现了一次显著的群体规模数量减少，而在 6 万年前时其群体规模又发生了一次逐渐下降的过程。单峰驼祖先在 172 万年前出现了一次较大的群体规模数量下降，随后在 125 万年前到 77 万年前发生了一次群体规模扩张，继而又在 77 万年缩小了祖先群体规模。

　　在 537 万—209 万年前，羊驼的祖先群体规模发生了下降。而在更新世（Pleistocene）时，羊驼的祖先群体规模发生了持续性扩张，其间羊驼的祖先群体在 501Kya（thousand years ago）、139Kya 和 44Kya 有 3 次遗传瓶颈现象的发生。羊驼祖先经历的最大一次群体扩张发生在 72Kya，群体规模达到约 113×10^4 峰。随后在 44Kya 时，羊驼祖先群体规模发生了最大的一次下降，群体规模减少到 1.2×10^4 峰。

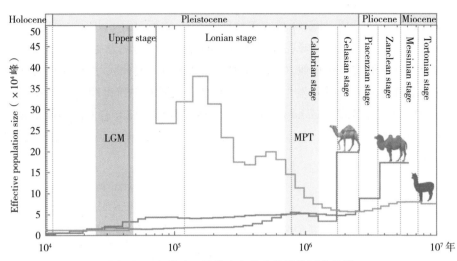

图 1-22　双峰驼、单峰驼和羊驼的群体历史规模

注：从中新世（Miocene）到全新世（Holocene）的地质年代界限采用虚线标注；MPT（Middle Pleistocene Transition），中更新世过渡；LGM（Last Glacial Maximum），南美洲的末次盛冰期。Pleistocene，更新世；Pliocene，上新世；Effective population size，有效群体数量；Upper stage，更新世上期；Lonian stage，更新世下期；Calabrian stage，卡拉布里亚阶；Gelasian stage，格拉斯阶；Piacenzian stage，皮亚琴察阶；Zanclean stage，赞克尔阶；Messinian stage，墨西拿阶；Tortonian stage，托尔托纳阶。

二、进化

虽然目前世界上的双峰驼主要分布在亚洲地区，但其祖先可追溯到始新世北美洲的原柔蹄类（the protylopus）（Monchot，2015）。the protylopus 体积较小，长约 80cm，体重 2.6kg 左右，无驼峰，身高不足 0.6m，跟现在的野兔差不多大，前肢短而后肢长，每肢四趾。牙齿与颌的结构表明其饮食由低级的多叶植被组成。骆驼的这些早期祖先（the protylopus）似乎有狭窄的蹄，不像现在的骆驼一样有较宽的蹄垫。诸多迹象表明原柔蹄类有站立觅食的习惯（Janis，1998；Palmer，1999）。

到了渐新世，骆驼科物种的进化速度较快，它们失去了 2 个边趾，更接近现代骆驼的双趾结构，但这些早期骆驼 the poebrotherium（二趾原驼）仍然没有驼峰（Monchot，2015）（图 1-23）。the poebrotherium 比 the protylopus 更大，站立时大约有 0.9m 高，大小与如今的鹿差不多。the poebrotherium 的头骨很像现在的美洲驼，有狭窄的鼻腔和长长的脖子；它们的前牙齿很尖，有利于吃草。辨认此时期的骆驼科物种 the poebrotherium 的特征是其脖子较长，有利于吃到长得较高的植物。

渐新世后，二趾原驼逐渐进化成不同的几个种，其中一个种进化成 *the procamelus*（原驼）（Monchot，2015）（图 1-24）。经历渐新世到中新世，这一时期地球环境开始变得又干又冷，大草原被沙地所取代。随着环境的改变，生活在中新世晚期和上新世早期的原驼进化出与现代的骆驼相似而独特的牙齿和下颌结构，牙齿变得更长且顶部更高，在其上颌有 1 对小的门牙，脚部开始出现带有柔软的脚垫，脖子变得大而长，腿

骆驼基因与种质资源学

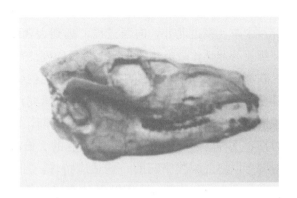

图 1-23　二趾原驼

图 1-24　原　驼

细而长。这一时期的骆驼进化出了与现代骆驼相似的步伐。

在 250 万年前的上新世，南、北美洲相连，这给骆驼祖先 the paracamelus（副驼）（图 1-25）的迁徙带来了机会，许多骆驼向南迁徙，成为现代家养美洲驼和羊驼的祖先。其他骆驼则穿越白令海峡到达亚洲，进化成了现在的双峰驼和单峰驼。

图 1-25　副　驼

Heintzman（2015）认为，骆驼一部分迁徙到中亚和蒙古高原较寒冷的干旱地区，进化成为双峰驼（*Camelus bactrianus*）。另一部分则跨过大陆干旱中心，进入东欧。

在南俄罗斯和罗马尼亚一带，都发现了不同种型的骆驼化石。这些化石表明，有的骆驼穿过中东，横过北非，向西迁徙，远到大西洋，向南到达坦桑尼亚；有的骆驼到达小亚细亚与非洲比较炎热的荒漠地带及印度北部干旱的平原等地，演变成为单峰驼。

在加拿大极寒地区埃尔斯米尔岛发现的一具骆驼化石，可帮助解释从早期 the poebrotherium 到现代骆驼的进化过程。研究该化石表明，有一种与 the paracamelus 相关的动物生活在 500 万年前的上新世中期，早期骆驼从美洲迁徙到了亚洲正是在这一时期，这种骆驼的体型大约是单峰驼的 2 倍（Monchot，2015）。该化石发现的地区和时期可以解释现代骆驼的一些适应特性。加拿大自然博物馆古生物学者 Natalia 推断，宽大而扁平的脚掌、大眼睛及储存脂肪的驼峰的进化，使得该物种可以在北极的恶劣环境生存下来。这些发现为探索从 the procamelus 到现代骆驼的进化历程带来了曙光。骆驼属动物的进化过程见表 1-4。

表 1-4　骆驼属动物进化过程

地质年代	始新世	渐新世	第三纪中新世	上新世	更新世
距今（万年）	5600—3390	3390—2300	2300—533.2	533.2—258.2	258.2—11.7
骆驼属动物	原柔蹄类	二趾原驼	原驼	副驼	骆驼属

三、驯化

骆驼的驯化时间晚于绵羊、山羊和牛。虽然骆驼在战争上的用途不如马，且生殖率较低，不适应潮湿环境，但是其在驮运货物、耐力方面和对干旱、荒漠地区的适应性方面显示了极大的优势，在长途贸易上的用途可能是驯化骆驼的主要原因。有关研究表明，在公元前 2000 年，有两种骆驼科物种已得到了驯化，即双峰驼在中亚地区被驯化，单峰驼在阿拉伯半岛地区被驯化（Mashkour，1999；Riesch，2007；Beech，2009）。目前关于双峰驼驯化时间的推测为距今 4500 年前（Reitz，2008），其驯化地点相关的证据主要集中在伊朗北部和土库曼斯坦南部等地区（Peters，1975；Bulliet，1997）。

但也有学者认为，双峰驼的驯化地除了伊朗和土库曼斯坦地区外，还应该包括哈萨克斯坦南部、蒙古国西部和我国的北方地区等（袁国映，1999），其主要依据是这些地区还存在野生双峰驼。据此说法，长期以来，根据家养双峰驼和野生双峰驼个体形态及解剖学特征推测家养双峰驼是由野生双峰驼驯化而来（Ji，2009）。但分子遗传学的研究又表明，家养双峰驼和现存野生双峰驼没有直接关系，属于不同母系起源，且两个亚种之间的分化可能发生在 70 万年前（Ji，2009）。据此可知，关于双峰驼的发源地和驯化时间仍存在较大分歧。

我国境内什么时候才有骆驼？古生物学家根据地质年代化石考证，在我国山西省东部下更新统的地层中，发现了类驼化石——现在骆驼较早的祖先。在河南省、北京周口店等地发现了一些时代较晚的骆驼化石——巨类驼。在属于晚更新世中晚期的内蒙古萨拉乌苏河流域的地层中，出土了名为"诺氏驼"的骆驼化石。"诺氏驼"比现在种个体大，但骨骼的主要特征与现生种类似，看来应是现在双峰驼的近祖。从国外考古发现的化石证明了原驼自北美洲经白令海峡来到东半球，在中亚细亚变成双峰驼的说法是符合我国骆驼历史发展的。但是骆驼既然在下更新统及稍晚时期已经从中亚细亚进到山西、北京周口店及黄河中游的河南地区，何以不能像马、牛、羊、猪等一样在中原地区成为家畜呢？用达尔文的"物种原始"观点来分析，原因似乎可以从生态学上来寻找。生态环境中的许多因素对家畜生长起着非常重要的作用。比如，就气候来说，不仅影响骆驼的分布及适应能力，而且还可影响骆驼的生长发育、生产性能及繁殖能力。适应性往往通过家畜的分布反映出来。"诺氏驼"之所以能从中亚细亚进入到内蒙古自治区的萨拉乌苏河流域，成为家畜甚至是现在双峰驼的近祖，是由于其能适应内蒙古的气候等条件。而"巨类驼"从中亚细亚进入河南地区以后，可能是外界条件发生了激烈的变化，超出了它们的适应范围。它们对中原地区的日照、温度、湿度、降水、风等气候，以及地形、地貌与饲养条件等生态环境适应不了，因此繁殖机能下降，"巨类驼"可能在远古时代就已在中原地区绝种了。

　　我国什么时候才大量饲养骆驼并用它作为军用和民用交通运输工具的呢？根据西汉在北方击败匈奴，从西北取得三十六属国的史料来考证，真正大量养育和大批使役骆驼的时期可能是在汉初，保守点说最迟也始于汉武帝时期。1976 年长沙修建新火车站时，在长沙杨家山挖出的西汉初期漆器上金箔贴花所描画的骆驼图像就说明，骆驼不仅在汉初已为人们所熟知，而且连南方的艺术品上也能描绘出它的形象了。

第三节　骆驼科其他物种的起源、进化与驯化

一、单峰驼起源的考古学观察

（一）国内单峰驼考古学材料

1. 我国是否存在单峰驼的谜团　尽管现生单峰驼仅在非洲和西亚出现，但在历史上，我国中西部也曾有它们的踪影。有些学者在多年前就发现历史上野生单峰驼在我国出现的蛛丝马迹，在《化石》上刊登的文章中就有所反映，只是所提出的证据比较零散，且一时难以提出比较合理的说法。可以说，我国历史上是否有野生单峰驼一直是困扰学术界多年的难题。

2. 岩画中的单峰驼形象　流传至今的古老岩画中含有大量的动物形象，经专家鉴定，相当部分可以与现生物种相对应，它们是先民们对与其相伴的动物的认识与记录。源于史前的《阴山岩画》是包括分布于今内蒙古的乌拉特中旗、磴口、乌拉

特后旗、乌海等地先民的作品，专家、学者经过多次调查，统计出描绘的有数十种动物。从专业人员所鉴别出的岩画动物可对应的现生种中就有单峰驼形象（文榕生，2008）（图 1-26）。

图 1-26　《阴山岩画》中的单峰驼

　　无独有偶，在新疆地区发现的岩画中也不乏单峰驼的形象。例如，在哈密市沁城折腰沟发现的凿刻岩画中，有一张《畜圈图》（图 1-27）。该图显示的是：在似乎是木头结构的楼房上层屋内，有两个人正在交谈；楼下面为一畜圈，一大角羊正进入畜圈。楼外有一离开的大兽（即图中的下方），其背部硕大的囊状物看不出中间有凹陷，显然是一峰单峰驼。

图 1-27　《畜圈图》

　　又如，在新疆木垒县白杨河乡芦塘沟村南芦塘沟发现的岩画中，有一敲凿痕迹较浅的《骑兽牧驼图》（图 1-28）。在向南的岩面上，可以看见 5 峰骆驼、1 只北山羊和 1 个骑兽人，而其他印迹模糊难辨。整幅画面中的动物都呈"一"字形排列，个个昂首，头均朝一个方向，似在缓缓向前移动。有一兽，虽然只突出其长长的弯角，而头部却完全被省略了，但可以看出是北山羊的形象。值得注意的是，除了有 4 峰形象特征十分明显的双峰驼之外，还有一单峰驼（图中的右上方）。在北山羊与单峰驼之后，有放牧人骑在一似鹿非鹿、头角肿大而直立的动物之上。

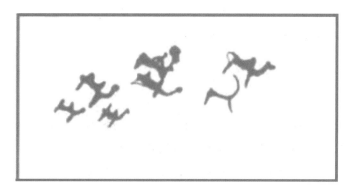

图 1-28　《骑兽牧驼图》

（二）国外单峰驼考古学材料

学者们认为，单峰驼可能是由游牧在阿拉伯半岛的土著居民驯养的，驯化的时间在公元前 3000—前 2500 年，地点为阿拉伯半岛南部沿海，在公元前 12 世纪的青铜时代，尤其是在青铜时代晚期，单峰驼在阿拉伯半岛的分布是相当普遍的。

在阿联酋阿布扎比的西部地区发现了一个由多达 40 个或更多的骆驼骨骼组成的明显的新遗迹。其中，已经有 8 个骆驼骨样本由德国基尔大学和稳定同位素研究实验室进行了 AMS 放射性碳检测，结果显示它们的历史可追溯到公元前 5 世纪后半叶。此外，对骨头的初步分析表明，它们来自野生单峰驼，这个新发现的遗址为研究阿拉伯东南部的史前野生骆驼提供了宝贵的资料。在更新世晚期和全新世早期，骆驼的化石极其缺乏（Uerpmann，1987）。

最初认为单峰驼可能早在青铜时代就已经在阿拉伯被驯化了，这是因为在阿布扎比海岸附近的 Umman-Nar 岛（公元前 2600—前 2000 年）发掘了大约 200 块驼骨（Frifelt，1199），可以作为骆驼在这片区域被大量驯养的重要证据。此外，在其中一座墓葬的外饰面石头上雕刻了一尊单峰驼（图 1-29）。

图 1-29　出土的骆驼骨骼

在巴林从萨尔（公元前 2000—前 1800 年）也报道过一个单峰驼的近节指骨和一个大的颈椎椎骨碎片。骆驼也被发现于沙迦东部的 Muwaylah 遗址，其历史可以追溯到铁器时代（Uerpmann，2002）。在公元前 1000 年初，在阿拉伯联合酋长国北部地区只发现几块较大的骨骼和一块髋骨，可能反映出野骆驼的存在。此外，在位于 Mleiha 以南约 17km 的 Al-Buhais 发现了 6 岁的单峰母驼（Uerpmann，1999）。

二、羊驼起源、进化与驯化

羊驼（Alpaca），亦称驼羊，在动物学分类上属于哺乳纲、偶蹄目、骆驼科、美洲驼属。骆驼科物种的最早起源地在北美洲，共同祖先为原柔蹄类动物。待到新世纪中期，原柔蹄类动物为了适应环境变化，逐渐进化为二趾原驼。在末世纪，一部分二趾原驼穿越大陆桥，向亚非大陆迁移，进化为现在的双峰驼和单峰驼；另一部分二趾原驼则进入南美洲的安第斯山脉，进化为现代的美洲驼属，即原驼、骆马（小羊驼）和美洲驼。

羊驼是秘鲁、玻利维亚等国的主要放牧畜种，现存数量 350 多万只。由于羊驼的适应性和耐粗饲性非常好，因此在南美洲海拔为 4 000m 左右的安第斯高原地区，利用当地的高山、劣质草场饲养羊驼，已经成为当地支撑国民经济发展的重要产业。羊驼的发展前景看好，澳大利亚、新西兰、美国等国都兴起了羊驼饲养的热潮。澳大利亚采用引进和培育的方法，把羊驼数量发展到目前的 10 万多只。实践证明，在低海拔地区及荒漠地区，利用农作物秸秆和牛、羊不能食用的灌木草丛饲养羊驼，可以获得良好的经济效益、生态效益和社会效益。

羊驼是南美洲最早养殖的动物，最初主要是安第斯山高海拔地区的贵族养殖，6000 年前抵达欧洲。现在的羊驼是 1100 万—900 万年前，在北美洲地区首先进化形成的，而它们中的大部分又可以追溯到 3500 万年前。300 万年前，北美洲野生动物 Hemiaucbenia（体型大、四肢长、脖子长）穿过巴拿马海峡到达南美洲，最早生活在南美洲东部的低海拔地带，是现在骆马属动物的祖先，在 12000 年前的更新世后期，Hemiaucbenia 迁徙到高海拔的安第斯山地区。南美洲 Hemiaucbenia 中的 Paleolama 扩展到太平洋海岸，穿过墨西哥到达得克萨斯州、路易斯安那、密西西比州和佛罗里达。12000 年前，北美洲的 Hemiaucbenia、Paleolama 和其他动物都灭绝，只剩下南美洲的 Lama（野生的 Llama）和 Vicugna（野生的 Vicuan），成为整个美洲幸存的两个野生骆驼科物种。

羊驼最初的驯化发生在安第斯山地区，其驯化过程依次贯穿于安第斯山区的一系列文化形式，6000 年前安第斯山区盛行的一系列文化大多以安第斯山田园生活为主要特征，这些文化中都有关于羊驼和大羊驼的驯化。最早的是分布于安第斯山区和秘鲁海湾地区的 Chavin 文化，盛行于公元前 300 年前。在 Chvain 文化中虽然没有羊驼和大羊驼的文字记载，但根据人类学家 George Miller 的提出，当时 Chavin 人就有食羊驼肉和大羊驼肉的习惯。

1985 年，在非洲北部智利海滨的考古挖掘中发现一只雕有水虎鱼的罐子，说明早在 5000 年前，亚马孙河亚热带地区和安第斯山高原地区就有物质交易，而上等的羊驼毛就是当时的交换物质之一。Chvain 文化之后是 Moche、Nazca、Huari 文化，它们都以安第斯山田园生活和纺织品为基础。2500 年前，在南美洲西部喀喀湖畔的 Pucara 文化中，就已经出现以毛用为主的人工羊驼饲养模式。所有这些遗址中都没有记载当时羊驼的养殖数量和交易规模，但人类学家推测，当时羊驼及产品交易都是空前的。

　　羊驼与 7000 年前到 6000 年前在秘鲁山区被驯化后迁徙到低海拔的安第斯山山谷，进入智利北部，2300 年后到达厄瓜多尔。

第二章

CHAPTER 2

骆驼性状与生物学特性

第一节　骆驼性状

一、行为性状

（一）行为特性

骆驼能够在严酷的荒漠、半荒漠地区生活，对干旱、风沙恶劣气候环境有很强的适应性，是经过长期自然选择形成的耐热、耐饥渴、抗风沙的特殊功能。在自然草地上散牧的骆驼，多数夜不归牧，一天内有8～10h用来采食，在秋季有月亮的夜晚只休息4h，其他时间全部采食。每昼夜采食的时间，秋季较夏季多。在一天的放牧过程中，清晨采食的频率最快，平均每5～7s吃一口。随着气温的逐渐升高，采食频率逐渐变慢，在气温较高（30℃）的中午，多迎风（避光）卧地休息、反刍。当气温逐渐降低、天气凉爽时（25℃以下），骆驼又开始走动采食。随着气温的继续降低，骆驼采食频率加快，到太阳西落时每6～8s吃一口，每口吃5～6g。

夏季中午气温在36～38.5℃时，沙面温度可达54～65℃或更高，马、牛、羊等家畜卧在这样的沙面上均忍受不了，而骆驼却能在中午最酷热时卧地休息。为了避免被热沙所伤，卧地时先以前膝着地，用力将热沙向前推；然后再后膝着地，并用力向后把表面的热沙推开。

据测定，当气温在29.2℃时，沙面温度为47℃，骆驼卧地后前肢处温度为32℃，胸底处温度为37℃，故卧地后无痛苦感。当气温高时，骆驼的卧地姿势为四肢扩张且撑高，飞节离地13～15cm；同时，用7块角质垫撑起庞大的躯体，以便使沙丘地面迅速传导来的热辐射能够在地下自由地对流开，而确保凉爽。

当遇到6～7级大风天气时，由于骆驼的双眼能单独启闭，上眼睑睫毛长、密而下垂，因此可防止尘沙入目。即使尘沙入目，骆驼利用增加的泪水和瞬膜后移也能将眼球表面的沙土带走。骆驼鼻孔狭长，斜而成裂缝状，可随意启闭。两鼻孔各有小管通于唇中沟，鼻孔周围密生1cm长的鼻毛。上呼吸道形成弯曲的皱囊，上、下唇于口角外缘和耳壳内的短毛十分发达，这些都能起到阻沙和湿润空气的作用。因此，骆驼在草地上行走自如。一般多逆风行走一段后，停下顺风采食。如风大、气温过低或者遇到暴风雨天气，则躲在灌丛、沙丘或其他避风物后顺风而卧。卧地后飞节着地，四肢收拢，四蹄紧紧贴于腹部，尾巴紧夹在两股间，尽量缩小散热体表面积，减少体热损失（张映宽，1996）。

（二）繁殖特性

1. 公驼的繁殖特性

（1）圈占一定数量的母驼　公驼在每年3—4月配种结束后精力严重衰减，体况十分乏瘦，对母驼丝毫不加理睬。再过一定时期，等到收毛结束，便三两结伴，自

骆驼基因与种质资源学

36

寻水草，行踪不定，牧民也不知其大致去向，也并不追寻。在秋末、冬初之际，待天气转凉时，公驼便自动返回原群，开始圈占一定数量的母驼，作为自己的待配对象。此时应严加看管，不让其他公驼进群，其控制程度随配种期的临近而与日俱增。公驼对母驼的控制与反控制及公驼之间的争夺与反争夺，都是通过多次的实力较量而实现的。

（2）枕颈腺大量分泌　枕颈腺是公驼枕骨脊后第一颈椎两侧的两个外分泌腺体，有许多排泄孔。该腺体明显受雄激素所控制，公驼只在发情季节才具有分泌和释放外激素的功能，发情越旺的个体分泌量越多。去势后该腺体即萎缩退化，不再具有分泌功能。当12月初天气变冷时，公驼枕颈腺活动增强，持续分泌具有特殊气味的油状物质。该物质起初无色透明，经氧化后变成棕褐色，将顶上下缘的鬃毛和前峰毛大量污染。据内蒙古乌拉特后旗科学委员会与内蒙古畜牧科学院的采样分析证明，被污染的鬃毛中含睾酮 $0.8 \sim 3.26 \mu g/mL$、孕酮 $0.7 \sim 0.8 \mu g/mL$、雌激素 $38.6 \sim 89.4 \mu g/g$；此外，还含有少量的乙酸、丙酸、正丁酸、异丁酸、异戊酸等短链脂肪酸。这些物质经分子扩散后，起外激素（信息激素）的作用，母驼接收后能很快进入发情状态。骆驼在繁殖期比其他任何时期都更易受到伤害，缩短繁殖期，这无论对野生还是家养骆驼都有好处。

（3）采食量减少甚至短期停止采食　公驼进入发情后性情粗野，终日烦躁不安，采食量显著减少。在性兴奋高潮时期，甚至可几日拒绝饮食，停止反刍。很快腹围缩小，膘情下降，但体力仍很旺盛。

（4）磨牙吐沫，发嘟嘟声　发情旺盛的公驼，无论是兴奋还是安静时都霍霍有声。发情不旺者安静时暂停磨牙，嘴边常挂满白沫，尤以早出、晚归或与其他公驼斗争时吐沫量更多。与此同时，从口腔中还发出嘟嘟声，发情越兴奋时声音越大。这些行为表现，无非是为了增加凶恶、威慑的力量，使敌手望而生畏。

（5）四处摩擦，甩打水鞭　当枕颈腺大量分泌后，公驼常将头往后仰，在前峰上用力摩擦，也在周围草墩、圈墙、土堆上随处摩擦。这种行为，一种可能是枕颈腺旺盛分泌后，骆驼奇痒难受，被迫摩擦止痒；另一种可能是为了扩大影响，将外激素寄存在一些物体上，使更多的母驼接收而发情。

与此同时，公驼还常将头颈高抬，后腿叉开呈半蹲式，边排尿边将尾不停地上下甩打借此将尿液洒满后躯，俗话所谓"打水鞭"。发情越旺，则打水鞭也越频繁且维持时间越久。这种行为可能是尿液中混有由包皮腺分泌物分解产生的挥发性脂肪酸和芳香族酸，可以引诱母驼接受配种。

（6）对抗与追逐　当两头势均力敌的公驼相遇后，常为争夺配偶而凶狠咬斗。先是彼此相隔一定的距离，伸直头颈，在白茨丛上像磨刀式地来回摩擦；继而则摆出一副准备决斗的架势，伸颈叉腿，怒目以待；随即双方互压颈部，进行实力大小的试探；最后以肩和体侧相对抗，并伺机偷咬对方的腿和尾，非要决出高低不可，直到败方逃跑为止。多数情况下都是强悍而又较矮的公驼占优势。此种决斗，有时要坚持很长时间，只有人为将其驱散方休。有的发情母驼，特别是初配母驼，由于对公驼的粗暴行为心存畏惧，因此不愿接受交配；而公驼则穷追其后，通过抗、压、撞、咬等动作迫使母驼接受交配。

（7）交配行为　交配前，公驼先嗅母驼阴门和尿液，卷唇露齿。多数母驼可自动卧地待配，而有的则需费一番周折才勉强卧下。母驼卧地后，公驼由后方将两前肢跨到母驼季肋两旁，全身呈犬坐式进行交配。公驼包皮口本来是折转向后的，但在交配时皮肌收缩，包皮口变成向前，阴茎呈 S 状弯曲开始伸直挺出，前端的钩状体不停地左右转动。交配时间一般持续 2～4min，也有更长的。射精次数与交配持续时间长短有关（税世荣，1989）。

2. 母驼的繁殖特性

（1）接受外激素的刺激　进入配种季节之初，公驼枕颈腺分泌物能引诱那些性机能处于静止状态的母驼。经过一段时间的激发，母驼卵巢上的卵泡发育到一定程度也相继进入发情状态。母驼发情时间以正月上中旬为最多。卵泡之所以须经交配才破裂排卵（诱导排卵），主要是由于母驼体内促黄体素分泌不足所致。

（2）卧地待配　母驼发情后表面上并无明显变化，但很乐意接近公驼，并随公驼行走时作亲昵之态。而群体地位处于底层的小母驼，发情表现不明显，多数是安静发情。发情母驼经公驼短暂逗情之后，可主动卧地接受交配。当阴茎插入困难之际，公驼还可主动抬起飞节，使阴门位置升高。无公驼在场时，母驼也愿意接受其他母驼的爬跨。公驼精液进入母驼阴道后数小时，母驼血浆中的促黄体素即可出现明显的高峰，其峰值约为基础水平的 4 倍，此后约经 30h 即出现排卵。

（3）妊娠后表现　配种后 5～6d 母驼开始拒配，当公驼接近时则迅速起身站立，表现频频卷尾并叉腿排尿，预示已经受精。配种 14～16d 后，当公驼接近时母驼仍有上述拒配行为表现则表明母驼已妊娠。妊娠后母驼食欲提高，采食量增加，膘情迅速改善，肘毛较空怀时明显加长。行动小心，步态稳重。阴门、肛门周围皮肤上长出光洁的短毛，与四周被毛形成一个十分明显的界限，呈竖的椭圆形。

（4）分娩前后表现　产前 4～6h 母驼表现不安，总在群边转悠，企图离群远走。此时如不加拴系，则母驼有可能向上坡方向一口气跑出 10～15km，自寻避风、低凹处产驼，而且还多是在上次产驼处。母驼分娩，产出胎儿的头和前肢时并不困难，但产出胎儿的前胸部分则需多次起卧，并伴有嚎叫声，经持续强烈努责之后前胸才能勉强通过产道。

（5）护羔行为　新分娩的母驼，终日守护在驼羔旁边。三两日后也只在营地周围短暂采食，便又匆匆返回守护驼羔。如发现有人接近其羔，便立即竖耳瞪眼，磨牙吐沫，摆出一副十分凶狠的架势，当肯定来人并无加害之意时态度才有所缓和。晚上气温低时，母仔偎依而卧，母驼主动利用其长的鬃毛为驼羔防风保暖。母仔之间的信息传递，主要由嗅、听、视、触等信号或几种信号的不同组合来实现。当驼羔吮乳时，母驼总是先用鼻嗅其尾根部，判明是否为自己所生，然后决定哺乳与否。听觉信号有饥饿呼叫、惊慌呼叫、求援呼叫和丢失呼叫等，这些不同的信号呼叫都是通过音色结构、音调范围、声音大小等的不同而实现的。如驼羔不幸病死而又未被及时移走，则母驼还将长时期守护其旁，彻夜哀鸣，几天后才能完全消除声音。

（6）产后发情　据直肠检查证明，产后15～35d 3%的母驼其卵巢上有发育至直径为大小1～1.4cm的接近成熟的卵泡，如适时组织交配则母驼可能受胎。

二、外形性状

（一）毛色与毛色基因

1. 驼毛　驼毛在形态构造上可分为毛干、毛根和毛球三部分。毛干是指毛纤维露出皮肤表面的部分。毛根是指毛纤维位于皮内的部分，上端与毛干连接，下端与毛球相连，是毛囊内的毛干连续部分。毛球位于皮肤深层，是毛纤维末端的膨大部分，为毛纤维的发生点。由于毛球中的细胞不断增殖，因此毛纤维能够连续不断地生长。此外，还有一些为毛纤维生长提供营养和起保护作用的器官，如毛乳头、毛鞘、毛囊、皮脂腺、汗腺和竖毛肌等。

骆驼的被毛类型属于混型毛，即保护毛的粗长毛之间生有毛绒，而身毛的细绒之间生有粗而刚直的短粗毛。由于骆驼被毛毛纤维的细度和弯曲度不规则，油汗又少，因此没有明显的毛辫或毛丛结构。但在耳根后、颈、肩和臀部，绒毛着生较密，可清楚地看到不规则的菱形或簇形毛丛。从被毛的毛束来看，基本上是以一根粗毛为中心，在其周围着生几根乃至几十根粗细不等的绒毛。因此，从被毛外部形态可将其分为上、下两层，上层是稀疏而直立的粗毛，下层是厚密的绒毛。根据驼毛的功能及形态结构将骆驼被毛分为4种类型。着生于驼体表面的短毛被称为被毛，由细短、厚密的绒毛和粗长、稀疏的粗毛组成；骆驼的绒毛长而厚密，耐严寒。着生于面部、耳部、膝关节下部及尾干的短毛被称为覆盖毛。着生于驼体局部的长粗毛被称为保护毛，如颈上缘的鬣毛、额顶上的鬃毛、前肘部的肘毛、尾部的尾毛及两峰顶部的峰顶毛。这些长毛主要起着保护作用，所以被称为保护毛，骆驼的保护毛十分发达。而着生于骆驼嘴唇、眼睛周围的长而硬的毛被称为触毛，其毛根部知觉神经末梢特别发达，因此毛的触觉非常敏锐（吉日木图等，2014）。

（1）毛色　骆驼的被毛颜色比较单一，不像羊驼一样具有22种天然颜色的毛纤维。一般骆驼长毛的颜色较深，短毛的颜色较浅，大多数为单毛色。根据被毛颜色的深浅不同，可将骆驼毛色分为黄色、杏黄色、紫红色、白色、褐色、黑褐色、花色等颜色（柏丽等，2014）。而毛色的深浅与骆驼所生存的生态环境条件有着密切的关系。一般生活在山区、干旱草原和戈壁地区的骆驼其毛色较深，生活在沙漠地区的骆驼其毛色较浅。对220峰新疆双峰驼毛色的统计显示，其中黄色占52.73%、褐色占24.09%、紫红色占9.59%、白色占7.27%、棕色占4.09%，其他（灰、黑、青色）占2.23%。骆驼毛色的深浅与驼毛的经济价值也有一定的关系。比如，白色驼绒的防潮性、吸湿性、保暖性，以及驼绒的净绒率、梳绒性等方面都比普通驼绒要好很多；加上白驼的数量偏少，驼毛的品质又高，因此白色驼绒的经济价值也高。

所以在选择种驼时，应该选择被毛颜色较浅的留作种用。初生驼羔毛色以棕色、褐色为主，随着年龄的增长，胎毛逐渐脱换成固定毛色（吉日木图等，2014）。不同毛色骆驼如彩图 1 所示。

（2）驼毛特性　骆驼的毛纤维是一种复杂的蛋白质化合物，主要含有碳、氧、氮、硫等几种元素。含硫是驼毛纤维的重要特点，硫是其化学物质基础，在驼毛中主要以二硫键的形式存在于胱氨酸中，有的也以半胱氨酸和甲硫氨酸的形式存在（吉日木图等，2014）。驼毛的粗细、弹性和强度均与其含硫量相关。一般情况下，细毛的含硫量高于粗毛，毛干下端的含硫量高于毛干上端（主要原因是毛干上端经常会受到风吹、雨淋及日晒）。和其他毛纤维一样，驼毛的化学成分也是由角质蛋白（角朊蛋白）组成。这种角朊蛋白含有 10 多种氨基酸，其中谷氨酸、胱氨酸、精氨酸的含量较高（张培业等，1990）。驼毛纤维具有一定的抗酸能力，不同种类的酸对驼毛纤维的影响也不同。硫酸对驼毛的影响主要取决于温度、时间和密度。例如，在 3％的稀硫酸溶液中将驼毛煮沸数小时，硫酸对驼毛没有任何的有害作用；而浓硫酸则对驼毛具有较强的有害作用，用 30％的浓硫酸加热处理后驼毛会完全溶解。驼毛纤维对碱的抵抗能力较弱，碱对驼毛的破坏作用同样取决于碱的浓度、温度和处理时间。在 5％的氢氧化钠溶液中加热 3～5min，驼毛会被完全溶解（吉日木图等，2014）。

骆驼的生存环境是一个昼夜和季节温度变化幅度较大的干旱荒漠和戈壁地区，其温度有时可上升至 60℃左右，有时也可下降至－45℃左右。但骆驼之所以能够适应这样极限的环境是因为驼绒在发挥着一个体温调节器的作用。不仅如此，驼绒也具有非常有效的抗辐射功能，其对近百种能直接侵害人类肌体的射线有明显的阻隔作用。廉凌云等（2013）对驼绒织品的防紫外线与防辐射性能进行了初步的定性测量发现，驼绒织品有很强的防紫外线性能，然而其防辐射性能相对较弱。

2. 双峰驼毛色候选基因　双峰驼是驼科动物的一种，其驼毛绒与单峰驼、羊驼的一样也有一定的生产价值。骆驼的粗长纤维构成的外层保护被毛通称驼毛，而细短纤维构成的内层保护被毛通称驼绒。驼毛具有细、柔、轻、滑、保暖性强等优良特性。驼绒的强度大、光泽好，去掉粗毛后可制造高级粗纺织品、毛毯和针织品，保暖性很好。粗毛可作填充物及工业用的传送带，强力大，经久耐用。骆驼毛绒的颜色有黄褐色、浅黄色、乳白色、棕褐色等，品质优良的驼毛多为浅色，其不同毛色受多基因调控（明亮等，2013）。

（1）骆驼毛色候选基因 ASIP 与毛色关联性

①ASIP 基因的 PCR 扩增结果　根据设计的引物扩增 ASIP 基因外显子片段，通过 1％琼脂糖凝胶电泳检测 PCR 产物（图 2-1），ASIP 基因在 700～900bp 处有特异性清晰的条带。

②ASIP 基因氨基酸序列比对　骆驼 ASIP 基因共有 3 个外显子，基因片段长度为 23 802bp，其完整编码区编码含有 132 个氨基酸残基的蛋白质，分子质量为 14 543.20u。经氨基酸序列比对发现，双峰驼 ASIP 基因氨基酸序列与单峰驼（98.1％）、野生双峰驼

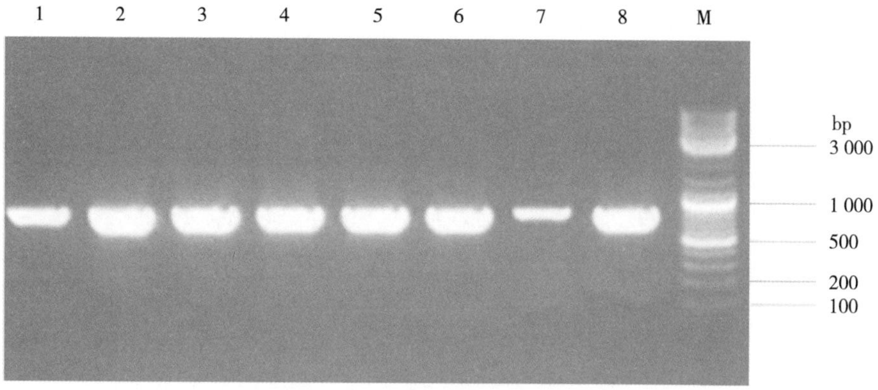

图 2-1　*ASIP* 基因的 PCR 扩增产物

注：1～8，不同品种骆驼血液 DNA 样本；M，Marker Ladder（100～3 000bp）。

(98.1%)、羊驼（96.2%）有很高的一致性，与猪（86.8%）、绵羊（86.8%）、野牦牛（86.8%）、牛（86.8%）、人（81.1%）、山羊（80.8%）、犬（80.8%）、驴（79.2%）、马（79.2%）和兔（79.2%）等也有一定的一致性（图 2-2）。

百分比

差异

	1	2	3	4	5	6	7	8	9	10	11	12	13	14		
1		98.1	98.1	96.2	86.8	86.8	86.8	86.8	81.1	80.8	80.8	79.2	79.2	79.2	1	双峰驼
2	1.9		100.0	94.3	84.9	86.8	84.9	84.9	79.2	78.8	78.8	77.4	77.4	77.4	2	单峰驼
3	1.9	0.0		94.3	84.9	86.8	84.9	84.9	79.2	78.8	78.8	77.4	77.4	77.4	3	野生双峰驼
4	3.9	5.9	5.9		84.9	83.0	83.0	83.0	79.2	76.9	76.9	75.5	75.5	75.5	4	羊驼
5	14.6	16.9	16.9	16.9		81.1	84.9	84.9	84.9	80.8	80.8	77.4	77.4	75.5	5	猪
6	14.6	14.6	14.6	19.3	21.8		96.2	96.2	73.6	75.0	75.0	79.2	79.2	69.8	6	绵羊
7	14.6	16.9	16.9	19.3	16.9	3.9		100.0	77.4	78.8	78.8	79.2	79.2	73.6	7	野牦牛
8	14.6	16.9	16.9	19.3	16.9	3.9	0.0		77.4	78.8	78.8	79.2	79.2	73.6	8	牛
9	21.8	24.4	24.4	24.4	16.9	32.6	27.0	27.0		80.8	80.8	75.5	75.5	75.5	9	人
10	19.7	22.3	22.3	24.9	19.7	27.6	22.3	22.3	22.3		100.0	80.8	80.8	78.8	10	山羊
11	19.7	22.3	22.3	24.9	19.7	27.6	22.3	22.3	22.3	0.0		80.8	80.8	78.8	11	犬
12	24.4	27.0	27.0	29.7	27.0	24.4	24.4	24.4	29.7	22.3	22.3		100.0	69.8	12	驴
13	24.4	27.0	27.0	29.7	27.0	24.4	24.4	24.4	29.7	22.3	22.3	0.0		69.8	13	马
14	24.4	27.0	27.0	29.7	29.7	38.6	32.6	32.6	29.7	22.3	22.3	38.6	38.6		14	兔
	1	2	3	4	5	6	7	8	9	10	11	12	13	14		

图 2-2　14 种动物的 *ASIP* 基因氨基酸序列比对

注：双峰驼，NW _ 011515153；单峰驼，NW _ 011591043；野生双峰驼，NW _ 006211580；羊驼，NW _ 005882736；猪，NC _ 010459；绵羊，NC _ 019470；野牦牛，NW _ 005397034）；牛，AC _ 000170；人，NC _ 000020；山羊，EF587236；犬，NC _ 006606；驴，NW _ 014638605；马，NC _ 009165；兔，NM _ 001082077。

③*ASIP* 基因的 SNP 分析　对骆驼 *ASIP* 基因编码区测序发现，该基因第 1 个外显子在 56bp 处发生了碱基错义突变（图 2-3），密码子从 AAT 变成了 ACT，导致其编码的氨基酸由天冬酰胺突变为苏氨酸（N19T），然而突变前后的 2 个氨基酸都为极性亲水性氨基酸。

④*ASIP* 基因不同基因型与表型　*ASIP* 基因第 1 个外显子的测序结果中，36 个个体（9 个白色、7 个红色和 20 个棕红色）在 N19T 处基因型由 AA 型变为 CC 型，所编码的氨基酸由天冬酰胺转变为苏氨酸；12 个个体（1 个白色、1 个红色和 10 个棕红

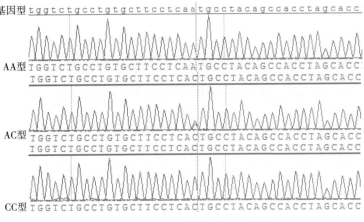

图 2-3 *ASIP-1* 基因的 c. A56C 位点

色）为 AC 杂合基因型，剩余 12 个个体（4 个白色、3 个红色和 5 个棕红色）是 AA 纯合基因型，没有发生突变（表 2-1）。

表 2-1　*ASIP* 基因第 1 个外显子 N19T 处不同基因型和表型（个）

多态性	白色	红色	棕红色	总计
AC 型	1	1	10	12
CC 型	9	7	20	36
AA 型	4	3	5	12

（2）骆驼毛色候选基因 *KIT* 与毛色关联性

①*KIT* 基因的 PCR 扩增结果　根据设计的引物扩增样品的 *KIT* 基因外显子片段，用 1‰琼脂糖凝胶电泳检测 PCR 产物，结果如图 2-4 所示。*KIT* 基因在 600～750bp 处有特异性条带，并且致密整齐，亮度较好。

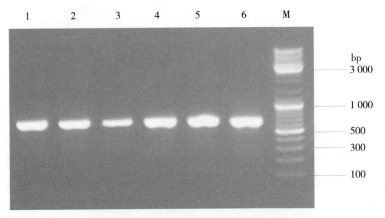

图 2-4　*KIT* 基因的 PCR 扩增产物

注：1～6，分别是不同骆驼血液 DNA 样本；M，Marker Ladder（100～3 000bp）。

②*KIT* 基因氨基酸序列比对　骆驼的 *KIT* 基因共有 20 个外显子，基因长度为

77 188bp，其完整编码区编码含 982 个氨基酸残基的蛋白质，预测其分子质量为 109.663ku。经氨基酸序列比对发现，双峰驼 KIT 基因氨基酸序列与单峰驼（99.5%）、野生双峰驼（98.5%）、羊驼（98.4%）有很高的一致性，与猪（94.8%）、绵羊（93.2%）、野牦牛（92.8%）、牛（92.8%）、人（92.8%）、山羊（91.6%）、犬（91.1%）、驴（89.9%）、马（88.5%）、兔（80.0%）等也有一定的一致性（图 2-5）。

百分比

	1	2	3	4	5	6	7	8	9	10	11	12	13	14		
1		99.5	98.5	98.4	94.8	93.2	92.8	92.8	92.8	91.6	91.1	89.9	88.5	80.0	1	双峰驼
2	0.3		99.5	99.3	95.2	93.7	93.0	93.6	93.3	91.9	91.8	90.4	89.3	80.4	2	单峰驼
3	0.7	0.4		99.0	94.6	93.2	92.8	93.0	93.4	91.7	91.5	90.0	89.0	80.0	3	野生双峰驼
4	0.8	0.7	0.7		94.9	93.4	93.0	93.4	93	91.9	91.7	90.2	89.1	80.4	4	羊驼
5	5.1	5.0	5.2	5.0		94.6	94.1	94.5	94.5	93.1	92.9	91.5	89.9	81.5	5	猪
6	6.7	6.6	6.6	6.4	5.4		99.0	99.6	99.0	92.0	92.0	89.8	80.9		6	绵羊
7	7.4	7.2	7.3	7.2	6.0	1.0		99.3	99.6	91.8	91.8	89.8	80.7		7	野牦牛
8	6.9	6.6	6.9	6.7	5.7	0.5	0.7		99.3	92.2	92.1	89.8	80.7		8	牛
9	6.7	6.6	6.5	6.4	5.4	0.1	1.1	0.7		92.3	92.1	91.3	80.9		9	人
10	8.7	8.6	8.5	8.5	7.1	8.2	8.8	8.4	8.7		99.7	90.9	80.6		10	山羊
11	8.9	8.7	8.7	8.7	7.2	8.3	9.0	8.5	8.9	0.3		90.6	89.2	80.6	11	犬
12	10.4	10.3	10.3	10.3	9.0	9.2	9.6	9.3	9.3	10.1	10.4		88.6	80.0	12	驴
13	11.6	11.5	11.6	11.5	10.5	10.6	11.1	10.8	10.7	11.5	11.6	12.4		80.1	13	马
14	22.6	22.4	22.7	22.4	21.4	21.9	22.0	22.3	22	22.3	22.1	22.8	22.9		14	兔
	1	2	3	4	5	6	7	8	9	10	11	12	13	14		

图 2-5 14 种动物的 KIT 氨基酸序列比对

注：双峰驼，NW_011516410；单峰驼，NW_011591281；野双峰驼，NW_006210486；羊驼，NW_005882711；猪，NC_010450；野牦牛，NW_005395140；绵羊，NC_019463；山羊，NC_022298；牛，AC_000163；驴，NW_014638088；马，NC_009146；犬，NC_006595；人，NC_000004；兔，NC_013683。

③KIT 基因的 SNP 分析　对骆驼 KIT 基因编码区测序发现，KIT-2、KIT-4 和 KIT-11 上分别有 5 个、3 个和 1 个单核苷酸多态位点（表 2-2）。其中，KIT-2 有 2 个错义突变和 3 个同义突变；KIT-2 的 82bp 处发生了碱基错义突变，密码子由 GTT 突变为 GCT，然而此处的突变导致其编码的氨基酸由缬氨酸突变为丙氨酸（V28A）（图 2-6）。同样，在 KIT-2 的 169bp 处也发生了碱基错义突变，由 CAT 转变为 CGT，导致此处的组氨酸突变为精氨酸（H57R）（图 2-7）。KIT-2 的 3 个同义突变分别为 c.T26A（p.P9）、c.A110C（p.T37）和 c.T164A（p.N55）。KIT-4 有 1 个错义突变和 2 个同义突变，KIT-4 的 9bp 处有一个错义突变，由 ACT 突变为 GCT，导致该处的苏氨酸突变为丙氨酸（T188A）（图 2-8）；其 2 个同义突变分别为 c.G7A（p.R187）和 c.A90G（p.D215）。KIT-11 上发现了 1 个同义突变，即 c.G68T（p.S509）。

表 2-2 KIT 基因多态位点

多态位点	外显子位置	氨基酸变化	氨基酸极性变化
c.T26A	2	同义突变	N/A
c.T82C	2	V28A	非极性至非极性
c.A110C	2	同义突变	N/A
c.T164A	2	同义突变	N/A
c.A169G	2	H57R	极性至极性

多态位点	外显子位置	氨基酸变化	氨基酸极性变化
c.A9G	4	T188A	极性至非极性
c.G7A	4	同义突变	N/A
c.A90G	4	同义突变	N/A
c.G68T	11	同义突变	N/A

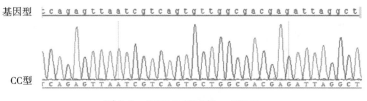

图 2-6 *KIT-2* 基因的 c.T82C

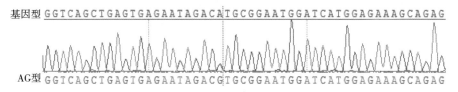

图 2-7 *KIT-2* 基因的 c.A169G

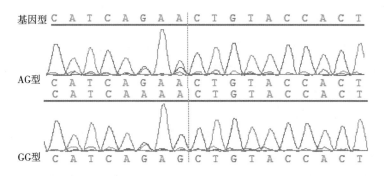

图 2-8 *KIT-4* 基因的 c.A9G

④*KIT* 基因不同基因型与表型 *KIT* 基因第 2 外显子的 c.T82C 处，1 峰红驼和 2 峰棕红驼的基因型由 TT 型变成了 CC 型，而在白驼中未检测到这一突变；21 个个体（6 个白色、4 个红色和 11 个棕红色）是杂合基因型 CT；67 个个体（14 个白色、8 个红色和 45 个棕红色）具有纯合的 TT 型，没有发生突变。同样，在 *KIT-2* 的 c.A169G 处，1 峰红驼和 2 峰棕红驼的基因型由 AA 变为 GG，而在白驼中没有检测到这一突变；21 个个体（6 个白色、3 个红色和 12 个棕红色）是杂合基因型 AG；剩余的 68 个个体具有纯合的 AA 型，没有发生突变。KIT 基因第 4 外显子的 c.A9G 处，2 峰红驼和 2 峰棕红驼的基因型由 AA 型变为 GG 型，而在白驼中未检测到这一突变；19 个个体（6 个白色、4 个红色和 9 个棕红色）是杂合基因型 AG；48 个个体具有纯合的 AA 型，没有发生突变（表 2-3）。

表 2-3 *KIT* 基因不同基因型与表型（个）

外显子位置	多态位点	白色	红色	棕红色	总计
2	V28A				
	TT	14	8	45	67
	CT	6	4	11	21
	CC	0	1	2	3
2	H57R				
	AA	14	8	46	68
	AG	6	3	12	21
	GG	0	1	2	3
4	T188A				
	AA	9	3	36	48
	AG	6	4	9	19
	GG	0	2	2	4

（3）骆驼毛色候选基因 *TYR* 与毛色关联性

①*TYR* 基因的 PCR 扩增结果　根据设计的引物扩增样品的 *TYR* 基因外显子片段，用 1‰琼脂糖凝胶电泳检测 PCR 产物（图 2-9）。*TYR* 基因在 500～600bp 处有特异性条带，且条带清晰、整齐、亮度高。

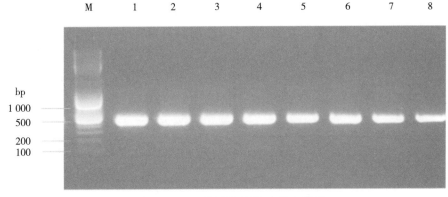

图 2-9　*TYR* 基因的 PCR 产物电泳图

注：1～8 分别是不同骆驼血液 DNA 样本；M，Marker Ladder（100～3 000bp）。

②TYR 氨基酸序列比对　骆驼的 *TYR* 基因有 5 个外显子，基因长度为 66 963bp。*TYR* 基因的完整编码区编码含有 530 个氨基酸的蛋白质，预测其分子质量为 60 567ku。它是个不稳定蛋白质，不稳定指数为 54.49。经氨基酸序列比对发现，双峰驼 TYR 基因氨基酸序列与野生双峰驼（100%）、单峰驼（99.2%）、羊驼（98.5%）有很高的一致性，与猪（92.8%）、山羊（90.6%）、绵羊（90.6%）、犬（90.6%）、野牦牛（89.8%）、牛（89.6%）、人（88.9%）、兔（88.7%）、驴（86.4%）和马（86.3%）等也有一定的一致性（图 2-10）。

差异＼百分比	1	2	3	4	5	6	7	8	9	10	11	12	13	14	
1		100.0	99.2	98.5	92.8	90.6	90.6	90.6	89.8	89.6	88.9	88.7	86.4	86.3	1
2	0.0		99.2	98.5	92.8	90.6	90.6	90.6	89.8	89.6	88.9	86.4	86.3		2
3	0.8	0.8		98.5	92.8	90.6	90.6	90.6	89.6	88.7	88.5	86.4	86.3		3
4	1.5	1.5	1.5		92.8	90.2	90.2	90.6	89.5	89.3	88.5	88.4	86.1		4
5	7.5	7.5	7.5	7.5		91.7	91.7	91.3	91.1	91.0	90.0	87.0	86.8		5
6	10.1	10.1	10.1	10.1	8.7		99.6	77.9	87.2	87.2	87.3	85.9	85.7		6
7	10.1	10.1	10.1	8.8	8.8	0.4		77.7	87.2	87.2	85.9	85.7			7
8	10.1	10.1	10.1	9.2	10.7	10.7			90.2	90.0	88.3	85.4	85.3		8
9	11.0	11.0	11.0	11.4	2.1	2.1	10.5			99.1	87.4	86.3	85.4		9
10	11.2	11.2	11.2	11.6	9.4	2.3	2.3	10.7	0.9		87.2	86.3	85.5		10
11	12.1	12.1	12.3	12.1	10.8	14.1	14.1	12.9	14.1			89.4	84.2	84.0	11
12	12.3	12.3	12.5	12.3	11.6	13.2	13.2	13.9	13.4	11.4			83.6	83.4	12
13	15.0	15.0	15.0	15.2	14.3	15.2	15.2	16.2	15.2	15.5	17.9	18.5		99.3	13
14	15.2	15.2	15.2	15.5	14.5	15.9	15.9	16.4	15.9	16.2	18.1	18.8	0.8		14
	1	2	3	4	5	6	7	8	9	10	11	12	13	14	

右侧物种标注：1 野生双峰驼；2 双峰驼；3 单峰驼；4 羊驼；5 猪；6 山羊；7 绵羊；8 犬；9 野牦牛；10 牛；11 人；12 兔；13 驴；14 马

图 2-10　14 种动物 *TYR* 氨基酸序列比对

注：野双峰驼，NW＿006211950；双峰驼，NW＿011544909；单峰驼，NW＿011591148；羊驼，NW＿005883058；猪，NC＿010451；山羊，NC＿022321；绵羊，NC＿019478；犬，NC＿006603；野牦牛，NW＿005393744；牛，AC＿000186；人，NC＿000011；兔，NC＿013669；驴，NW＿014638466；马，NC＿009150。

③*TYR* 基因的 SNP 分析　对骆驼 *TYR* 基因编码区的测序发现，该基因在外显子 1 和外显子 5 处分别有 5 个和 3 个单核苷酸多态位点（表 2-4）。*TYR-1* 有 3 个错义突变位点：在 113bp 处密码子由 CCG 转变为 CTG（图 2-11），导致该处的脯氨酸被突变为亮氨酸（P38L）；在 632bp 处密码子由 CAT 突变为 CCT，导致该处的组氨酸被突变为脯氨酸（H211P）；在编码区 773bp 处，密码子由 GTA 突变为 GCA，导致该处的缬氨酸被突变为丙氨酸（V258A）（图 2-12）。其 2 个同义突变分别为 c.G309T（p.C103）和 c.T432C（p.T144）。除此之外，在外显子 5 上检测到 2 个错义突变位点和 1 个同义突变位点。在 *TYR-5* 的 1 419bp 处，密码子由 CAG 突变为 CGG，导致谷氨酰胺被突变为精氨酸（Q473R）（图 2-13）；在 *TYR* 基因的 1 514bp 处，AAG 变为 GAG，导致赖氨酸被突变为谷氨酸（K505E）（图 2-14）。*TYR-5* 的另一个同义突变位点为 c.A1507T（p.R502）。

表 2-4　*TYR* 基因多态位点

多态位点	外显子位置	氨基酸的变化	氨基酸极性变化
c.C113T	1	P38L	非极性至非极性
c.A632C	1	H211P	极性至非极性
c.T773C	1	V258A	非极性至非极性
c.G309T	1	同义突变	N/A
c.T432C	1	同义突变	N/A
c.A1419G	5	Q473R	极性至极性
c.A1514G	5	K505E	极性至极性
c.A1507T	5	同义突变	N/A

④*TYR* 基因不同基因型与表型　在 *TYR* 基因第 1 个外显子的 c.C113T 处，1 峰

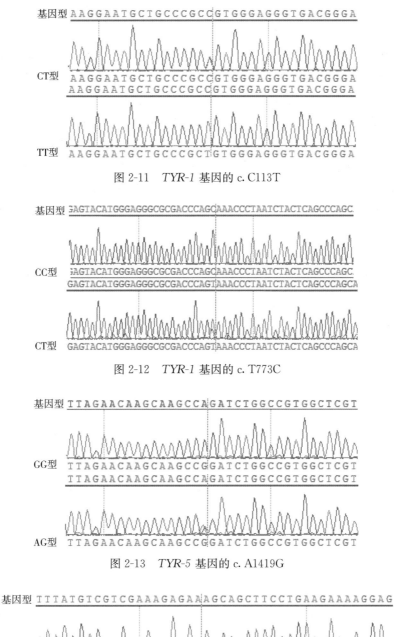

图 2-11　*TYR-1* 基因的 c. C113T

图 2-12　*TYR-1* 基因的 c. T773C

图 2-13　*TYR-5* 基因的 c. A1419G

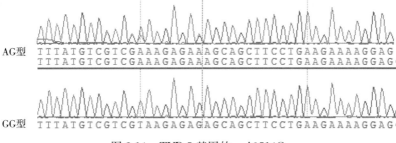

图 2-14　*TYR-5* 基因的 c. A1514G

白驼和 2 峰红驼的基因型由 CC 变为 TT，而在棕红驼中未发现这一突变；6 个个体（1 个白色、4 个红色和 1 个棕红色）中有杂合基因型 CT，剩余的 68 个不同表型个体均没有发生突变。在 c.A632C 处，14 个个体（1 个白色、2 个红色和 11 个棕红色）是 AC 杂合基因型；剩余的 63 个个体是纯合的 AA 型，没有发生突变。在 c.T773C 处，3 峰白驼和 3 峰棕红驼的基因型从 TT 型变成了 CC 型，而在红色个体中未发现这样的突变；32 个个体（4 个白色、6 个红色和 22 个棕红色）含有杂合基因型 TC；剩余的 39 个个体是纯合的 TT 型，没有发生突变。在外显子 5 中，2 峰红驼和 2 峰白驼在 c.A1419G 处基因型从 AA 型变成了 GG 型，棕红色个体中没有此突变；11 个个体（2 个白色、5 个红色和 4 个棕红色）为杂合基因型 AG；剩余的 3 个表型 62 个个体均为纯合的 AA 型，没有发生突变。在编码区 c.A1514G 处，2 峰棕红驼的基因型由 AA 型变成了 GG 型，而在白色和红色个体中均没有此发现；6 个棕红色个体中含有 AG 杂合基因型，同样在白色和红色个体均没有 AG 杂合基因型；剩余的 3 个表型 69 个个体均是纯合的 AA 型，没有发生突变（表 2-5）。

表 2-5 *TYR* 基因不同基因型与表型（个）

外显子	多态位点	白色	红色	棕红色	总计
1	P38L				
	CC	15	4	49	68
	CT	1	4	1	6
	TT	1	2	0	3
1	H211R				
	AA	16	8	39	63
	AC	1	2	11	14
	CC	0	0	0	0
1	V258A				
	TT	15	2	48	65
	CT	1	6	2	9
	CC	1	2	0	3
5	Q473R				
	AA	13	3	46	62
	AG	2	5	4	11
	GG	2	2	0	4
5	K505E				
	AA	17	10	42	69
	AG	0	0	6	6
	GG	0	0	2	2
	总计	17	10	50	77

根据羊驼的毛色调控基因，选取 *ASIP* 基因、*KIT* 基因和 *TYR* 基因为骆驼毛色

候选基因，并对棕红色、白色和红色 3 种不同毛色骆驼的 *ASIP*、*KIT*、*TYR* 基因编码区进行了测序，结果发现在 *ASIP-1*、*KIT-2*、*KIT-4*、*KIT-11*、*TYR-1*、*TYR-5* 共有 18 个单核苷酸多态位点，其中包括 9 个错义突变位点和 9 个同义突变位点。9 个错位突变位点分别为 *ASIP-1*（N19T）、*KIT-2*（V28A，H57R）、*KIT-4*（T188A）、*TYR-1*（P38L，H211P，V258A）、*TYR-5*（Q473R，K505E）；9 个同义突变位点分别为 *KIT-2*（P9P，T37T，N55N）、*KIT-4*（R187R，D215D）、*KIT-11*（S509S）、*TYR-1*（C103C，T144T）、*TYR-5*（R502R）。经过对以上位点的 SNP 分析和基因型与表型的关联分析可知，骆驼的毛色与以上 3 个候选基因的突变没有显著性的关系。因此，需要更多样本的检测来验证骆驼毛色候选基因与骆驼毛色的关联。

（二）单峰驼毛色基因

酪氨酸酶（TYR）是代谢途径中的关键酶，能导致毛色色素沉淀和激素生成（Shah 等，2005）。2013 年，Ishag 等采集苏丹 6 个品种（Kenani、Lahwee、Rashaidi、Anafi、Bishari 和 Kabbashi）共计 181 峰单峰驼的样本，基于毛色候选 *TYR* 基因的外显子 1 区域的碱基片段进行扩增测序。*TYR* 基因外显子 1 区域 SNP 突变位点的基因型和等位基因频率与表型之间的关系见表 2-6。

表 2-6　苏丹骆驼品种 *TYR* 基因 g. 200C＞T 基因型和等位基因频率分析

品种	基因型			等位基因	
	TT	TC	CC	T	C
KEN	0.00	0.42	0.58	0.21	0.79
RAS	0.00	0.17	0.83	0.08	0.92
LAH	0.04	0.23	0.73	0.15	0.85
ANA	0.10	0.20	0.70	0.20	0.80
BIS	0.00	0.23	0.77	0.12	0.88
KAB	0.00	0.27	0.73	0.13	0.87
平均值	0.03	0.25	0.72	0.15	0.85

注：KEN，Kenani 品种；RAS，Rashaidi 品种；LAH，Lahwee 品种；ANA，Anafi 品种；BIS，Bishari 品种；KAB，Kabbashi 品种。

KEN 和 ANA 骆驼群体的 *TYR* 基因 Exon 1 200 位处 T 等位基因频率（0.21 和 0.20）略高于 LAH、KAB 和 BIS 骆驼群体，而 RAS 骆驼群体的 T 等位基因频率最低（0.08）；KEN 和 ANA 骆驼群体 T 等位基因频率相近，可能是与这两个品种之间的基因交流有关。在整个骆驼群体中，TT、TC 和 CC 基因型频率分别为 0.02、0.25 和 0.72；在 ANA（0.10）、KEN（0.42）和 RAS（0.83）骆驼群体中发现了最高的 TT、TC 和 CC 基因型频率；TYR 基因型间的卡方检验显示，品种符合 Hardy-Weinberg Equilibrium 定律（哈迪-温伯格平衡定律）（*P*＞0.05）。

苏丹的骆驼以各种不同的毛色为特征。一般来说,黑驼(KEN、KAB、RAS 和 LAH)以深褐色、棕色、红色、灰色和淡黄色的颜色为主;而赛驼(ANA 和 BIS)以白色和淡黄色为主(Ishag 等,2010,2011)。表 2-7 显示了不同 TYR 基因型之间骆驼毛色的分布。独立的卡方检验结果显示,骆驼毛色与 TYR 基因型间相关性不显著($\chi^2 = 11.15$;$P > 0.05$),这意味着 TYR 基因(外显子 1)中的 SNP 突变与苏丹骆驼的毛色没有关联。

表 2-7　骆驼毛色在不同 TYR 基因型间的分布(%)

毛色	基因型		
	TT	TC	CC
深棕	0.0	38.5	61.5
棕	0.0	21.4	78.6
灰	3.5	16.1	80.4
淡黄	0.0	20.0	80.0
白	3.7	37.0	59.3
平均值	2.2	25.4	72.4

(三)羊驼毛色基因

1. 羊驼毛特性

(1)羊驼毛的结构　羊驼毛的表面由鳞片覆盖且紧贴附在毛干上,鳞片边缘比羊毛光滑。羊驼毛的细纤维横截面呈圆形,由表皮层和皮质层组成,无髓腔;而粗纤维横截面呈椭圆形,除表皮层和皮质层外还有不间断型髓质层。

(2)羊驼毛的物理机械性能

①细度　羊驼一般每两年剪一次破毛,受夏季干旱气候条件影响,羊驼毛的细度有差异,品种不同使得羊驼毛的细度差异很大。即使是同一品种,其粗细差异也很大。

②长度　羊驼每两年剪毛的毛丛长度大部分为 20~30cm,少数为 10~40cm。羊驼毛的整齐度优于羊毛,即离散系数比羊毛低,短毛率也比羊毛低。

③卷曲　相比羊毛,羊驼毛的卷曲数更少,特别是苏里羊驼毛,其卷曲数更少,卷曲率也很小,同时卷曲牢度也差。

④强力与伸长　驼毛强力随品种不同差异很大。一般来说,羊驼毛的强力较高,大约是细支澳毛的 2 倍多,断裂伸长率比羊毛稍大。

⑤摩擦性与缩绒性　羊驼毛的表面比较光滑,其摩擦系数、摩擦效应都比羊毛小。纤维的缩绒性能与纤维的摩擦性、细度、卷曲度及热收缩性有关。羊驼毛的顺逆摩擦系数差异较小,卷曲少,所以缩绒性比羊毛差。

⑥比重　羊驼毛的比重比羊毛稍轻,不同品间有一定差异,为 128~113g/cm³,即相同重量的纤维,羊驼毛的比表面积比羊毛的大(尚亚丽,2003)。

2. 毛色基因及其研究意义

(1)毛色基因

骆驼基因与种质资源学

①*Agouti* 基因在不同毛色羊驼皮肤组织中的表达 Agouti 是一种旁分泌的信号因子，即 Agouti 信号蛋白（Agouti signaling protein，ASP），由临近于黑色素细胞的真皮乳头细胞所分泌，作用于毛囊微环境，阻止 α-黑色素细胞刺激激素（α-MSH）与其受体（melanocortin 1 receptor，MC1R）结合，从而颉颃黑色素的产生（Matsunaga 等，2000；He 等，2003）。在羊驼的皮肤组织中，*Agouti* 基因均有表达，但其表达水平随被毛颜色不同而不同。在对不同毛色羊驼皮肤组织中 *Agouti* 基因反转录扩增扫描的分析结果显示，同一毛色不同个体间 *Agouti* 基因 mRNA 在体内的表达量基本一致，而不同毛色羊驼皮肤组织中 *Agouti* 基因 mRNA 的表达量存在显著差异，表明 *Agouti* 基因的表达影响着羊驼的某种毛色。通过半定量 RT-PCR 技术显示，*Agouti* 基因在白毛羊驼皮肤组织中高量表达，而在棕色毛羊驼皮肤组织中的表达量较低（图 2-15）。这说明，*Agouti* 基因参与羊驼毛色发生过程的调节，且与白色被毛的发生相关，其在白色被毛羊驼皮肤组织中高量表达（姜俊兵，2007）。

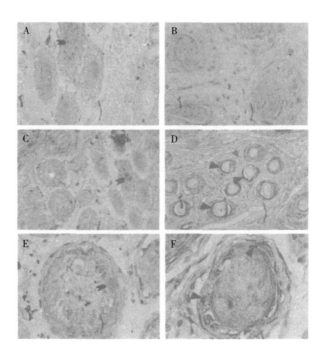

图 2-15 不同毛色羊驼皮肤组织中 *Agouti* 基因免疫组化结果
注：A、C、E 为棕色被毛羊驼皮肤组织；B、D、F 为白色被毛羊驼皮肤组织；A 和 B 为阴性对照。

Feeley 等（2011）揭示羊驼 *ASIP* 基因长度为 402bp，编码 133 个氨基酸，与牛、绵羊和山羊的 *ASIP* 基因有较高的同源性（89%），与猪 *ASIP* 基因的同源性可达到 88%，其外显子 2、3、4 的长度分别为 160bp、65bp 和 177bp。研究人员对 94 只羊驼 *ASIP* 编码序列进行分析发现，其含有 8 个突变位点，包括 2 个非同义突变位点：c.C292T（精氨酸→半胱氨酸）和 c.G353-A（精氨酸→组氨酸），以及 1 个 57bp 碱基的缺失（325～381bp），以上 3 个突变位点都发生在 4 号染色体上。另外，还有 3 个突变位点与羊驼黑色毛色有密切相关（表 2-8）。

表 2-8 羊驼 *ASIP* 基因外显子 4 区域 3 个突变位点与表型的关联

嘉定的 *ASIP* 基因型	外显子 4 基因型			毛色	个体数量（只）
	c. C292T R98C	c. G353-A R118H	c. 325-381del 57 C109 _ R127del		
a¹a¹	CC	—	是	黑	21
				棕	3
				浅黄褐	1
a²a²	TT	GG	否	黑	4
	CC	AA	否	黑	5
				棕	2
				白	1
AA	CC	GG	否	浅黄褐	1
				白	5
a²a³	CT	GA	否	黑	3
				棕	1
				浅黄褐	1
				白	2
Aa³	CC	GA	否	浅黄褐	5
				白	3
Aa²	CT	GG	否	黑	1
				棕	1
				浅黄褐	1
				白	1
Aa¹	CC	G	杂合	黑	4
				银灰	1
				棕	2
				浅黄褐	2
				白	1
a¹a³	CC	A	杂合	黑	2
				棕	2
a¹a²	CT	G	杂合	黑	13
				黑褐	1
				棕	2
				浅黄褐	1
				白	1

Bathrachalam 等（2013）为了研究 *Agouti* 基因与羊驼毛色之间的关联性，对 *Agouti* 基因进行测序，共得到 822bp 长度的碱基序列（不包含 poly A 尾巴）。其中，开放阅读框（ORF）长度为 402bp，5′UTR 和 3′UTR 区域长度分别为 196bp 和 224bp；与绵羊和牛 ORF 区域的碱基一致性分别达到了 88% 和 89%，编码 133 个氨基

酸。羊驼 *Agouti* 基因由 3 个编码外显子区域（2、3 和 4）和内含子区域组成，其外显子 2、3、4 和内含子 2、3 区域结构与其他哺乳动物的结构类似。

研究人员随机选择了 15 只羊驼（白色、黑色和棕色被毛的分别为 5 只），对长度为 230bp 的 *Agouti* 基因 mRNA 表达量进行了测定，发现该基因在白色被毛羊驼中的表达水平（0.93±0.01）明显高于棕色和黑色，分别为（0.62±0.01）和（0.59±0.01）（图 2-16）。

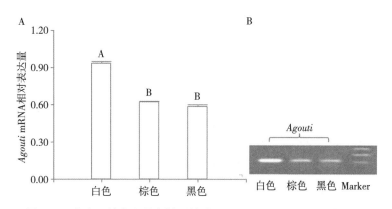

图 2-16　白色、棕色和黑色被毛羊驼 *Agouti* 基因 mRNA 的表达量

为了验证 *Agouti* 基因突变与表型之间的关联性，研究人员选择了 35 只不同毛色（黑色、棕色和白色）羊驼，对其 *Agouti* 基因的编码区域进行了测序，共发现了 10 个碱基位点的突变。其中，3 个碱基位点为沉默突变，4 个碱基位点为错义突变，另外 3 个碱基位点突变发生在 3′UTR 区域。以上编码区域的碱基位点突变仅仅与 eumelanic 和 pheomelanic 性状有关，与羊驼个体毛色无关。因此，研究人员进一步选择了 6 只羊驼（2 只白色、2 只黑色和 2 只棕色），对其 *Agouti* 基因全序列进行测序研究。在整个 *Agouti* 基因中共发现了 19 个突变位点（SNPs），并在 4 号外显子区域检测到了 57bp 碱基的缺失。其中突变位点 g.3836C＞T、g.3896G＞A 和 g.3866 _ 3923del57 导致 *Agouti* 基因的功能改变，如 g.3866 _ 3923del57 可引起 *Agouti* 基因 19 个氨基酸的缺失；g.3836C＞T 突变将精氨酸变成半胱氨酸，进而破坏 *Agouti* 基因的保守区域；g.3896G＞A 突变将半胱氨酸结构域中的精氨酸变成组氨酸，进而破坏 *Agouti* 基因蛋白保守区域中的精氨酸-苯丙氨酸-苯丙氨酸结构域。

确定了突变位点之后，研究人员又选择了 52 只不同毛色的羊驼（13 只白色、12 只棕色和 27 只黑色）对以上 3 个变异位点进行测序分析（表 2-9）。在黑色被毛羊驼中，共发现了 2 个基因型，且 $a^{\Delta 57}$ 基因型只在黑色被毛个体中被发现，而 a^H 基因型在所有黑色被毛个体中被发现。

表 2-9　白色、黑色和棕色被毛羊驼 *Agouti* 基因等位基因和基因型

观察到的基因型	g.3836C＞T p. R98C	g.3896C＞T p. R118H	g.3866 _ 3923del57 p. C109 _ R127del	毛色	个体数量（只）
$a^H/a^{\Delta 57}$	C/C	A/—	是	黑	17

观察到的基因型	g. 3836C>T p. R98C	g. 3896C>T p. R118H	g. 3866_3923del57 p. C109_R127del	毛色	个体数量（只）
a^H/a^{ht}	C/T	A/G	—	黑	10
A/A	C/C	G/G	—	棕	2
A/a^{ht}	C/T	G/G	—	棕	10
a^H/A	C/C	A/G	—	白	11
A/A	C/C	G/G	—	白	2

②MC1R 基因在不同毛色羊驼皮肤组织中的表达　在羊驼 MC1R 基因的研究中，姜俊兵等（2010）采用单链构象多态性（PCR-SSCP）结合 DNA 测序方法，对 60 只羊驼个体（51 只白色被毛和 9 只有色被毛）MC1R 基因的多态性进行了检测，并分析了 MC1R 基因位点突变与羊驼不同毛色之间的相关性。发现羊驼 MC1R 基因存在 SSCP 多态性，共有 AA 和 AB2 种基因型。其中，A 基因型的基因频率为 55.0%，B 基因型的基因频率为 45.0%，AB 型的基因型频率为 90.0%，AA 型的基因型频率为 10.0%，6 个 AA 基因型均在有色被毛羊驼个体中检出。测序检测显示，AA 型羊驼 MC1R 基因的第 801 号碱基发生突变，该碱基突变导致编码的氨基酸由异亮氨酸（I）突变为缬氨酸（V）。

任玉红等（2009）为了获取羊驼 MC1R 基因序列，探索其表达水平与羊驼毛色之间的相关性，根据 GenBank 已发表序列（EU1358800）设计 1 对引物，以羊驼皮肤 RNA 为模板，采用 RT-PCR 技术扩增并成功获得了中华白色羊驼 MC1R 基因 cDNA 序列，长度为 1 081bp，编码 317 个氨基酸，与已发表序列进行对比，同源性为 99%，发现 7 处突变。根据所克隆序列设计引物，采用实时荧光定量 PCR 技术（QRT-PCR），分析 MC1R 基因在白色和棕色羊驼皮肤中的表达量，并对结果进行统计分析。发现经过内参基因校正后，棕色羊驼皮肤中 MC1R 基因的相对表达量是白色羊驼 MC1R 基因相对表达量的 4.32 倍（$P<0.01$），MC1R 基因表达量的差异与羊驼毛色表型之间可能存在一定的相关性（表 2-10）。

表 2-10　MC1R 基因在不同毛色羊驼皮肤组织中的实时荧光定量 PCR 结果

毛色	ΔCt	$\Delta\Delta Ct$	差异倍数
白	8.17±0.92	0±0.92	1
棕黄	6.06±0.88	−2.11±1.27	4.32

Aaron（2008）采集了 112 只不同毛色的羊驼毛发或血液样本，并对其 MC1R 基因进行扩增测序。结果羊驼 MC1R 基因有 11 个突变位点，其中有 1 个 4bp 缺失位点，有 4 个沉默缺失位点和 6 个单核苷酸多态位点（SNPs），6 个 SNPs 位点（T28V、M87V、S126G、T128I、S196F、R301C）改变了其氨基酸的序列。这些突变与羊驼毛色的变化没有直接的关系，因此羊驼毛色的变化可能由另外的基因所控制。

Feeley 等（2009）收集了 41 只羊驼血液样本（9 只白色、14 只黑色、18 只杂色），

对其 *MC1R* 基因的多态性进行了检测，并分析了 *MC1R* 基因位点突变与羊驼不同毛色之间的相关性。通过测序发现，羊驼 *MC1R* 基因与猪、绵羊、山羊、牛、人、马和小鼠 *MC1R* 基因的同源性分别达到了 88%、87%、86%、85%、84% 和 81%，编码 317 个氨基酸。在 41 个样本的 *MC1R* 编码区域中共发现了 21 个突变位点（SNPs），然而在 2 个以上样本中出现的突变只有 7 个（表 2-11）。其中，4 个 SNPs 为同义突变，即不会发生氨基酸的改变（D42D、N118N、L206L 和 E311E）；3 个 SNPs 突变引起氨基酸的改变，为 T28A、G126S 和 R301C。以上碱基突变与毛色无直接关联性。

表 2-11　羊驼 *MC1R* 基因型与表型之间的关联分析

\\multicolumn{7}{SNP 型}							毛色	真黑色素比率	*MC1R* 等位基因
82 (T28A)	1 269 D42D	354 (N118N)	376 (G126S)	618 (L206L)	901 (R301C)	933 (E311E)			
G/G	C/C	C/C	G/G	A/A	T/T	A/A	白	否	ee
G/G	C/C	C/C	G/G	A/A	T/T	A/A	白	否	ee
G/G	C/C	C/C	G/G	A/A	T/T	A/A	白	否	ee
G/G	C/C	C/C	G/G	A/A	T/T	A/A	白	否	ee
G/G	C/C	C/C	G/G	A/A	T/T	A/A	白	否	ee
G/G	C/C	C/C	G/G	A/A	T/T	A/A	白	否	ee
G/G	C/C	C/C	G/G	A/A	T/T	A/A	白	否	ee
G/G	C/C	C/T	G/G	A/A	T/C	A/A	白	否	ee
G/G	C/C	C/C	G/G	A/A	T/C	A/G	白	否	ee
G/A	C/T	C/T	G/A	A/G	T/C	A/G	黑	是	Ee
G/A	C/T	C/T	G/A	A/G	T/C	A/G	黑	是	Ee
G/A	C/T	C/T	G/A	A/G	C/C	A/G	黑	是	Ee
A/A	T/T	T/T	A/A	G/G	C/C	G/G	黑	是	EE
A/A	T/T	T/T	A/A	G/G	C/C	G/G	黑	是	EE
A/A	T/T	T/T	A/A	G/G	C/C	G/G	黑	是	EE
A/A	T/T	T/T	A/A	G/G	C/C	G/G	黑	是	EE
A/A	T/T	T/T	A/A	G/G	C/C	G/G	黑	是	EE
A/A	T/T	T/T	A/A	A/G	T/C	A/G	黑	是	EE
A/A	T/T	T/T	A/A	A/G	T/C	A/G	黑	是	EE
A/A	T/T	T/T	A/A	A/G	C/C	A/G	黑	是	EE
A/A	T/T	T/T	A/A	G/G	C/C	A/G	黑	是	EE
A/A	T/T	T/T	A/A	A/G	C/C	A/G	黑	是	EE
A/A	T/T	T/T	A/A	A/G	T/C	A/G	黑	是	EE

　　③酪氨酸酶基因家族在不同毛色羊驼皮肤组织中的表达　酪氨酸酶基因家族成员参与黑色素的合成，对动物毛色的形成具有一定的影响。酪氨酸酶（TYR）是黑色素合成过程中的关键酶，它催化三步不同的反应；酪氨酸酶相关蛋白 1、酪氨酸酶相关蛋

白2在黑色素合成过程中各自催化特异的反应，构成了酪氨酸酶基因家族。姜俊兵等（2010）采用半定量 PCR 方法检测 *TYR* 基因 mRNA 在不同毛色羊驼皮肤组织中的相对表达量，采用免疫组化技术对 *TYR* 基因 mRNA 在羊驼皮肤中的表达进行定位。发现不同毛色羊驼皮肤组织中均有 *TYR* 基因 mRNA 的表达，有色被毛皮肤组织中 *TYR* 基因 mRNA 的表达量显著高于白色被毛组织的表达量；在有色被毛皮肤组织中，*TYR* 阳性反应区主要集中于毛球部位，即毛根成形部；而白色被毛组织中，*TYR* 阳性反应区主要位于毛根壶腹部及膨大部，即毛根永久部（图 2-17）。

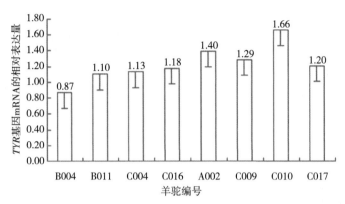

图 2-17　不同毛色羊驼皮肤组织 *TYR* 基因 mRNA 相对表达量柱形图

注：B004 至 C016，白色被毛；A002 至 C017，有色被毛。

高莉等（2011）选用羊驼作为实验动物群体，以酪氨酸酶作为影响羊驼毛色性状的候选基因，采用实时荧光定量 PCR 技术（QRT-PCR）研究酪氨酸酶基因家族对羊驼不同毛色的影响，发现 *TYR* 基因、*TPR1* 基因、*TPR2* 基因在棕色羊驼中的 mRNA 表达量分别是白色羊驼中的 13.669 倍、3.417 倍和 8.593 倍。揭示了羊驼毛色表型与其酪氨酸酶基因家族的基因表达量有一定相关性，且 3 种成员都在色素沉着过程中起到了调控作用（表 2-12）。

表 2-12　酪氨酸酶基因在不同毛色个体中的实时荧光定量 PCR 结果

毛色	ΔCt	$\Delta\Delta Ct$	$2^{-\Delta\Delta Ct}$
白	13.054±0.646	0.00±0.646	1
棕	9.448±0.705	−3.606±0.705	13.660

④显性白毛调控基因 *KIT* 在不同毛色羊驼皮肤组织中的表达　Marklund 等（1996）报道，通过同源性比较设计引物，扩增羊驼 *KIT* 基因 exton 18～19 和 intron 18（二者长度均低于 500bp，符合 PCR-SSCP 检出要求），利用 PCR-SSCP 技术进行多态性分析。发现不同毛色的羊驼间不存在多态性，未出现核苷酸片段大小的差异，测序结果也未发现羊驼 *KIT* 基因 intron 18 有 "AGTT/TGGA/TTAG" 的缺失突变，2 种毛色的羊驼 *KIT* 基因 intron 18 核苷酸序列有 95% 的相同。因此可推测，在同一品种内，*KIT* 基因对毛色影响的原因不一定是由 intron 18 缺失 4 个碱基导致的 *KIT* 基因表达失调（张巧灵等，2008）。

⑤AIF 基因在不同毛色羊驼皮肤组织中的表达　对已构建的羊驼 cDNA 文库的筛选及 ESTs 分析，发现了与褐鼠、小鼠等动物及人 AIF 基因相应的 cDNA 高度同源序列，相似性高达91％、100％、71.6％。因此，将其命名为羊驼 AIF 基因序列。通过免疫组化技术分析，AIF 蛋白在灰色和棕色羊驼的毛囊中呈阳性着色，毛根、根鞘、毛球、毛乳头位置均有棕黄色颗粒分布，且棕色羊驼毛囊中的阳性颗粒较灰色毛囊中多，着色亦较深。AIF 基因在羊驼皮肤内阳性着色，表明 AIF 蛋白参与了毛囊生长周期的调节，且 AIF 蛋白作为细胞凋亡的诱导因子，在毛囊中阳性表达，说明细胞凋亡参与毛囊生长周期的信号传导和调控。该结果表明，AIF 基因参与 Bcl-2 对羊驼毛发灰化的调控，Bcl-2 缺乏导致灰化过程中 AIF 基因的表达量也随之变小。因此，AIF 基因是羊驼毛色的相关影响基因（刘国敏等，2009）。

⑥β-catenin 基因在不同毛色羊驼皮肤组织中的表达　在黑色素细胞发育过程中，β-catenin 基因参与神经嵴的分化和成黑色素细胞的迁移，并且在黑色素的转运过程中也发挥作用。Jouneau 等（2000）已经证明，在黑色素细胞形成过程中有 β-catenin 的表达。于秀菊等（2010）研究 β-catenin 在不同毛色羊驼皮肤中的基因和蛋白表达时，对 β-catenin 在羊驼皮肤组织的表达进行了定位，发现 β-catenin 在表皮、皮脂腺、根鞘部和毛乳头中均有表达，在不同毛色羊驼皮肤中的蛋白表达量不同，在棕色羊驼皮肤组织中的蛋白表达量远高于在羊驼中的表达量。

⑦Wnt3α 基因在不同毛色羊驼皮肤组织中的表达　Wnt3α 基因是 Wnt 基因家族的一个重要基因，Wnt3 蛋白参与细胞增殖、分化、凋亡及控制细胞定位；另外，也有关于 Wnt 基因与黑色素迁移相关的报道（Dunnk 等，2005；Lin 等，2007）。那么 Wnt3α 基因是否与羊驼毛色形成相关，Takeda 等（2000）通过加入外源性的 Wnt3α 蛋白，可以促使 β-catenin 和 Lef-1 与 Mitf 基因启动子的靶结合位点结合，从而影响 Mitf 蛋白的表达得到了证实。在宋云飞等（2012）的荧光免疫试验结果中发现，Wnt3α 基因在棕色羊驼中的表达量远高于白色羊驼。上面提到 β-catenin 基因与羊驼毛色形成具有相关性，且棕色羊驼中 β-catenin 基因的表达量高于白色羊驼，说明 Wnt3α 基因的表达量与 β-catenin 基因的表达量呈正相关。

⑧Mitf-M 及其 Mitf-MCDS 基因在不同羊驼皮肤中的表达　Mitf-M 在小鼠等哺乳动物及人中被广泛研究。Mitf-M 蛋白仅在黑色素细胞和黑色素瘤细胞中表达，呈现出组织特异性，在小鼠中参与毛色调控。该基因在这些哺乳动物中与在羊驼中的表达在进化上有无差别，是进一步研究毛色基因调控的基础。通过采用 PT-PCR 技术扩增方法对 Mitf-MCDS 序列进行分段扩增，利用生物学软件对氨基酸序列进行多重序列比较分析，利用免疫组化技术对 Mitf-M 蛋白定位进行分析。发现羊驼皮肤组织表达的 Mitf-M 基因的 CDS 由 419 个氨基酸组成，含有 bHLH-zip 转录家族的保守结构域，该基因与牛和犬的亲缘关系最近。说明羊驼皮肤组织表达的 Mitf-M 蛋白与其他物种相比保守性很强，变异程度不大。通过对 miRNA 在不同羊驼皮肤组织中表达差异的研究，找到 4 个 miRNA，并发现其中 1 个的靶基因为 MITF。继而利用 siRNA 技术干扰 MITF 在黑色素细胞系中的表达，引起了生物学效应的改变，说明 MITF 为参与羊

驼毛色形成的基因（朱芷葳等，2012）。

⑨*Lef-1* 基因在棕色和白色羊驼皮肤差异中的表达　杨磊（2011）研究淋巴增强因子-1（*Lef-1*）基因在不同毛色羊驼皮肤中的表达和定位，探索其与毛色间的关系。采用实时荧光定量 PCR、western blotting 及免疫组织化学方法，研究白色和棕色羊驼皮肤中的 mRNA、蛋白表达水平和定位。实时荧光定量 PCR 结果显示，*Lef-1* 基因在棕色羊驼皮肤组织中的相对表达量是 3.3727 ± 0.1989，在白色羊驼皮肤组织中是 1.0003 ± 0.0227。western blotting 结果显示，在羊驼皮肤组织总蛋白中存在分子质量约 44u，以及与兔抗 *Lef-1* 多克隆抗体发生免疫阳性反应的蛋白条带，棕色羊驼平均蛋白表达量显著高于白色羊驼。免疫组化结果显示，棕色羊驼皮肤组织中多在毛球部表达，表皮中也有分布，白色羊驼皮肤组织中多在表皮表达，在棕色和白色羊驼皮肤组织中的毛根鞘都有较强表达。结果显示，*Lef-1* 在棕色和白色羊驼皮肤的定位和含量存在差异，提示 *Lef-1* 可能影响羊驼被毛颜色的形成。

⑩α-黑色素细胞刺激素（α-MSH）对羊驼皮肤黑色素细胞增殖和黑色素生成的影响　于志慧等（2010）研究了 α-黑色素细胞刺激素（α-melanocyte stimulating hormone，α-MSH）对羊驼皮肤黑色素细胞增殖和黑色素合成的影响。体外培养正常羊驼皮肤黑色素细胞，观察不同浓度 *α-MSH*（0、10^{-9} mol/L、10^{-8} mol/L、10^{-7} mol/L）对羊驼皮肤黑色素细胞增殖、黑色素含量、表皮黑色素 1 受体（melanocortin 1 receptor，*MC 1R*）基因、小眼畸形相关转录因子（microphthalmia-associatcd transcription factor，MITF）和酪氨酸酶（tyrosinasc，*TYR*）基因表达量的影响。结果表明，*α-MSH* 能诱导羊驼皮肤黑色素细胞增殖、树突增长、黑色素合成增加，*MC1R*、*MITF* 和 *TYR* 基因的表达量增加。

此外，*EDNRA*、*EDNRB*、*CDK5*、*PRS5*、*P* 等基因及花斑突变也可能影响毛色的形成。*ENDRA*（内皮素受体 A）在不同毛色羊驼皮肤的毛根鞘部存在表达差异，表明其与黑色素细胞的形成相关，推测其参与不同毛色的形成（穆晓丽等，2010）。*ENDRB*（内皮素受体 B）在羊驼皮肤的毛乳头、毛根鞘及表皮细胞中均有表达，且在棕色皮肤组织中显著表达。结果提示，*EDNRB* 与羊驼黑色素细胞的活动密切相关，并参与羊驼毛色和肤色的形成（耿建军等，2010）。*PRS5* 基因通过调节处于不同凋亡方式的黑色素细胞，保证黑色素的产生，从而对羊驼毛色产生调控作用。另外，周期素依赖性蛋白激酶-5（CDK-5）（刘佳等，2010）、*P* 基因、花斑突变、稀释位点（董常生等，2010）也都被证实在一定程度上调控毛色的形成。张瑞娜等（2011）通过脂质体转染使 *CDK5* 在羊驼黑色素细胞中过表达后发现，*CDK5* 分别上调和下调 *TYR* mRNA 和 *MITF* mRNA 的表达。结果提示，*CDK5* 通过调节黑色素细胞核中 *TYR* 和 *MITF* mRNA 的表达，从而参与调控羊驼毛色的形成。

（2）研究毛色基因的意义　羊驼纤维价格和适宜性受纤维种类、长度、直径、均匀度、产量和颜色等因素的影响（Fleet 等，1995；Frank 等，2006）。羊驼毛颜色是重要的纤维特性，因为它影响最终产品的潜在应用。目前还没有明确的模型来解释控制羊驼纤维颜色遗传的机制，因此育种计划在选择颜色方面并不总是有效的

（McGregor，2006）。目前的颜色育种策略使用羊驼父母的纤维颜色来预测育种结果（Paul，2006）。然而，哺乳动物色素调节很复杂，表型可能是基因型的不良指标（Rees，2003；Hoekstra，2006）。纤维表型是许多基因综合效应的结果，这使得仅仅依靠表型单独作为指示物时难以确定哪些基因负责纤维颜色（Furumura 等，1996；Sponenberg，2001）。确切地说，哪些基因和等位基因在羊驼纤维颜色中是重要的这个问题还有待确定。确定羊驼纤维颜色遗传机制可以促进对所需颜色的更精确选择和育种。

关于羊驼的研究主要集中在表型遗传分析（Gandarillas，1971；Velasco 等，1978；Valbonesi 等，2011）、黑色素的生化特性（Renieri 等，1995；Fan 等，2010；Cecchi 等，2011）和黑色素体的形态等方面（Cozzali 等，2001），并且只有少数研究集中在毛色基因上。例如，来自美国（Powell 等，2008）和澳大利亚（Feeley 和 Munyard，2009）羊驼种群的 *MC1R* 基因的研究。另外，秘鲁羊驼皮肤组织全长转录组的初步表征与澳大利亚羊驼血液基因组相同基因的编码序列最接近（Feeley 等，2011）。两项研究都发现了两种错义突变（g.3836C＞T、g.3896G＞A）。Feeley 等（2011）还报道，57bp 缺失（g.3866 _ 3923del57）全部位于 *Agouti* 基因的外显子 4 中，其编码构成 *ASIP* 的富含 Cys 的 C-末端部分的最后 40 个氨基酸残基（McNulty 等，2005）。所有这些都是可能的功能丧失突变，并且它们似乎与黑色强烈相关（Feeley 等，2011）。许多其他因素，如调节区突变、基因组重组事件（重复和/或倒位）、稀释基因效应（*MATP*、*TYR*、*TYRP1*）或 *MC1R* 基因型贡献（黑色表型）可能是单独或组合其他因素，来参与确定在羊驼中观察到的多种毛色。虽然所有的研究都是对当前知识的重要补充，但关于羊驼毛色基因没有一项研究可以单独提供足够的信息。在颜色选择育种计划有效实施之前，仍需进行大量的研究。

第二节 骆驼生物学特性

一、血糖水平高

骆驼具有高血糖的特征，但其不患糖尿病。骆驼的这种抗逆特性，是其在长期生存和进化过程中，为了适应严酷的自然生态环境条件而逐步形成的，可能与其本身生理生化特性的改变有关。

（一）双峰驼血液生理生化特性

柏丽等（2015）采集了我国大量健康成年双峰驼母驼的血液，用法国 ABX60-OT 血液 Rt 检测所需专用抗凝剂对其进行抗凝处理，分别测定红细胞、白细胞和血小板数目（表 2-13），结果双峰驼红血细胞数平均为 5.81×10^{12} 个/L、白细胞数平均为 10.08×10^{9} 个/L、血小板数平均为 610.85×10^{9} 个/L。

表 2-13　双峰驼血液中血细胞数

种群	红细胞（×10¹²个/L）	白细胞（×10⁹个/L）	血小板（×10⁹个/L）
阿拉善双峰驼	6.15±0.61	10.79±4.79	702.20±408.57
苏尼特双峰驼	5.45±0.71**	9.35±4.12	519.50±246.70*
平均	5.81±0.75	10.08±4.53	610.85±351.11

注：* $P<0.05$，** $P<0.01$。

双峰驼血液中淋巴细胞含量比较多，其占白细胞的比率为 60.22%，其他家畜中淋巴细胞比率一般在 25%～60%；而中性粒细胞的比率仅为 17.28%，牛、羊等家畜中的含量为 30%～50%；中间细胞（嗜酸性粒细胞、嗜碱性粒细胞和单核细胞）为 22% 左右，牛、羊等家畜中的含量为 10% 左右（表 2-14）。

表 2-14　双峰驼血液中不同类型白细胞数和比例

种群	中性粒细胞		淋巴细胞		中间细胞	
	数量（×10⁹个/L）	比例（%）	数量（×10⁹个/L）	比例（%）	数量（×10⁹个/L）	比例（%）
阿拉善双峰驼	0.57±0.53	4.23±4.18	9.28±4.23	86.43±8.37	0.94±0.89	9.67±5.55
苏尼特双峰驼	3.79±1.82**	40.53±11.17**	2.76±1.78**	29.52±14.74**	2.80±2.07**	29.95±9.31**
平均	2.18±2.10	22.38±14.96	5.85±4.69	59.98±27.88	1.87±1.84	19.81±14.91

注：* $P<0.05$；** $P<0.01$。

双峰驼血液中平均血红蛋白含量为 141.11g/L，较牛、羊等家畜的 110～120g/L 高，与犬的相似。血细胞数和血红蛋白含量高，说明双峰驼携带氧的能力强，这可能与其强的耐力性有关（表 2-15）。

表 2-15　双峰驼血液中的血红蛋白含量

种群	血红蛋白（g/L）	平均血红蛋白浓度（g/L）
阿拉善双峰驼	135.70±30.53	445.87±56.88
苏尼特双峰驼	146.53±42.76	430.87±64.13
平均	141.11±37.24	438.37±60.57

双峰驼血浆中含平均总蛋白 52.43g/L，平均白蛋白 35.37g/L，平均球蛋白 17.27g/L，白蛋白和球蛋白的比例为 2.76。与其他家畜相比，骆驼的球蛋白含量低，白/球比例高；而且骆驼血液里面有一种特殊的高浓缩白蛋白，蓄水能力很强，比其他家畜更能有效地保持血液中的水分，具体见表 2-16。

表 2-16　双峰驼中血浆蛋白含量（g/L）

种群	总蛋白	白蛋白	球蛋白	白蛋白与球蛋白比例
阿拉善双峰驼	50.30±8.37	38.10±7.89	12.20±2.63	3.31±1.23

种群	总蛋白	白蛋白	球蛋白	白蛋白与球蛋白比例
苏尼特双峰驼	56.18±10.48	34.80±3.84	21.38±8.24	2.02±1.46
塔里木双峰驼	48.50±6.66	37.39±9.26	11.11±3.96	4.35±3.85

（二）单峰驼血液生理生化特性

国内目前尚未见报道单峰驼血液的相关研究，国外相应的报道也比较少，已有的研究是 Sachchidananda（1962）发表的一篇文章，其对单峰驼的血液成分进行了测定与分析。Sachchidananda（1962）测定了正常的单峰驼血液成分，结果表明，其血液中红细胞数目为 $7.24×10^6$ 个/mm^3，红细胞沉降率为 1.1mm/h，大约27%的红细胞体积大小为 7.7×4.2fL。每100mL血液中血红蛋白含量为 13.1g，计算可得红细胞中血红蛋白的平均浓度为47%。另外，白细胞含量为 18 000 个/mm^3。其中，中性粒细胞约占51%、嗜酸性粒细胞约占6%、嗜碱性粒细胞约占0.05%、淋巴细胞约占40%、单核细胞约占3%。同时，也做了骆驼血红蛋白的电泳迁移试验，得出骆驼的血红蛋白电泳迁移率小于人血红蛋白和猴血红蛋白的迁移率。最后，比较单峰驼与双峰驼血液成分得出，单峰驼红细胞数量少，体积更大，血细胞比容值低于双峰驼报道的数值。

血液是一个相对完善的系统，血糖水平在一定程度上受系统内其他各组分的影响，系统总是趋向于动态平衡。可以说，骆驼血糖高既有其他外在因素的影响，也有血液系统稳态的调节作用，是内外因素统一的结果。

（三）骆驼血浆葡萄糖耐量特性

研究发现，单胃动物的血糖水平一般在 3.5～5.0mmol/L，家养反刍动物的血糖水平一般在 2.5～3.5mmol/L，而骆驼的血糖水平比家养反刍动物高很多。早在 1997 年时研究者们就对骆驼的血糖水平进行了测定。试验对 4 峰骆驼、4 只矮马和 4 只绵羊静脉注射葡萄糖（注射剂量为 1mmol/kg，以体重计），并在注射之前和之后的 6h 内采集静脉血浆样品测定葡萄糖、胰岛素和非酯化脂肪酸（NEFA）的浓度。结果发现，在基础状态下，骆驼、绵羊和矮马血浆中的平均血糖水平分别为（7.1±0.3）mmol/L、（3.4±0.2）mmol/L 和（4.2±0.4）mmol/L；注射葡萄糖 2min 后，骆驼的血浆葡萄糖水平为（22.6±2.0）mmol/L，远高于绵羊血浆葡萄糖水平的值（12.0±0.6）mmol/L（图 2-18A）；注射葡萄糖 180min 后，绵羊和矮马的血浆葡萄糖水平恢复到基础状态水平，然而骆驼的血浆葡萄糖水平在 360min 后仍然很高。

根据注射后血浆葡萄糖浓度的双指数下降计算速率常数 K1（细胞外流体中的葡萄糖分布速率）和 K2（葡萄糖消耗率）的结果表明，骆驼、绵羊和矮马的 K1 值分别为（12.2±2.3）h、（25.8±5.5）h 和（23.1±1.6）h；K2 值分别为（0.270±0.018）h、（0.804±0.036）h 和（0.858±0.084）h。骆驼体内细胞外流体中的葡萄糖分布速率较低，可能说明骆驼体内细胞外的葡萄糖分布速率较低。

骆驼、绵羊和矮马血浆中基础胰岛素浓度分别为（5±1）μU/mL IRI、（12±2）μU/mL IRI 和（7±1）μU/mL IRI；注射葡萄糖的 10min 后，3 个物种血浆中胰岛素水平达到了最高，然而骆驼［（19±4）μU/mL IRI］血浆胰岛素含量显著低于绵羊［（48±6）μU/mL IRI)］（P=0.002），但与矮马的没有显著差异。绵羊血浆胰岛素含量在 100min 后恢复到基础水平，而矮马和骆驼血浆胰岛素含量在 240min 后才恢复到基础水平（图 2-18B）。

非酯化脂肪酸（NEFA）的基础水平在 3 个物种之间没有差异，在静脉注射葡萄糖后 20～30min 内，所有物种的 NEFA 浓度均下降，绵羊和矮马的 NEFA 浓度分别在 180min 和 210min 后恢复到基础水平值，然而骆驼血浆 NEFA 水平恢复能力很差，在试验结束前仍然处于较低水平（图 2-18C）。

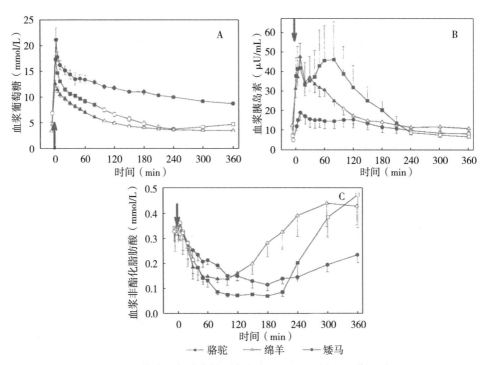

图 2-18　静脉注射葡萄糖时负荷量（1mmol/kg，以体重计）

注：骆驼，N=4，n=8，○；矮马，N=4，n=4，□；绵羊，N=4，n=4，△。实心符号表示与相应物种的平均基础值相比具有显著差异（P<0.05）。

骆驼血浆中的血糖浓度高，而血糖消耗率较低，表明：①骆驼可以降低葡萄糖的消耗率。②骆驼有葡萄糖异生能力。③骆驼没有高血糖症，可能由于在骆驼肝脏中有较强的葡萄糖异生能力。然而研究表明，在反刍动物中能量摄取与葡萄糖异生率有线性关系；然而骆驼在严酷生存的环境不可能有较强的葡萄糖异生能力，推测其会产生一个更有效的糖质新生过程，允许转化一个较高比率的生成葡萄糖的代替物质来生成葡萄糖。④骆驼血浆中胰岛素含量很少，这可能解释骆驼血糖水平较高的原因。

（四）骆驼的胰岛素反应性

有人认为葡萄糖耐量试验中显示出的物种差异是由于物种对胰岛素抵抗能力差异导致的。Kask（2001）为了比较各物种的胰岛素反应性，在绵羊、矮马、猪和骆驼中进行了血糖-高胰岛素钳夹试验。测定发现，骆驼基础血糖浓度为（6.6±0.4）mmol/L，显著高于绵羊 [（3.3±0.1）mmol/L]、矮马 [（3.9±0.4）mmol/L]、猪 [（3.4±0.03）mmol/L]（$P<0.001$）（表2-17）。静脉注射胰岛素的过程中，绵羊、矮马、猪和骆驼的血糖浓度变化没有显著差异（图2-19），在注射胰岛素1h以内4个物种的血糖水平都明显增加。

表 2-17　绵羊、矮马、猪、骆驼基础血糖值、血浆胰岛素和血浆
非酯化脂肪酸（NEFA）等值的相关比较

项目	绵羊 （$n=5$）	矮马 （$n=5$）	猪 （$n=5$）	骆驼 （$n=4$）
基础血糖（mmol/L）	3.3±0.1[a]	3.9±0.4[b]	3.4±0.03[a]	6.6±0.4[c]
基础血清胰岛素（μU/mL）	14.0±2[a]	16.0±1[a]	13.0±1[a]	5.0±1.0[b]
胰岛素输出率（min^{-1}）	0.038±0.006[a]	0.035±0.009[a]	0.070±0.008[b]	0.019±0.002[c]
血浆胰岛素半衰期（min）	18.0±3[a]	20.0±5.0[a]	10.0±1.0[b]	36.0±2.0[c]
基础血清非酯化脂肪酸（NEFA，μmol/L）	512.0±104.0[a]	1157±110.0[b]	280±41.0[c]	201.0±39.0[c]
胰岛素注射时 NEFA 下降率（min^{-1}）	0.094±0.007[a]	0.025±0.004[b]	0.089±0.021[a]	0.026±0.004[b]

注：同行相同小写字母表示差异不显著（$P>0.05$），不同小写字母表示差异显著（$P<0.05$），n 表示个体数量。

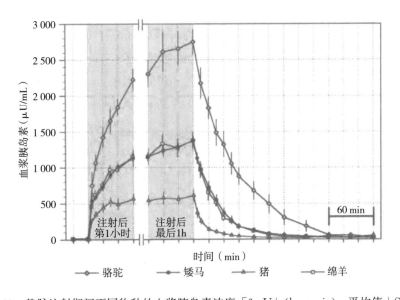

图 2-19　静脉注射期间不同物种的血浆胰岛素浓度 [6mU/（kg·min），平均值±SEM]

研究发现，骆驼血浆中基础胰岛素水平最低，然而与猪、绵羊和矮马的血浆中基

础胰岛素水平相比没有显著性差异。试验过程中，胰岛素注射量为 6mU/（kg·min），且在整个试验过程中猪血浆胰岛素水平有趋于稳定状态，然而绵羊、矮马和骆驼胰岛素浓度具有持续上升趋势。尽管相似的胰岛素注射量 [6mU/（kg·min）] 影响了胰岛素浓度，但最可能的原因是不同物种血浆胰岛素的消除能力不同。据推测，胰岛素降解酶（insulin degrading enzyme，IDE）在骆驼中的表达量较少，而这可能是与骆驼中具有较低的基础胰岛素浓度有关（Seta 和 Roth，1997），从而促使骆驼趋于低胰岛素降解酶方向进化。胰岛素的血浆半衰期也可以侧面说明骆驼的胰岛素消除能力，猪、绵羊和矮马分别需花费 10min、18min 和 20min 的时间恢复到血浆胰岛素的基础值，然而骆驼需要花费更长的时间，约为 36min。值得一提的是，尽管骆驼代谢时消耗的胰岛素的量几乎是绵羊的 2 倍，但这并没有影响其在胰岛素反应性试验过程中的浓度峰值水平。

进一步将骆驼的胰岛素反应结果与基础葡萄糖利用率进行比较发现，在骆驼外周组织中的葡萄糖摄取几乎与胰岛素无关，换句话说就是胰岛素未参与骆驼外周组织的葡萄糖摄取过程。骆驼和矮马的胰岛素抵抗是由 GLUT4 浓度降低或甚至不存在而引起的，更深层的原因是 GLUT4 在向质膜转运时受到抑制或 GLUT4 的功能活性受损而导致的。

从采食方面可以推测，在饲料条件很差的条件下，胰岛素抵抗可能有利于最大限度地降低葡萄糖消耗。但显而易见的是，骆驼在葡萄糖代谢上没有产生短效的胰岛素效应。并由此推测，在骆驼体内长期的基础葡萄糖供应主要与胰岛素依赖性 GLUT1 有关。

（五）骆驼特殊的血糖调控基因

一般来说，家养反刍动物的血糖水平为 2.5～3.5mmol/L，这个数值区间比单胃动物的 3.5～5.0mmol/L 偏低。然而，骆驼虽然属于偶蹄目内的亚目 Tylopoda，但它们也具有广泛的前胃反刍食草动物特征。值得一提的是，骆驼血糖水平为 6～8mmol/L，这比大多数单胃动物的血糖水平高得多（Elmahdi 等，1997；Kaske，2001）。已有的生理试验表明，骆驼的高血糖水平可能是由于它们强大的胰岛素抵抗能力导致的（Kaske，2001）。也有基因层次的研究结论与此论点一致。分析表明，大量快速进化的骆驼基因参与 II 型糖尿病（KEGG 通路登录号 04930）和胰岛素信号通路（KEGG 通路登录号 04910）。胰岛素和胰岛素受体结合后，胰岛素受体发生自身磷酸化，从而具有酪氨酸酶活性。该活性引起了胰岛素受体底物的磷酸化，这将反过来激活 PI3K 和 AKT 触发下游行动，以促进葡萄糖摄取和存储的酪氨酸磷酸化（Taniguchi，2006；Muoio，2008）。特别值得注意的是，*PI3K* 和 *AKT* 关键基因在骆驼中经历了快速分化，这可能会改变它们对胰岛素的反应。几个其他迅速变化的基因，如 *JNK*、*IKK*、*mTOR* 和 *ERK*，也可能影响在通过 IRS 蛋白的丝氨酸磷酸化胰岛素抵抗活动中 IRS 的负调节（图 2-20）（Taniguchi，2006；Muoio，2008）。

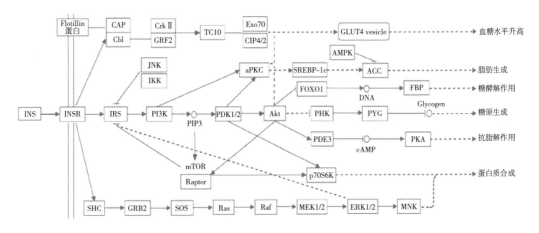

图 2-20　Ⅱ型糖尿病和胰岛素信号传导通路

（六）骆驼高血糖模型的实践意义

骆驼具有较高的血糖水平，但其不患糖尿病，这将对糖尿病的预防和治疗有很好的研究及指导意义。对骆驼这种高血糖动物模型的研究，有望可以在基因层次上探究糖尿病的血糖调控机制。

二、沙漠适应性强

骆驼要在炎热干旱的荒漠环境中生存，首先要维持体温的相对恒定，其次必须能够贮留水分。对于大多数哺乳动物而言，脂肪散在地分布于全身表皮之下，因此减少了汗的蒸发；而骆驼的脂肪主要集中于驼峰上，被皮比较疏松，因此可使汗在皮肤表面得到蒸发。

形态及生理学等各方面的特点，使得骆驼对干旱炎热或干旱寒冷荒漠环境的适应能力要比其他动物强得多。例如，骆驼可在一段时间内因失水而失重约 30%，但其食欲不会受到明显的影响，在充足饮水后 10min 可恢复原体重，而其他大多数动物失水点体重的 12%～15% 后就会死亡。

其他动物的失水多是来自身体组织、间质组织和血浆，失水后难于将体内的热输送到体表而散失，因此易发生热耗竭性死亡；而骆驼从血液中损失的水分极少。失水时尽管骆驼的体温变化较大，但其体格较大，是热的良好缓冲体。另外，骆驼能够在很大程度上浓缩尿液，而且小肠可以重吸收尿素，并且将其输送到胃中变成蛋白质。

（一）骆驼的体型适应

1. 足部的独特性　从骆驼的足部结构可以看出其对环境的适应性。骆驼的蹄由第三、四趾的第一趾节骨组成，蹄下有角质垫，其厚度可达 1cm，并有大量黑色素，可以阻止沙粒的热量传递，在每一趾骨外面又有 3 个梭状垫，这种解剖学的适应使得骆驼能在深而热的流动沙粒上行走自如。

为适应沙漠的生活条件，骆驼指枕（图 2-21）和蹄（图 2-22）的结构非常特殊。指枕系皮肤的派生物，主要由角质层、真皮层和皮下层组成。而在这些组成中，以皮下层最为发达，其成分主要是弹性组织。上述这些软组织将整个驼足构成了一个软蹄盘，在运动过程中，其内部组织和外部形状将发生变化，达到与地面的良好附着。骆驼前足盘大而圆，后足盘稍小且呈卵圆形；足盘前沿有两个角质的钩状蹄甲。除作为起卧支点外，蹄有固定指（趾）枕之作用，防止骆驼在沙地行走时后滑（庄继德等，1991）。

当足着地时，指枕前端的蹄钩插入沙土中，使驼足稳落在地面上，不至于因滑动而产生较大的推力。同时，在体重的作用下，中指和近指节骨经深屈肌腱下压指枕底部，使皮下层的中间弹性纤维组织变形，并向两侧压迫轴侧和远轴侧两大弹性纤维组织，使表皮层向外扩张，增大了接地面积，减少了接地比压。另外，由于中间弹性纤维组织与轴侧和远轴侧两大组织相比，具有较大的弹性，足在承压后使足底成内凹形，限制了足下的沙粒流动，因此起到了固沙作用。

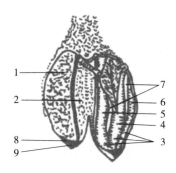

图 2-21　指枕
1. 角质层　2. 真皮层　3. 皮下层
4. 中间弹性纤维组织　5. 轴侧弹性纤维组织
6. 远轴侧弹性纤维组织　7. 中隔脂肪
8. 蹄底角质层　9. 蹄壁角质层的底缘

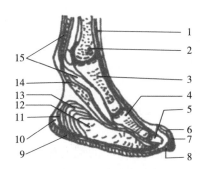

图 2-22　蹄部第四指纵切面
1. 指伸肌腱　2. 掌骨　3. 近指节骨　4. 中指节骨
5. 远指节骨　6. 爪褶　7. 爪壁　8. 爪底　9. 表层
10. 指枕包束　11. 中心脂肪垫　12. 弹性纤维垫
13. 指深屈肌腱支　14. 真皮层　15. 指浅屈肌腱支

2. 运动平衡的自动调节　骆驼的颈长约 1m，是头长的 2 倍、尻长的 3 倍。长而灵活的头颈，不仅可以调节驼体重心来实现起卧动作，而且在行走、上下坡和转弯活动中也起到了调节平衡的作用。骆驼上坡时头颈前伸，使重心前倾；下坡时头颈后仰，使重心落于腰荐部。行进时，利用头颈上下摆动以变换重心。这样不但可以增加持久力，而且有利于增大步幅。因此，尽管驼体高而不稳，但借助长而灵活的颈，骆驼在沙地中行进时仍能矫健自如。

3. 嘴及消化道　骆驼嘴与消化道的结构能显示出其最突出的形态适应。骆驼的上唇中间有一裂缝，因此活动很灵敏，能拣食矮小的植物。在嘴的周围有很硬的组织，采食时不至于被带刺的植物组织刺破。口内的黏膜也有很厚的鳞状上皮组织及较长的乳突，以防止被带刺的植物损伤。其消化道的解剖学特性，也能适应植被稀疏、饲草粗劣、水源贫乏等荒漠环境。骆驼的饮水能力特别强大，一次的摄水量可超过其体重的 20%。

（二）对干旱荒漠环境的适应性

骆驼之所以能够耐渴，主要与其生理机能和组织结构有关。骆驼的第一胃较大，可贮存大量的水分。例如，在夏季，一次的饮水量最大可达 50～80kg，足供 3d 体内代谢的需要。骆驼的汗腺不发达，粪尿失水也少。体温在一定范围内可随环境温度的变化而变化。例如，在夏季的早晨，体温只有 34℃，而在午后可达 40.6～40.7℃。这种体温的变化特点在散热上具有重要意义。因为体温升高后，身体与外界环境的温差减小，可以减少水分蒸发，白天获得的热量可贮存于体内，在晚上待气温降低时散失。过去认为，骆驼的体温变化是由于热调节功能不强所致；而现在大多数人认为，体温的升高证明骆驼的热调节功能更为复杂。每天饮水的骆驼，其昼夜体温差可达 2℃，如果其体重以 500kg 计，则可贮存 4.2×10^7 J 的热量。脱水情况下，骆驼的体温变化范围可达 6℃，可贮存 1.26×10^7 J 的能量。骆驼要散发这么多的能量，则至少需要 6L 左右的汗水。因此，骆驼体温不恒定的特点在能量贮存和对干旱的适应上具有重要意义。在冬季缺水时，骆驼每天的耗水量仅占体重的 1% 左右。骆驼在较长时间缺水的情况下，可由驼峰脂肪和腹腔脂肪氧化产生代谢水。另外，骆驼红细胞对低渗的抵抗力较强，在缺水而血浆脱水时红细胞水分渗出，体积缩小，但并不显著影响红细胞膜的生物学特性，重新饮水后红细胞膨大，恢复或接近于正常水平。

当气温为 29.5℃、地面温度为 47℃ 时，骆驼卧地后前肢下的温度为 32℃、胸底处的温度为 37℃。当脱水及环境极为炎热时，骆驼也能够通过行为的变化来适应高温及能量转换。在清早地温升高前骆驼多卧地，并将四肢隐藏于体下，以便减少吸收地热；当太阳升起以后，骆驼面对着太阳，以便使体表尽量减少吸收的辐射热，而且在白天，骆驼也会不断改变其位置，以减少太阳的直接辐射（Schmidt-Niesen，1957）。

骆驼被毛在初夏时脱换，经过一段时间的无毛期才能长出新毛，这样正好可以度过炎热的夏季，有利于体表散热；而当遇到暴风雨时，骆驼会选择避风处，顺风而卧，并通过全身发抖的方式来增加产热。秋后又长出新毛，以便防御严冬。

从理论上来说，热带荒漠地区的动物，由于接受的太阳辐射多，因此它们应该具有光滑且有反射性的被皮和黑色的皮肤，同时被皮不应太厚，以便于皮肤表面蒸发；但也不能太薄，以免从体表散失太多的热量。热带地区的单峰驼能适应这种环境，其在夏季被毛较密，但不太长。双峰驼和美洲驼也具有这种功能和生理反应，它们的被毛在冬季较长，被毛表面温度可高达 65℃；而在夏季时被毛较短，被毛与空气接触面的温度不会超过 46℃。

（三）对沙漠植被的适应

骆驼之所以能够适应荒漠植被，是由于其嘴尖齿利，上唇中间有一裂缝，下唇尖而游离，唇薄而灵活，伸缩力较强；颈长，能上下左右活动自如，向上可啃食丛林中的枝叶或甚至高达 2～3m 的乔木，向下能够觅食 3～5cm 长的短草和低矮的灌木，因此采食范围较广。骆驼的口腔构造比较特殊，其上、下唇与口角外缘密生短毛，上齿垫异常坚硬；两颊有长而呈锥状的角质化乳头；臼齿冠高而发达，齿面宽，齿缘突起，呈锯齿状；下颌关节灵活，能左右磨动，咀嚼肌发达；唾液多而黏稠，故能利用其他家畜所不能利用的或极少利用的各种粗硬带刺的、木质化程度高的、灰分含量大的草本和木本植物；加之其腿长善走，耐渴性强，因此能够充分利用无水草场和荒漠草场。

为了适应草供应的不均衡状态，在牧草生长茂盛的夏、秋两季，骆驼能够大量采食，以储备必需的能量。成年骆驼在夏、秋两季每天的采食量可达 31.2～33.6kg，所以能在短时间内迅速改善体况，并在驼峰和腹腔内储存大量脂肪。骆驼性情比较安静，代谢水平较其他家畜低，在静止状态时每小时所消耗的能量仅为马的 62％，在荒漠中驮载 100kg、行走 1km 时所消耗的能量仅为马的 1/3。

（四）对风沙的适应

骆驼上眼睫毛长、密而下垂，遇到风沙时眼睛呈半闭合状态，以防止尘沙进入眼内。骆驼的泪腺比较发达，流眼泪时可将眼球表面的尘土带走，因此可在多风的沙漠地区行走。骆驼鼻孔狭长，斜而成裂缝状，可随意张闭，两鼻孔各有小管，鼻孔周围还生有许多 1cm 长的鼻毛，而上呼吸道又能形成弯曲的皱襞，所有这些结构都能起到过滤尘沙和湿润空气的作用。

（五）对沙地的适应

受沙漠地面的限制，骆驼不善于狂奔疾驰；而沙漠中食物及水源贫乏，又使得骆驼不得不具有较快和持久的行走速度。长期自然选择的结果，使骆驼的体形结构又较其他动物特殊，其颈部较长，呈"乙"字形，有利于保持身体平衡；体躯较短，腿长，支持面小而重心高，便于躯体前移和迈出较大的步伐；后肢短而呈刀状，具有较强的推动力和耐久力。同时，骆驼是以趾着地的动物，前肢着地时趾枕面积增大到 68～71.5cm^2，因此可以负担庞大的体躯，使其不致陷入沙中。当提肢时则趾枕面积缩小至 62～65.5cm^2，以利步行。

（六）基因组研究揭示的骆驼沙漠适应性机制

2014 年，研究者们首次从基因层面剖析了骆驼科物种的沙漠适应性机制（Huiguang，2014）。科研人员分别对 1 峰双峰驼、1 峰单峰驼和 1 只羊驼的血液 DNA 进行高深度全基因组从头（*de novo*）测序，并结合双峰驼的转录组数据来研究骆驼的沙漠适应性。

1. 能量代谢相关功能基因 对双峰驼、单峰驼和羊驼的基因组测序发现，在能量、葡萄糖和脂肪代谢中很多基因都进行了快速进化，骆驼科物种峰数（双峰、单峰和无峰）不同也会影响其脂肪代谢能力。在单峰驼和双峰驼基因组中，ATP（GO 为 0006200、GO 为 0016887、GO 为 0042626）、线粒体（GO 为 0005739、GO 为 0005759）、脂质转运（GO 为 0006869）、胰岛素（GO 为 0032868）等功能类别中的基因进行了快速进化；而在双峰驼基因组中，脂质代谢类别中的基因比单峰驼基因组相应类别中的基因显示了更快的进化速度。这些基因可能增强了骆驼科物种的脂肪储存和产生能力，表明双峰驼在脂肪储存和产生能力上强于单峰驼和羊驼。

2. 应激能力 双峰驼和单峰驼基因组中，与 DNA 损伤及修复（GO 为 0006974、GO 为 0003684、GO 为 0006302）、细胞凋亡（GO 为 0006917、GO 为 0043066）、蛋白质稳定性（GO 为 0050821）和免疫应答（GO 为 0006955、GO 为 0051607）相关类别的基因显示了快速进化；比起羊驼，双峰驼和单峰驼几个重要的功能类别，如氧化还原过程、氧化还原酶相关通路中的基因进行了快速进化；此外，细胞色素 c 氧化酶活性和氮氧酶活性类别中的基因也显示了快速进化。这些结果表明，骆驼可以耐受严寒酷热的沙漠环境。

3. 呼吸系统的适应性 沙漠地区的沙尘天气往往会提高哮喘等呼吸性疾病的发生率，然而骆驼终生生活在沙漠地区，却不会患呼吸性疾病。研究人员发现，与人类呼吸性疾病相关的 FOXP3、CX3CR1、CYSLTR2 和 SEM4A 这 4 个基因在双峰驼和单峰驼基因组中进行了快速进化；此外，在双峰驼和单峰驼基因组中，与肺相关类别（GO 为 0030324）中的基因显示了快速进化。这些正向选择基因的快速进化说明骆驼更容易适应沙漠环境。

4. 对盐的适应性 受采食环境的限制，骆驼可以吃大量盐分含量很高的食草（张映宽，1999），但却不会患高血压。对双峰驼细胞色素 P450 基因家族的研究表明，骆驼体内含有多拷贝的 CYP2J 基因，而 CYP2J 的活性通常被高盐饮食激活，并且抑制其活性可诱发盐敏感性高血压（Zhao，2003）。因此推断，骆驼拥有多拷贝的 CYP2J 可能与其耐高盐的独特的生理学特性相关（李擎，2013）。双峰驼含有 2 个拷贝数的 NR3C2 和 IRS1 基因（在其他哺乳动物中以上 2 个基因为 1 个拷贝），在肾脏中，NR3C2 和 IRS1 基因对钠离子的重吸收和水平衡方面扮演重要的角色。此外，相对于牛，双峰驼和单峰驼基因组中与钠离子迁移（GO 为 0006814）类别中的基因进行了快速进化。结合以上结果，骆驼比羊驼和牛能更加有效地运输和代谢盐，而且这些通路对水的重吸收非常重要。

三、自身的解毒能力强

（一）骆驼采食的植物特性

荒漠和戈壁中的旱生盐生植物较多，主要包括藜科、菊科、蒺藜科、豆科及柽柳科等植物，其中藜科植物因其特能耐盐和耐旱占据了绝大比重。

在盐生植物中，沙蓬、红砂、红柳等含盐量都很高（图 2-23），鲜重时能达到 10%，有的甚至高达 30%。对于这样高盐的食物，一般家畜如牛、羊都是难以忍受的或少量、短时间可以食用，而骆驼则是特别喜食，且长期采食而不会产生不适症状。在广阔的草原上，还有很多种植物，如骆驼蓬、锁阳、牛心朴子、狼毒草和蒙古扁桃等不仅具有一定毒性，而且大多苦涩、干硬，牛、羊和马都可本能地避开，因为一旦采食，轻则大病一场，重则不治而亡。但骆驼凭借其独特的抗逆特性，采食上述植物后的中毒率和死亡率均较低，有的植物甚至可以被正常采食（董强，2004；曹敏慧，2010；达能太，2010）。从以上采食习性来看，骆驼对盐分的需要和耐受能力较其他家畜强，解毒能力也较强，这对骆驼在干旱盐碱荒原中的生长发育及适应恶劣环境起到了重要的作用（税世荣，1991；张映宽，1999）。

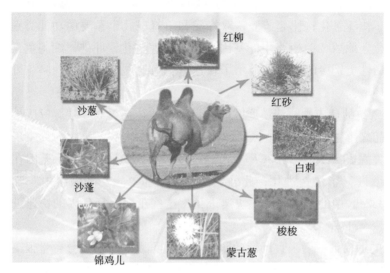

图 2-23　骆驼的主要食物

（二）骆驼 *P450* 基因家族

1. 细胞色素 P450 简介　细胞色素 P450（Cytochromo P450，CYP450）是一类以还原态与 CO 结合后在波长 450nm 处有吸收峰的含血红素的单链蛋白质，分子质量为 50ku，因其还原态与 CO 结合后在 450nm 处具有最高光吸收峰而得名（胡之璧，2006）。细胞色素 P450 家族成员之间的一级结构差异较大，但空间结构却有着较多的相似性，它们都含有由半胱氨酸和血铁红素组成的活性中心。

细胞色素 P450 在真核生物中，主要分布在内质网和线粒体内膜上，为一种膜结合蛋白；而在原核生物中，则游离于细胞质中，是一种可溶性的蛋白质。它是一种末端加氧酶，从 NAD（P）H 获得电子后，催化单加氧反应，是涉及药物代谢与生物激活作用的主要酶类，约占到各种代谢反应总数的 75%。它的末端氧化功能使其在激素合成、碳同化、药物代谢、外源物质降解、前致癌物活化、体温调节等方面具有重要的作用。

细胞色素 P450 由血红素蛋白、黄素蛋白和磷脂三部分组成，其相对分子质量为 45 000～55 000（李晓宇，2008）。细胞色素 P450 分子活性中心的 F-Gloop 结构不仅具有将分子锚定于膜上的功能，而且为疏水性底物进入 P450 活性位点提供了通道。疏水性底物结合区使其易与疏水性底物作用，而该部位酸性 Glu-105 的存在可解释该分子易于与带正电荷的底物反应的原因（Dai，1998）。细胞色素 P450 蛋白质三级结构均相当保守，为 P450 家族酶特有的相似折叠结构和相同的氧化活性中心（HEM），从 N 端到 C 端包含的 α 螺旋结构为 A、B、C、D、F、E、G、H、I、J、K、L 及相似的 β 折叠结构。

不完全相同的过渡螺旋结构则体现不同的家族个体，另外可能与底物结合的不同机制相关（Masatomo，2007）。细胞色素 P450 的三级

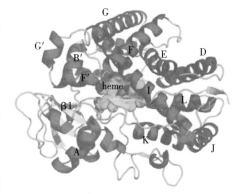

结构还显示，其活性中心的亚铁血红素基团均被限制在末端的螺旋 L 和邻近的螺旋I之间。催化中心附近的半胱氨酸与邻近主链的氨基形成 2 个氢键，螺旋I形成了亚铁血红素内壁，并且含有特征氨基酸序列。另外，活性位点处还具有高度保守的苏氨酸，参与催化作用（王斌，2009）。结构高度保守的 P450 具有足够的结构差异，以便不同底物与各种 P450 特异性结合（图 2-24）。

图 2-24　P450 结构

2. 骆驼 *P450* 基因的家族

（1）骆驼 *P450* 基因的家族分类　骆驼基因组含有 63 条 *P450* 基因，按照注释结果可以分别归属于 17 个基因家族和 38 个基因亚家族（表 2-18）。其中，9 个多基因家族中有 1 个基因家族的成员超过 10 个，未发现 *CYP5* 家族，*CYP2* 有 27 个成员，*CPY3* 有 6 个成员，*CPY4* 有 7 个成员，分别占骆驼 *P450* 基因的 44％、10％ 和 12％（图 2-25）。

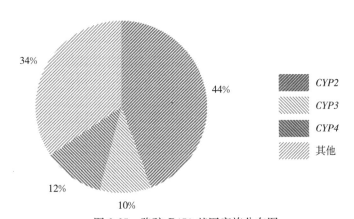

图 2-25　骆驼 *P450* 基因家族分布图

表 2-18　骆驼 *P450* 基因家族分类及基因数量（个）

基因家族	数量	基因亚家族	数量	基因家族	数量	基因亚家族	数量
CYP1	3	*CYP1A*	2	*CYP7*	2	*CYP7A*	1
		CYP1B	1			*CYP7B*	1
CYP2	27	*CYP2A*	1	*CYP8*	2	*CYP8B*	2
		CYP2B	1	*CYP11*	2	*CYP11A*	1
		CYP2C	4			*CYP11B*	1
		CYP2D	2	*CYP17*	1	*CYP17A*	1
		CYP2E	2	*CYP19*	1	*CYP19A*	1

基因家族	数量	基因亚家族	数量	基因家族	数量	基因亚家族	数量
		CYP2F	2	CYP20	1	CYP20A	1
		CYP2J	11	CYP21	1	CYP21A	1
		CYP2R	1	CYP24	1	CYP24A	1
		CYP2S	1	CYP26	3	CYP26A	1
		CYP2U	1			CYP26B	1
		CYP2W	1			CYP26C	1
CYP3	6	CYP3A	6	CYP27	3	CYP27A	1
CYP4	7	CYP4A	1			CYP27B	1
		CYP4B	2			CYP27C	1
		CYP4F	2	CYP39	1	CYP39A	1
		CYP4V	1	CYP46	1	CYP46A	1
		CYP4X	1	CYP51	1	CYP51A	1

（2）骆驼与其他 4 种动物 P450 基因数量分析　从 ENSEMBL 数据库下载人、马、牛、鸡这 4 个物种全部蛋白质结构注释的基因信息，并找出 IPR 是 P450 的蛋白，然后 Blast KEGG 蛋白数据库及 nr 数据库，并按照骆驼 P450 注释的方法进行注释，再与骆驼 P450 基因进行比较（图 2-26）。

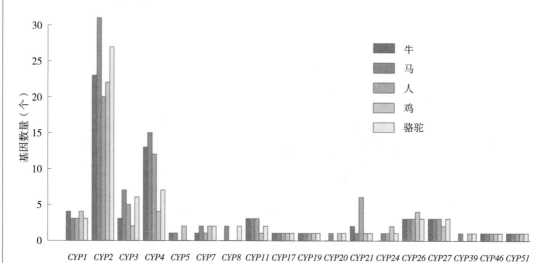

图 2-26　骆驼与牛、马、人及鸡中 P450 家族间的分布

细胞色素 P450 基因在骆驼与其他 4 种动物中的分布基本相似，但在某些 P450 基因家族中的分布也有差异。骆驼 P450 基因数量与人（Homo sapiens）（61 个 P450 基因）、牛（Bos tarurs）（60 个 P450 基因）、鸡（Gallus domestiaus）（52 个 P450 基因）比较相对较多，但明显少于马（Equns caballus）（78 个 P450 基因）。

在人、马、牛和鸡的基因组中，P450 基因数量最多的家族是 CYP2 和 CYP4，在人基因组中分别为 20 个和 12 个，马基因组中分别为 31 个和 15 个，牛基因组中分别为

23 个和 13 个，鸡基因组中分别为 22 个和 4 个。骆驼基因组中 $P450$ 基因数量最多的家族和这 4 个物种相一致，$CYP2$ 和 $CYP4$ 的基因数分别为 27 个和 7 个，$CYP2$ 和 $CYP4$ 的数量合计占全部 $P450$ 基因的 54%。所不同的是，与其他动物相比，骆驼 $CYP2$ 家族数量相对比较多，而 $CYP4$ 家族的数量相对较少；另外，骆驼基因组中 $CYP3$ 数量与人和马基因组中的 $CYP3$ 相一致，分别为 6 个、5 个和 7 个，而比牛和鸡明显多（分别为 3 个和 2 个），其余各家族 $P450$ 基因数量没有明显区别。

比较骆驼、牛、马、人及鸡 $CYP2$、$CYP3$ 与 $CYP4$ 基因亚家族的分布结果显示：①在 $CYP2$ 家族中，骆驼拥有较多的 $CYP2E$、$CYP2F$ 和 $CYP2J$ 基因，分别为 2 个、2 个和 11 个，相对其他动物较多，没有 $CYP2G$、$CYP2K$ 和 $CYP2T$；而牛和马拥有较多 $CYP2C$，分别为 8 个和 9 个，骆驼只有 4 个（图 2-27）。②在 $CYP3$ 家族中，$CYP3A$ 的数量骆驼与马和人的相似，分别为 6 个、7 个和 5 个，远远多于牛和鸡的 3 个及 2 个。③对比 $CYP4$ 家族发现，$CYP4A$ 和 $CYP4F$ 在人、马及牛中比较多，分别为 3 个、3 个、2 个及 7 个、7 个、6 个，而骆驼只有 1 个 $CYP4A$ 和 2 个 $CYP4F$（图 2-28）。

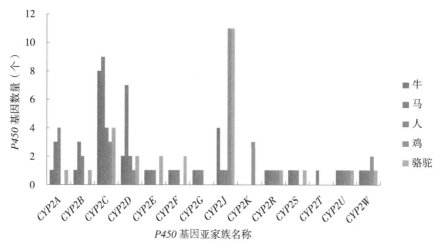

图 2-27　骆驼与牛、马、人及鸡中 $CYP2$ 的分布

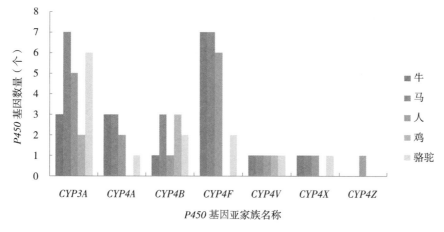

图 2-28　骆驼与牛、马、人及鸡中 $CYP3$ 与 $CYP4$ 的分布

（3）骆驼 *P450* 基因家族 Pathway 分析　骆驼 P450 蛋白参与的代谢通路有 18 条（表 2-19），主要分布在脂代谢和外来物质生物降解、代谢中。其中，脂代谢有 6 条，分别为脂肪酸代谢、类固醇激素生物合成、初级胆汁酸生物合成、类固醇激素生物合成、花生四烯酸代谢及亚油酸代谢；外来物质生物降解和代谢有 4 条，分别为细胞色素 P450 药物代谢、细胞色素 P450 外源物质代谢、药物代谢-其他酶类及氨基苯甲酸降解。其余的 8 条代谢通路主要分布在微量元素、机体循环系统及人类疾病代谢中，但其中 P450 蛋白分布较少且注释不完整。这 18 条代谢通路中，注释完整且以 P450 蛋白为主要代谢酶类的主要有 4 条，分别是花生四烯酸代谢、类固醇激素生物合成、细胞色素 P450 药物代谢和细胞色素 P450 外源物质代谢。

表 2-19　骆驼 P450 蛋白参与的代谢通路

代谢通路	Ko 号	参与代谢的 CYP	参与的蛋白数（个）
脂质代谢			
脂肪酸代谢	Ko00071	4A	167
类固醇激素生物合成	Ko00100	51G1. 2R1. 27B	10
初级胆汁酸生物合成	Ko00120	27A. 46. 39. 7B. 7A1. 8B	71
类固醇激素生物合成	Ko00140	1A1. 1B1. 3A. 7A1. 7B 11A. 11B1. 11B2. 17. 19A. 21	24
花生四烯酸代谢	Ko00590	4A. 4F. 2C. 2J. 2E. 2B	12
亚油酸代谢	Ko00591	1A2. 2C. 2E. 2J. 3A	83
外来物质生物降解和代谢			
细胞色素 P450 药物代谢	Ko00982	1A2. 2A6. 2B6. 2C. 2C8. 2C9. 2C19. 2D6. 2E1. 3A4	8
细胞色素 P450 外源物质代谢	Ko00980	1A1. 1A2. 1B1. 2A. 2B. 2C. 2D. 2E. 2F. 2S. 3A	110
药物代谢-其他酶类	Ko00983	3A4. 2A6	20
氨基苯甲酸降解	Ko00627	3A	3
氨基酸代谢			
色氨酸代谢	Ko00380	1A1. 1A2. 1B1	135
辅助因子和维生素的代谢			
视黄醇代谢	Ko00830	26A. 26B. 26C. 1A1. 1A2. 2A. 2B. 2C. 3A. 4A	5
其他次生代谢产物的生物合成			
咖啡因代谢	Ko00232	1A2. 2A	59
内分泌系统			
PPAR 信号通路	Ko03320	4A1. 27A. 8B1. 7A1	42
循环系统			
血管平滑肌收缩	Ko04270	4A	44
神经系统			
消化系统			
胆汁分泌	Ko04976	7A1	25

代谢通路	Ko 号		参与代谢的 CYP	参与的蛋白数（个）
传染病				
肺结核	Ko05152	27B1		26

（4）骆驼花生四烯酸代谢　花生四烯酸为高级不饱和脂肪酸，广泛分布于动物界。类花生四烯酸物质是花生四烯酸的代谢产物。花生四烯酸在体内主要通过3种途径产生类花生四烯酸物质：通过环氧化酶作用产生前列腺素；通过脂氧化酶作用产生 5-羟基二十碳四烯酸、8-羟基二十碳四烯酸、12-羟基二十碳四烯酸、15-羟基二十碳四烯酸等，并最终产生白三烯；通过细胞色素 P450 单氧化酶产生 19-羟基二十碳四烯酸、20-羟基二十碳四烯酸。

注释后骆驼的花生四烯酸代谢途径与前人研究结果相符，也是主要通过上述 3 种途径产生类花生四烯酸物质。令研究者感兴趣的是，在骆驼花生四烯酸代谢中，通过细胞色素 P450 酶（CYP）途径，花生四烯酸代谢产生 EETs 和 HETEs，对血压调节有重要作用。骆驼参与此代谢途径的 P450 蛋白主要有 CYP2B、CYP2C、CYP2E、CYP2J、CYP4A 和 CYP4F。其中，CYP2C、CYP2E、CYP2J 和 CYP4F 为多拷贝，且 CYP2E、CYP2J 的拷贝数明显比其他物种多。

大量的研究表明，类花生四烯酸物质对肾脏离子转运具有重要调节作用。目前有关类花生四烯酸物质对肾脏离子转运调节作用的研究，主要集中在探讨花生四烯酸通过细胞色素 P450 单氧化酶产生的 19-羟基二十碳四烯酸、20-羟基二十碳四烯酸对肾脏离子的转运调节作用上。研究表明，CYP2J 和其所表达的蛋白 EET 与高血压的发病关系密切。CYP2J 通常被高盐饮食激活，并且抑制其活性可诱发盐敏感性高血压。骆驼可以吃大量盐分很高的草但却并不会患高血压，可能是因为其有更多的 CYP2J。

（5）骆驼类固醇激素生物合成　在骆驼类固醇激素生物合成中，以胆固醇为原料，在胆固醇侧链裂解酶（P450scc）的作用下，其转化为孕烯醇酮。该反应是该途径的限速步骤，P450scc 是催化该反应的唯一酶。骆驼参与此代谢途径的 P450 蛋白主要有 CYP11A、CYP17、CYP21、CYP7B、CYP7A1、CYP1A1、CYP3A、CYP1B1、CYP11B1、CYP11B2 和 CYP19A，分布在 7 个家族、11 个亚家族中，其中的 CYP1 和 CYP3 均为多拷贝。

（6）外来物质代谢　经过 KEGG Pathway 注释后，骆驼参与外来物质代谢的 CYP 主要是 CYP1、CYP2、CYP3 这 3 个家族，它们代谢的外来物质主要有苯并（a）芘、二甲基二苯蒽萘、尼古丁、黄曲霉毒素 B$_1$、1-硝基萘、三氯乙烯、1,1-二氯乙烯、溴苯和 1,2-二溴乙烷（表 2-20）。其中，前 5 种物质均为致癌物，在 CYP 的作用下可转化为环氧化物。这是一种活化反应，代谢产物会造成 DNA 损伤。如果 DNA 不能修复或修而不复，则细胞就可能发生癌变。后 4 种物质为有毒或刺激性物质，主要用于化工产业，可由 CYP 代谢。

表 2-20   骆驼细胞色素 P450 外来物质代谢

参与代谢的物质	物质特性	参与代谢的 CYP	作用
苯并（a）芘	高活性致癌剂	1A1、1B1、2C、3A	转化为环氧化物，活化反应，造成 DNA 损伤，细胞发生癌变
二甲基二苯蒽荼	烈性致癌物，稠环芳香烃	1A1、1B1、2B	同上
		1A1、1A2、2B、2E、2F、2S	同上
尼古丁	生物碱，兴奋剂	2A、2D、2E	同上
黄曲霉毒素 B_1	危险的致癌物	1A2、2A、3A	同上
1-硝基萘	易燃，有毒，有刺激性	1A1、2B、2E、2F	对眼、黏膜、上呼吸道、皮肤有刺激性
三氯乙烯	对中枢神经系统有麻醉作用	2B、2E、2F	可引起肝、肾、心脏、三叉神经损害
1,1-二氯乙烯	极度易燃，具强刺激性	2E、2F	主要影响中枢神经系统
溴苯	有毒，易燃，具刺激性	2B、2E	抑制神经系统功能，造成肝功能紊乱
1,2-二溴乙烷	土壤熏蒸剂，杀虫剂和杀线虫剂	2E	引起肝癌和肺癌

注：前 5 行是指 CYP 对被代谢物质的作用，后 5 行是指参与代谢物质对机体的作用。

作为一种混合功能氧化酶，肝细胞内质网上的 P450 通过单加氧作用使脂溶性代谢废物或者外源物质失活后溶于水并排出细胞，再经尿液排出体外。它可代谢多种外源性物质，包括药物、环境中的化合物和污染物，以及自然界中的植物产物、杀虫剂、卤化烃、多环芳香烃、芳胺、燃烧的成分和除草剂等。需要指出的是，P450 酶系的代谢作用也有不利的一面。因为它在降低外源性化合物毒性的同时，也可催化某些化合物生成毒性更强的代谢产物，从而导致肿瘤、出生缺陷和其他不良反应。

双峰驼有 6 个 *CYP3* 基因，且都属于 CYP3A 亚科，该亚科主要负责中和有毒物质。因此，骆驼有更多的 *CYP3* 基因能解释其可以忍受有毒植物的原因。

（7）骆驼细胞色素 P450 药物代谢   细胞色素 P450 主要存在于动物的肝脏中，参与许多内源性及外源性物质的转化。外源性物质特别是药物进入体内以后，很多都是经过肝脏代谢，而 CYP450 是肝脏代谢药物的主要酶系。经过 KEGG Pathway 注释后，骆驼参与药物代谢的 CYP 主要也是 CYP1、CYP2、CYP3 这 3 个家族，具体主要有 CYP1A、CYP2B、CYP2C、CYP2D、CYP2E 和 CYP3A，它们代谢的外来物质主要有他莫昔芬、环磷酰胺、异环磷酰胺、西酞普兰、可待因、吗啡、美沙酮、利多卡因、非尔氨酯、卡马西平、奥卡西平和丙戊酸（表 2-21）。他莫昔芬、环磷酰胺、异环磷酰胺主要用于癌症抑制和治疗，其余药物主要用于抗癫痫、抑郁症、焦虑症的治疗及镇痛。

表 2-21　骆驼细胞色素 P450 药物代谢

参与代谢的药物	药物特性	参与代谢的 CYP	作用
他莫昔芬	选择性雌激素受体调节剂	2D6、3A4	治疗某些乳腺癌和卵巢癌
环磷酰胺	双功能烷化剂及细胞周期非特异性药物	3A4、2C、2B6	对肿瘤细胞有细胞毒作用
异环磷酰胺	烷化的氧氮磷环类药物	2C、2B6、3A4	对多种肿瘤有抑制作用
西酞普兰	SSRIs 类药物	2D6、2C19、3A4	治疗抑郁症
可待因	弱效阿片类药物	3A4、2D6	具有镇咳、镇痛和镇静作用
吗啡	阿片受体激动剂	3A4、2D6	镇痛作用
美沙酮	μ 阿片受体激动剂	3A4	镇痛作用
利多卡因	酰胺类局麻药	1A2、3A4	医学临床常用的局部麻醉
非尔氨酯	新型抗癫痫药	3A4、2E1	抗癫痫作用
卡马西平	精神性药物	3A4、2C8、2B6	抗癫痫作用
奥卡西平	神经性药物	3A4、2C8	抗癫痫作用
丙戊酸	抗癫痫药	2C9、2B6、2A6	抗癫痫作用

四、耐饥渴能力强

研究表明，骆驼在 12～15d 内不吃草、不喝水仍然可以正常使役；在生命极限耐饥耐渴的试验表明，骆驼在不吃草、不喝水的情况下可以存活 63d，在只吃草、不喝水的情况下可以存活 78d，在只喝水、不吃草的情况下可以存活 110d（宁夏农学院，1990）。

骆驼之所以拥有如此强大的耐饥能力，主要是与其自身生理和组织学特性有关。研究表明，双峰驼的内脏器官周围，如心脏、肺脏、肝脏等存在较多的脂肪组织（陈怀涛，1996；贾宁，1998），这些脂肪可为恶劣环境下生存的双峰驼提供能量。贾宁等（1999）研究表明，双峰驼可在其骨骼肌肌束膜及外膜中储存大量的脂肪组织或脂肪细胞。这些脂肪组织和脂肪细胞一方面可对肌肉起到保护作用，另一方面也可成为机体的小型脂肪储存库，能为生存于植物匮乏戈壁环境中的双峰驼储存额外的能量。

双峰驼极强的耐渴能力主要与其自身的生理功能和组织结构有关。从组织结构来看，双峰驼具有呼吸频率缓慢、皮肤毛细血管壁厚、汗腺不发达等特性，可导致其粪便缺水而干硬。此外，骆驼血液中存在蓄水能力很强的高浓度蛋白，可将饮进的大量水储存后备用（陈明华，2007）。在生理上，双峰驼也有其独特之处。首先，双峰驼有很好的体温调节能力，可有效降低体内水分的消耗。在严重脱水或者长时间缺水的情况下，双峰驼可通过驼峰脂肪和腹腔脂肪氧化反应所产生的代谢水来维持机体的基础反应（吉日木图，2009）。此外，双峰驼独特的红细胞和肾脏结构也是其具有极强的饥渴能力的原因之一。在严重缺水的情况下，双峰驼红细胞内的水分渗出，稀释血浆，体积缩小，以缓解机体缺水的需求；当重新饮用足够的水时，红细胞自动膨胀，恢复或接近正常水平（吉日木图，2009）。解剖学的研究证实，在极度缺水的情况下，双峰驼可通过其特殊的肾功能排出高浓缩的尿液来保存体内的水分含量（陈秋生，2002）。陈秋生等（2003）对双峰驼肾脏形态结构的解剖学研究表明，双峰驼拥有 2 个庞大的肾脏（左、右两肾约占体重的 0.6%），髓袢极长，较发达的髓质外髓的直小血管形成了宽阔的直行血管束，与髓质泌尿小管束相间排列；肾盂背腹两侧的黏膜在内、外髓交界处形成穹隆状结构。这些独特的结构特征使得骆驼肾脏拥有强大的水分重吸收能力，同时也有利于高浓缩尿液的产生。

五、独特的红细胞特性

骆驼有相对特殊的血液组成。新鲜状态时，血液呈红色，不透明，具有一定的黏稠性。公驼血液为其自身体重的 $1/25\sim1/20$，母驼血液为其自身体重的 $1/23\sim1/20$，每峰成年骆驼血量为约 20kg。蛋白质在驼血液中的占比极大，约为 20.75%。其中，白蛋白含量高达 73.2%，明显高于牛、羊、马等其他动物。与其他哺乳动物不同，骆驼的红细胞是椭圆形而不是圆形。这有利于红细胞在脱水过程中的流动，使其更能承受高压渗透作用在骆驼大量饮水时不会破裂。另外，骆驼皮下具有厚壁的微血管，严重脱水时可防止血管内水分的过度渗出，以适应沙漠生活。

（一）红细胞数量

由于骆驼生存在严酷的恶劣环境中，因此特殊的环境使其红细胞的各项指标与其他动物的有所不同，具体见表 2-22。

表 2-22　不同地区骆驼红细胞参数比较

参数	阿尔及利亚单峰驼	阿拉伯单峰驼	苏丹单峰驼（干季）	野生双峰驼（干季）	中国双峰驼
RBC（10^6个/mm^3）	7.95±0.51	5.20	6.41±0.15	2.96±0.22	—
PCV（%）	30.85±1.2	9.10	25.14±0.33	23.42±1.80	32.11±12.30
Hb（g/dL）	14.00±0.51	23.70	10.67±0.19		
MCV（μm^3）	37.00±0.61	3.80（fL）	40.09±0.80（fL）	89.43±9.62（fL）	40.95±3.66
MCH（pg）	18.00±0.50	17.40	16.99±0.43	32.45±4.08	17.58±1.49
MCHC（%）	48.20±2.10	13.00（g/dL）	42.49±0.63（g/dL）	33.41±5.28	

注：RBC，红细胞数；PCV，红细胞比容；Hb，血红蛋白含量；MCV，红细胞平均体积；MCH，红细胞平均血红蛋白含量；MCHC，红细胞平均血红蛋白浓度。

为了揭示青海高原地区骆驼血液学的某些生物学特性，张才骏等（1984）对青海柴达木地区双峰驼红细胞的各项指标进行了比较系统的研究（表 2-23）。结果表明，与生活在海拔较低的骆驼相比较，所测青海高原双峰驼的 RBC、Hb 和 PCV 分别较新疆双峰驼（宁夏农学院，1983）的相应指标高 18.5％、7.7％和 14.0％（$P<0.01$），比新疆阿勒泰双峰驼（甘肃农业大学，1961）和宁夏双峰驼（陈如熙，1980）的相应指标高得多。可见，骆驼与其他草食家畜一样，也通过增加 RBC 和 Hb 绝对值的途径来适应高原的低氧环境。另外，青海双峰驼的 MCV 较新疆双峰驼的低，仅为新疆双峰驼 MCV 的 94.37％，MCH 和 MCHC 值也较新疆双峰驼低（$P<0.05$ 或 $P<0.01$）。看来，除了 RBC 和 Hb 的绝对数增加以外，骆驼通过缩小红细胞体积从而增加单位血红蛋白量在肺内与氧的有效接触面积途径来适应高原低氧环境。Reynafarje 等（1965）研究高原地区羊驼、美洲驼等骆驼科物种时也曾观察到类似现象。

表 2-23　青海高原双峰驼红细胞参数

组别	样本数（峰）	RBC（10^6个/mm³）	Hb（g/dL）	PCV（％）	MCV（fL）	MCH（pg）	MCHC（％）
母驼	6	10.70±1.32	12.22±0.85	37.40±2.38	35.40±5.01	11.50±0.90	32.78±3.90
骟驼	31	11.94±1.47	12.31±0.98	39.98±3.10	33.52±5.21	10.86±1.26	32.28±3.38
总计	37	11.71±1.48	12.71±0.98	39.56±3.11	33.88±5.08	11.00±1.20	32.38±3.24

注：RBC，红细胞数；Hb，血红蛋白含量；PCV，红细胞比容；MCV，红细胞平均体积；MCH，红细胞平均血红蛋白含量；MCHC，红细胞平均血红蛋白浓度。

马森（1996）对双峰驼驼羔的红细胞系统特性进行了研究，其采集了青海省海西州漠河驼场的 38 峰 1~3 月龄健康双峰驼驼羔的静脉血样，结果如表 2-24 所示。漠河驼场驼羔的红细胞略大于格尔木双峰驼成年驼的红细胞 [(7.50±0.84) × (3.58±0.56)，($P<0.01$)]，但它们均在正常范围（长径 7.5~8μm，短径 3.5~8μm）（宁夏农学院，1983）之内。其 RBC、Hb、MCV 和 MCH 与同是柴达木地区格尔木（海拔2 800m）双峰驼成年驼的无显著差异（$P>0.05$），PCV 和 MCHC 也与成年母驼无显著差异（$P>0.05$），仅 PCV 略低于成年骟驼（40.0±0.03)％，MCHC 略高于成年驼（35.73±3.58)％（张才骏，1984）。可见 1~3 月龄驼羔的上述指标已达到成年水平。此次测定的驼羔 RBC、Hb、PCV 比宁夏双峰驼分别高 19.9％、29.8％、11.1％（$P<0.001$），比新疆双峰驼分别高 21.3％、24.7％、9.5％（$P<0.001$），说明高原驼羔从幼龄起就具备了上述适应能力。柴达木双峰驼驼羔红细胞的脆性在成年驼的范围之内（张才骏，1984），最小抵抗力还显著低于柴达木双峰驼成年驼（0.34％±0.02％，$P<0.001$），和宁夏双峰驼相近（0.295％±0.06％，$P>0.2$）（陈如熙，1980）；最大抵抗力高于柴达木双峰驼和宁夏双峰驼（0.22％±0.03％、0.135％±0.02％，$P<0.001$），其范围与 50 峰印度驼的脆性范围（0.37％±0.004％和 0.25％±0.003％）相似（卢宗藩，1983）。而影响 ESR 的因素有很多，主要与血浆因素有关，但也和红细胞的大小、形态、数量有关（卢宗藩，1983）。驼羔的红细胞沉降率（ESR）很慢，24h 仅沉降（12.3±3.9）mm，同格尔木双峰驼成年驼 [(11.4±2.2) mm] 亦无显著差异（$P>0.2$）。

表 2-24 柴达木双峰驼驼羔红细胞系统特性测定结果

测定项目	$\overline{X}$	S	全距范围
红细胞大小			
长径（μm）	7.67	0.96	
短径（μm）	4.11	0.92	
RBC（10^{12}个/L）	11.98	1.14	9.2～14.8
PCV（L/L）	0.38	0.027	0.33～0.43
Hb（g/L）	147.08	13.11	118.0～176.0
MCV（fL）	32.33	3.05	27.3～40.3
MCH（pg）	12.34	1.11	9.5～15.2
MCHC（%）	38.37	2.62	33.3～48.1
红细胞脆性（%NaCl）			
最小抗力	0.32	0.021	0.30～0.35
最大抗力	0.26	0.024	0.23～0.33
ESR（mm）			
6h	2.17	1.59	1～10
12h	6.78	3.35	4～21
24h	12.31	3.93	8～27

注：RBC，红细胞数；PCV，红细胞比容；Hb，血红蛋白含量；MCV，红细胞平均体积；MCH，红细胞平均血红蛋白含量；MCHC，红细胞平均血红蛋白浓度；ESR，红细胞沉降率；$\overline{X}$，平均值；S，标准差。

陈怀涛等（1996）用光镜、电镜与血常规检查法研究了我国 28 峰双峰驼红细胞的形态特征和生物特性。结果表明，双峰驼红细胞在数量与体积上和他种动物明显不同。双峰驼 RBC 为（13.45±1.64）×10^{12}个/L，而牛和马的分别为（5.87±0.62）×10^{12}个/L 和（7.58±1.77）×10^{12}个/L，双峰驼超过牛、马 1 倍左右。双峰驼 PCV 虽和牛、马的接近，但其 MCV［（23.97±3.95）fL］和马［（49.27±8.19）fL］差异显著（$P<0.01$），即双峰驼 MCV 仅约为牛、马的一半（48.1% 和 48.6%）。双峰驼红细胞的数量多而体积小，可大大增加其表面积，有利于在肺泡隔毛细血管通过，并同肺泡腔的气体进行变换而携氧。众所周知，红细胞的携氧量同其血红蛋白浓度成正相关。双峰驼由于个体小，其 MCH［（8.45±1.41）pg］较牛［（13.75±1.13）pg］和马［（14.08±2.52）pg］，但 Hb 和 MCHC 均高于牛、马。特别是 MCHC，双峰驼（36.75%±5.17%）明显高于牛（27.67%±0.96%）和马（28.47%±3.65%），且差异显著（$P<0.01$）。换言之，双峰驼 MCHC 约高于牛和马1/3。因此，双峰驼红细胞的携氧量和吸水量均比牛、马大得多。双峰驼正是通过这些途径以适应荒漠与高原耗氧量大的生活环境（表 2-25）。

表 2-25 双峰驼、牛、马红细胞生理值

项目	双峰驼	牛	马
RBC（10^{12}个/L）	13.45±1.64	5.87±0.62	7.58±1.77
PCV（%）	33.16±3.88	33.04±2.84	33.02±4.03

项目	双峰驼	牛	马
MCV（fL）	23.97±3.95	49.77±4.34	49.27±8.19
Hb（g/L）	120.31±14.78	80.27±7.18	112.68±16.36
MCH（pg）	8.45±1.41	13.75±1.13	14.08±2.52
MCHC（%）	36.75±5.17	27.67±0.96	28.47±3.65
OFE（%）	0.46±0.03（开始溶血）	0.74~0.64	0.62~0.52
	完全溶血（0.18±0.02）	0.46~0.42	0.44~0.38

注：RBC，红细胞数；PCV，红细胞比容；Hb，血红蛋白含量；MCV，红细胞平均体积；MCH，红细胞平均血红蛋白含量；MCHC，红细胞平均血红蛋白浓度；OFE，渗透脆性。

（二）红细胞形态

静止状态下的红细胞形态如回盘状，扫描电镜下呈中央凹陷的扁饼状，与普通染色淡染区一致，其直径为 7.2~7.5μm。骆驼红细胞表面积与体积的比例大，对维持膜的可伸展性及整个细胞的可塑性起一定作用，说明骆驼体内有足够的潜力用来适应周围环境所需而使细胞变形。

张才骏等（1984）为了揭示青海高原地区骆驼血液学的某些生物学特性，对青海柴达木地区双峰驼的红细胞进行了比较系统的研究。青海双峰驼的红细胞呈卵圆形，采用 Giemsa 染色时，红细胞边缘与中央均匀着染，呈玫瑰红色。红细胞的长径为（7.50±0.84）μm，最大 9.8μm、最小 5.6μm；短径为（3.58±0.56）μm，最大 4.90μm、最小 2.66μm。马森（1996）研究发现，显微镜下驼羔的红细胞形态同成年驼一样，为卵圆形或长卵圆形，边缘与中央着色均匀，细胞质呈玫瑰红色；与其他的家畜相比，骆驼红细胞的特殊性在于呈卵圆形，薄而平滑；具有抵抗渗透性溶血的巨大能力，溶血前体积可膨大到原来的 196%（宁夏农学院，1983），而在机体严重失水时则可缩小体积，放出水分，以满足机体对水分的需要（陈如熙，1982）。这些特性可能是骆驼耐渴的生理机制之一。研究发现，青海双峰驼的红细胞同样具有上述特性。除此之外，采用常规方法制作血红蛋白溶血液时往往不能获得清亮的血红蛋白液，必须将蒸馏水的量增加 1~2 倍，才能获得上层清亮的红色溶血液（上海市医学化验所，1979）。另外，还观察到中层红细胞残渣层（主要是红细胞膜）的厚度较其他家畜的厚 3~4 倍。由此可以推测，骆驼的红细胞膜可能较其他家畜厚，这似是其抵抗力强的特殊结构之一。

陈怀涛等（1996）研究发现，双峰驼红细胞纵径平均值为（7.37±0.79）μm，范围为 5.61~9.38μm；横径平均值为（3.82±0.49）μm，范围为 3.06~5.10μm。牛红细胞直径平均值为（5.62±0.47）μm，范围为 4.59~7.14μm；马红细胞直径平均值为（5.34±0.48）μm，范围为 4.08~6.03μm（图 2-29）。光镜与扫描电镜的观察结果均表明，双峰驼红细胞的典型形态多数为椭圆形的薄饼状，少数为卵圆形。

红细胞的上述形态特别有利于其贮水膨胀，也有利于在血液中运行并变形而通过毛细血管。

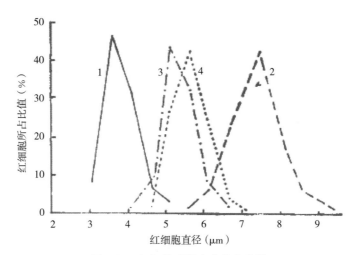

图 2-29　红细胞直径大小分布曲线
1. 双峰驼红细胞横径　2. 双峰驼红细胞纵径　3. 马红细胞直径　4. 牛红细胞直径

关于双峰驼红细胞的超微结构及其生理性改变的研究，国内均无报告。Jain 等（1974）对 2 峰单峰驼和 1 只无峰驼的红细胞作了扫描电镜观察，结果只观察到红细胞呈椭圆形的薄饼状，表面常平滑，轮廓规整，个别细胞为扁勺状。但普遍认为扁勺状红细胞似一种生理性胞体变形，受很多因素的影响，而并非红细胞固有的形态。陈怀涛等（1996）第一次发现了双峰驼红细胞表面有散在的半球状小突起，当细胞吸水膨胀时这些突起也胀大，且十分明显，但其大小不等。这些结构和改变，很可能在红细胞同其环境水盐代谢上起重要作用。因此，提示：①双峰驼红细胞浆膜上的结构和其他动物有所不同，弹性与扩张性更强；②双峰驼红细胞浆膜上有许多结构特殊的位点，无峰驼的膜更薄。看来红细胞浆膜并非一层固定的界限，而是高度动态的，在一定条件下其脂蛋白会改变构形，很可能迅速由片层的双分子类脂结构改变为暂时性束胶状结构。

基于陈怀涛等（1996）的一项有意义的体外红细胞试验：将离体双峰驼红细胞浸于 0.46% NaCl 溶液中，几小时后红细胞体积胀大，其表面小突起也明显胀大，有些向外突出呈球状、泡状，甚至呈一团泡沫状或葡萄串状，而浆膜的其他部位则光滑而平展。随着细胞的继续膨胀，上述突起的浆膜发生破裂，胞浆流失，细胞死亡。

鉴于红细胞的渗透脆性同水盐代谢有密切关系，对骆驼红细胞这种性质的研究引起了国内外学者的高度重视。Wintorbe（1967）指出，"薄"红细胞有渗透性抵抗力，而"厚"红细胞则比较脆弱。因此，骆驼体内呈薄饼状的红细胞更能耐受较低浓度的 NaCl 溶液而不被破坏。Perk（1964）发现，骆驼红细胞对渗透性溶解有很强的抵抗力，它们可膨胀到原体积的 196%，而一般家畜的红细胞胀大到 150% 以下时即发生溶解。

Jain 等（1974）使用扫描电子显微镜对骆驼和美洲驼的红细胞形态学特征进行了

研究（图 2-30）。骆驼与美洲驼具有独特的椭圆形红细胞，红细胞很薄，像晶片一样；观察到的红细胞表面一般光滑，而且细胞轮廓规则；偶尔有红细胞在细胞边缘附近会出现较浅的凹陷，骆驼红细胞呈薄片状与其已知的渗透力强一致。

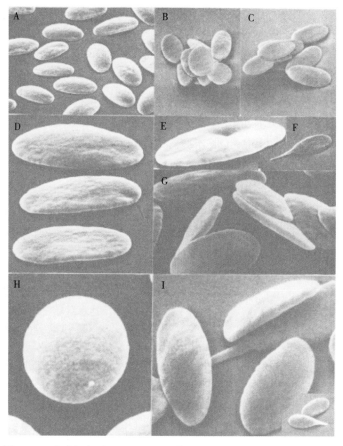

图 2-30　骆驼红细胞（A～H）和美洲驼红细胞（I）电子显微照片

（三）血红蛋白多态性

张才骏等（1984）发现，骆驼的血红蛋白也具有多态性，存在 Hb Ⅰ 和 Hb Ⅱ 2 种表型。不过，骆驼的血红蛋白表型既不像牛、羊血红蛋白由等位基因控制的纯合和杂合型，又不像马属动物血红蛋白两种成分的浓淡变化型，而是一种独特的表现型式。如果将骆驼血红蛋白的浓染带用 A 表示，淡染带用 B_1 和 B_2 表示，则骆驼血红蛋白的 2 种表型可以写成以下模式：Hb Ⅰ 型（Hb A _ B_1 _ B_2）和 Hb Ⅱ 型（Hb A _ B_1）（其中 Hb Ⅱ 型为优势表型，占 95.32%）。它们都有 1 条泳动速度较快的粗大浓染带 A。Hb Ⅰ 型有 2 条淡染带 B_1 和 B_2，而 Hb Ⅱ 型仅有 1 条淡染带 B_1，但它占血红蛋白总量的比例相当于 Hb Ⅰ 型中 2 条淡染带 B_1 和 B_2 之和，为 8%～9%。从泳动速度来看，骆驼血红蛋白的泳动速度较其他草食家畜慢得多，却与鸡血红蛋白成分中的淡染带 A_2（快带）近似，这似是骆驼血红蛋白成分的又一特征。Hb Ⅰ 型和 Hb Ⅱ 型的分布及各区带之间的相对比例见表 2-26。

表 2-26 青海高原骆驼血红蛋白表型分布及其各区带之间的对比

血红蛋白型	分布		各区带的相对比例（%）		
	数量（峰）	占比（%）	第一区带	第二区带	第三区带
HbⅠ	47	95.92	91.88±2.50	3.82±2.10	4.30±1.64
HbⅡ	2	4.02	91.80±1.59	8.20±1.59	—

马森（1996）对双峰驼驼羔红细胞特性进行了系统研究。其对青海省海西州漠河驼场的 38 峰 1～3 月龄健康双峰驼驼羔的静脉血样进行检测的结果显示，驼羔的 Hb 电泳只出现 1 种表型，均为 1 条泳动快的浓染带和 2 条泳动较慢的淡染带，相当于成年驼的 HbⅠ型，分型和命名按张才骏对成年驼 Hb 型的研究定型为 HbⅠ型，浓染带为 HbA，淡染带为 HbB$_1$ 和 HbB$_2$（张才骏，1984）。对柴达木双峰驼成年驼的 Hb 电泳发现其存在多态性，能分离出 3 条区带，有 2 种表型：HbⅠ型和 HbⅡ型，HbⅠ型有 1 条泳动快的浓染带（HbA）和 2 条泳动较慢的淡染带（HbB$_1$ 和 HbB$_2$）；HbⅡ型有 1 条浓染快带（HbA）和 1 条淡染慢带（HbB$_1$）（图 2-31）。其中，HbⅠ型为优势表型，占 95.92%（张才骏，1984）。马森（1996）检测驼羔的 Hb 型均为 HbⅠ型，未发现 HbⅡ型，

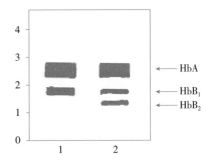

图 2-31 柴达木双峰驼成年驼 Hb 电泳模式图
1. HbⅡ型 2. HbⅠ型

但其分布在年龄组间无显著差异（$P>0.2$），可能与此次检测样本数过少有关。

（四）红细胞的功能特性

骆驼何以能在沙漠中长时间不饮水，失水量超过体重的 30% 而不致死亡（李祖荫，1963）？早期认为骆驼第一胃的胃壁中约有 800 个贮水囊胞，囊口有括约肌，能贮存大量水分（王栋，1959）。但这种看法已为后来的许多研究所否定。据 Schmidt 等（1957）报道，体温的变化对水分的节约有重要意义（Schmidt，1957），认为特殊的体温调节机制是骆驼耐渴的主要原因。Schmidt（1957）又报道了骆驼少量分泌汗液及呼吸频率稳定是减少体内水分蒸发保持长期不饮水的又一个原因。这些都为研究骆驼耐渴机理提供了资料。1964 年，珀克提出了"骆驼耐渴的秘密在于其奇特的血液组成和体温调节机能的特殊性质"，并认为"骆驼血液保持水分远比其他动物的血液有效，原因有两个：一是骆驼的血液中有一种特别的高浓缩白蛋白，这种蛋白有保持血液中水分的效能；二是骆驼的红细胞几乎可以立即吸收并贮存大量的水分，以供日后使用"。据报道，用不出汗、驼峰贮水、反刍胃有水囊等来解释骆驼耐渴的理由是不充分的，骆驼饮水 48h 后全身细胞、血液、体液都恢复了正常含水量，骆驼大量饮水只是补充它所消耗的水分，而不是为贮存备用（李祖荫，1963）。陈如熙等（1982）根据我国双峰驼红细胞最大渗透抵抗力可达 0.15% NaCl 溶液，对双峰驼进行了禁饮水试验，测定禁饮水前后红细胞形态、PCV、红细胞渗透抵抗力的变化情况，以探讨红细胞在水

分代谢过程中的作用。该研究共用 5 峰骆驼，其中的 2 峰（5、6 号）体质中下等，3 峰（1、3、4 号）体质中上等。研究在炎热的夏季进行，双峰驼只采食干草。5、6 号骆驼禁饮水 15d，3 号骆驼禁饮水 17d，1、4 号骆驼禁饮水 25d，待脱水严重时重新给饮水。每隔 4d 采血涂片，测定 PCV 及红细胞的渗透抵抗力。5、6 号骆驼在禁饮水 15d 前后，红细胞体积及 PCV 平均数据如表 2-27 所示。由所列数据可看出，5、6 号骆驼在禁饮水 13d 后红细胞缩小；到第 15 天时，红细胞膨大，饮水后恢复到接近禁饮水前大小（表 2-27）。在禁饮水后 PCV 增加。最大渗透抵抗力没有变化，说明红细胞膜未受影响。这 2 峰骆驼在重新饮水后的第 20 天死亡。红细胞形态变化见显微照片（图 2-32）。

表 2-27　5、6 号骆驼红细胞体积及 PCV 平均数据

驼号	禁饮水前		禁饮水 13d		禁饮水 15d		禁饮水 16d	禁饮水 17d	
	红细胞平均体积（fL）	PCV（%）	红细胞平均体积（fL）	PCV（%）	红细胞平均体积（fL）	PCV（%）		红细胞平均体积（fL）	PCV（%）
5 号	26.83	35	12.25	37.5	20.02	38.5	开始大	25.96	31
6 号	25.5	38	7.06	41	24.03	41.5	量饮水	26.42	36

注：PCV，红细胞比容。

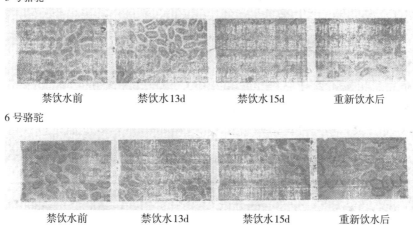

5 号骆驼

禁饮水前　　　禁饮水 13d　　　禁饮水 15d　　　重新饮水后

6 号骆驼

禁饮水前　　　禁饮水 13d　　　禁饮水 15d　　　重新饮水后

图 2-32　红细胞形态显微照片

　　3 号骆驼禁水 17d 及重新饮水后红细胞体积、PCV 平均数据见表 2-28，1、4 号骆驼禁饮水前后红细胞体积和 PCV 平均数据见表 2-29。从 1、3、4 号骆驼禁饮水情况来看，很显然 3 号骆驼在禁饮水第 17 天、4 号骆驼禁饮水第 21 天、1 号骆驼禁饮水第 25 天红细胞体积都缩小了，但没有出现如 5、6 号骆驼那样在禁饮水高潮前红细胞有膨大现象。饮水后红细胞体积接近甚至超过禁饮水前面积。禁饮水后 PCV 上升。这 3 峰骆驼最大渗透抵抗力都采用了 0.15% NaCl 溶液，在禁饮水前、禁水中及重新饮水后红细胞的形态没有变化，说明红细胞膜未受影响，这 3 峰骆驼补饮水后未死亡（红细胞形态变化的显微镜照片见图 2-33）。

表 2-28　3号骆驼红细胞体积及 PCV 平均数据

驼号	禁饮水前		禁饮水 17d		禁饮水 18d	禁饮水 21d	
	红细胞体积(fL)	PCV(%)	红细胞体积(fL)	PCV(%)		红细胞体积(fL)	PCV(%)
3号	27.9	36	13.49	36.5	开始大量饮水	28.36	31

注：PCV，红细胞比容。

表 2-29　1、4号骆驼红细胞体积及 PCV 平均数据

驼号	禁饮水前		4号骆驼：禁饮水 21d 1号骆驼：禁饮水 25d		禁饮水 26d	禁饮水 29d	
	红细胞体积(fL)	PCV(%)	红细胞体积(fL)	PCV(%)		红细胞体积(fL)	PCV(%)
4号	32.20	38	15.62	41	开始大量饮水	32.57	38
1号	28.7	26	17.82	27		30.46	24.5

注：PCV，红细胞比容。

　　禁水试验可以认为，骆驼在禁饮水的情况下，为满足机体对水分的需求，红细胞内的水渗出进入血浆，这可能是骆驼耐渴的原因之一。禁饮水到一定程度后，红细胞变形，但当重新饮水，红细胞及 PCV 又都恢复或接近正常水平；最大渗透抵抗力没有变化，红细胞变形后而其膜未受影响。因此，陈如熙等（1982）认为，骆驼的大量饮水只是补充在干渴禁饮水情况下所消耗的水分而不是为贮存备用，骆驼的体质情况与其耐渴时间长短有一定关系。如果出现重新饮水前组织间隙液和细胞内液水分大量转移至血浆，以至于红细胞膨大的话就会影响生命活动，这也说明骆驼抵抗脱水能力是有条件和限度的。

　　红细胞免疫功能主要指红细胞免疫黏附（red cell immune adherence，RCIA）。RCIA 是指抗原、抗体复合物与补体 C_3b 结合后可黏附于人和多种动物红细胞表面的现象。自 1981 年以来，国内外许多学者就人及多种动物红细胞表面是否存在 C_3bR 和

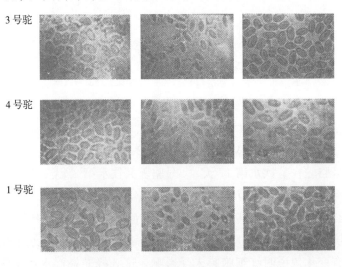

图 2-33　红细胞形态显微照片

RCIS 发挥作用的机理进行了研究。而双峰驼体内红细胞表面是否存在 C_3bR，目前的报道如下，贾鸿滨等（1997）通过对 33 峰双峰母驼 RBC-C_3bR 和 RBC-IC 的检测，证实双峰驼红细胞膜上也有 C_3bR，此结果进一步支持了 Siegel 推断 RCIA 可能是所有哺乳动物免疫系统所共有的论断。测得的双峰驼 RBC-C_3bR 花环率为 $2.71\% \pm 1.72\%$，RBC-IC 花环率为 $2.33\% \pm 1.75\%$。结果表明，双峰驼红细胞可以和 C_3b 补体致敏的酵母菌结合形成花环，但花环百分率较低。这可能是在双峰驼血清中存在 RCIA 抑制因子所致。在奶牛血清中有可使红细胞发生凝集的免疫胶，从而影响 RBC-C_3bR 花环形成。双峰驼血清中是否存在抑制因子及免疫胶，尚需进一步研究。花环率低也可能与双峰驼的种属特性及其生活地区的海拔高度有关。

第三章

骆驼种质资源

CHAPTER 3

第一节 骆驼种质资源概述

一、独特的沙漠适应性

1. 耐粗饲性 骆驼由于口腔结构和消化系统特殊，因此远较其他家畜更能耐粗饲。荒漠和半荒漠草场上的植被，多属旱生和超旱生的灌木及半灌木，叶小多刺，木质化程度高，灰分含量多，水分含量少，气味浓烈，但骆驼均能大量采食。另外，骆驼对粗纤维和木质素有较强的消化能力。在纤维素消化试验中，6 月龄驼羔的消化率为62.74%，牛犊的为 42.2%。

2. 耐饥饿性 骆驼耐饥饿的能力很强，虽几天缺草断料，仍可照常使役。其耐饿能力的强弱除与放牧采食能力（耐粗性）有关外，还与脂肪沉积能力和代谢强度有关。我国北方草原的产草量四季极不平衡，为了适应这种变化，骆驼不得不在植物丰盛的夏、秋季大量采食，迅速增膘，以沉积较多脂肪于两驼峰和腹腔内。

3. 耐渴性 荒漠地区降水很少，水源奇缺，造就骆驼具有特殊的组织结构和生理机能，即使三五日不喝水仍可照常使役，即使缺水时间再长一点也不至于有生命危险。骆驼耐渴的主要原因如下：

（1）能大量喝水，夏季一次可喝 50～80L 水。

（2）能有效地贮存水，一是血液中有蓄水能力很强的高浓缩蛋白质；二是红细胞对低渗溶液的抵抗力较强；三是较厚的微细血管壁可防止血液水分丧失。

（3）能节约用水，如按单位体重计算，骆驼在夏季的耗水率仅相当于驴的 1/3。

（4）可利用体内的脂肪代谢水，一般 100g 脂肪氧化能产生 107.1mL 的代谢水。

（5）对缺水的耐受性较强。失水量有时虽高达体重的 30%，但仍不至于出现生命危险，当正常饮水后又可逐渐恢复到原来的体重。

4. 耐热性 荒漠多处在内陆盆地，日照强烈，而沙子的吸热性又很强，夏季中午的极端最高气温可达 47.8℃，地面温度通常可达 60～65℃。在赤道附近的撒哈拉大沙漠，沙面温度有时高达 75℃以上。骆驼之所以能对这样的环境有较大的耐受性，主要在于：

（1）初夏进行一次全身性被毛脱换，然后慢慢长出新毛。

（2）卧地后主要靠肘端、胸底和后膝等处的角质垫着地，其他部位均与地面保持一定的距离。

（3）头颈高抬，后腹上卷，母驼乳房紧贴腹下，公驼睾丸位于两股后方，包皮口折转向后，所有这些都可看成是骆驼对高温环境的一种特殊适应。

（4）体温调节也较特殊。中午炎热时，体温常有升高现象，可在平均气温 37℃上下 2～3℃的范围内变动，以使气温与体温的差异减小。而积蓄在体内过多的热，到晚间才慢慢散发。

5. 耐寒性 荒漠地区的温度变化异常剧烈，冬、春季更是风大而寒流频繁，很多地区还缺棚少圈。在这样条件下，骆驼只要能保持一定膘度，则安全过冬自无问题。骆驼如此能耐寒的原因：一是两峰和腹腔内贮积较多的脂肪，随时可补充热能；二是全身被毛发达，绒层厚密，皮板厚而致密，保温能力强；三是有自我调节行为，当大风降温时总是后躯对着避风物卧下，尾夹于两股之间，四蹄贴腹，以减小散热面积。

6. 厌湿性 骆驼性喜干，对潮湿很敏感，在湿度大而炎热的地带饲养时易瘦弱和增加发病率。春季如果经常在潮湿的地面上卧息，就很易患风湿病或其他疾病。内蒙古地区东部的呼伦贝尔草原，雨量充足，草生长得好，但骆驼分布很少。其原因主要是当地空气湿度大，冬季积雪深，而盐生性草所占比重又小。

7. 嗜盐性 骆驼对盐分的需要明显较其他家畜多。优若藜、梭梭等灰分含量很高的藜科植物，骆驼不但喜食，而且对其生长发育和生产性能的发挥也大有好处。相反，如骆驼常在盐生性草缺乏的牧场放牧，就必须给其补盐。否则，会易乏多病，消瘦而失去使役能力。

二、骆驼属品种区别

单峰驼体长约 3m，高 2m 以上，因有 1 个驼峰而得名。它比双峰驼略高，躯体也较双峰驼细瘦，腿更细长。头较小，颈粗长，弯曲如鹅颈。体毛褐色。眼为重睑，鼻孔能开闭。四肢细长，蹄大如盘，两趾、跖有厚皮。尾细长，尾端有丛毛。背有 1 个较大的驼峰，内贮脂肪。皮毛很厚实，厚毛发可以反射阳光，绒毛发达，颈下也有长毛。上唇分裂，便于取食。单峰驼原产地在北非和亚洲西部及南部，据报道，在公元前 1800 年就已在阿拉伯地区被驯养。虽然野生单峰驼早已灭绝，但是有些再次被野化，如引入澳大利亚的单峰驼，现在在澳大利亚沙漠中形成了一定规模的野生种群。

双峰驼体长 3.2～3.5m，高 1.6～1.8m。背上有 2 个驼峰。头小，颈长且向上弯曲。体毛有金黄色到深褐色，以大腿部（股部）的毛色为最深。在冬季，颈部和驼峰丛生长毛，有长长的眼睫毛和耳内毛能抵抗沙尘，而缝隙状的鼻孔在出现沙尘暴时能够关闭。目前，世界上有数量比大熊猫还少的珍稀濒危动物野生双峰驼存在。野生双峰驼比家养双峰驼的体型较小而轻捷，驼峰显著地小且更接近圆锥形，毛被也较薄。野生双峰驼的四肢细长，全身的淡棕黄色体毛细密而柔软，但均较短，毛色也比较浅，没有其他色型，与其周围的生活环境十分接近。每年 5—6 月换毛时，旧毛并不立即退掉，而是在绒被与皮肤之间形成通风降温的间隙，从而有利于骆驼度过炎热的夏季，直到秋季新绒长成以后旧毛才陆续脱掉。

三、骆驼功能分类

过去骆驼的主要功能是役用，如骑乘、驮运、拉车、犁地等。所以当时人们按骆驼的功能将其分为骑乘骆驼和驮运骆驼，其中骑乘骆驼又包括专门用于骑乘的骆驼和赛驼两类。但是随着越来越多的功能被认识，现在基于乳用、肉用和役用功能将骆驼进行重新分类，可分为四大类：肉用、乳用、比赛用和多用（Jasra 和 Wardeh，2002）。

1. 肉用 指一般骆驼体重可达 500kg 以上，主要包括毛里塔尼亚的 Jandaweel、突尼斯的 Nabul、利比亚西北部的 Kasabat、埃及南部的 Fellahi、埃及尼罗河三角洲的 Delta 及苏丹的 Arabi 品种。

2. 乳用 一般平均日产奶量可达 7～8kg，年产奶量大于 3 000kg。若在草食充足的条件下，每峰骆驼的日产奶量可达 15～18kg。主要品种包括索马里的 Hoor、利比亚的 Fakhriya 和 Sirtawi、阿尔及利亚的 Oulad Sidi AL-Sheikh、苏丹的 Shallageea 品种。

3. 比赛用 该品种骆驼的主要特点是头小，眼睛小，有小而窄的直立耳朵，颈部细长，身躯纤细而轻盈。如 AL-Anafi 骆驼是以速度（7～12km/h）而闻名的比赛和骑乘用驼。

4. 多用 一般是中等身材，年平均产奶量为 1 000～1 500kg，还可以用于骑乘和驮运。主要包括北非的 Magribi、Sifdar 和 Edimo，索马里、苏丹的 AL-Rashaidi，叙利亚的 AL-Shameya 及阿拉伯的 AL-Majaheem 和 Lourak 品种骆驼。

四、骆驼资源的研究意义

号称"沙漠之舟"的骆驼，自古以来一直是荒漠、半荒漠地区人民向大自然作斗争的得力助手。但随着交通运输机械化程度的不断提高，骆驼供长途运输的价值日趋降低。但在现代化交通工具暂不能通行的沙漠，以及偏远的山区和冬季积雪很深的草原，骆驼的役用价值仍很重要。即使是在机械化水平比较高、交通比较方便的地区，骆驼也还是一种重要的畜力。例如，在荒漠草原上的日常骑乘、驮粮、驮水和畜群转场移牧等活动都要依靠骆驼，尤其是在冬、春两季，骆驼更是人们不可缺少的交通工具。

中华人民共和国成立后，西北和内蒙古养驼地区贯彻民族区域自治政策，发展民族经济，采取增畜保畜措施，养驼生产也和其他畜牧业生产一样，得到了长足的发展。特别是 20 世纪七八十年代，骆驼数量大幅度增加，鼎盛期全国骆驼数量曾达到 64 万余峰，仅内蒙古地区就有 40 万余峰。与此同时，骆驼的选育技术得到提高，有关骆驼的研究也被提上日程，形成了一股"骆驼热"。其间养驼各省（自治区）相继进行了骆驼普查，掌握了当地骆驼生产概况。到 1983 年，各地组建骆驼选育群 651 个，选育群繁殖母驼达 3 万余峰。1990 年，阿拉善双峰驼正式验收命名，成为我国第一个地方优良品种驼，并制定了阿拉善双峰驼地方企业标准。据史书记述，远在殷周时代，我国北方少数民族部落已开始大量饲养骆驼。其后随着生产的发展、物资的交换和商品的流通，骆驼被大量用于交通运输。

在我国古代和近代，骆驼在边疆和内地的人员交往、物资输送及对外贸易中起到重要的作用。但是，与其他畜种相比，人们对养驼生产和骆驼科学的研究却甚少。由于我国地域辽阔、民族众多，不同地区经济、社会发展水平不一，贫困地区多处于区域发展的边缘地带，自然条件恶劣、交通不便、信息闭塞，而特色畜禽遗传资源与这类地区在空间分布上存在高度重合性，对地方骆驼品种的有效保护与合理利用，在对培育我国优良骆驼品种、保持生物多样性、实现畜牧业的可持续发展等方面都具有重要意义。

第二节　全球骆驼分布与数量

一、全球骆驼分布

一般来说，大部分骆驼生活在降水量少、雨季短暂、旱季长的地区，如在单峰驼分布的北非、西亚及中东古北区的沙漠地区即是如此。双峰驼分布的俄罗斯南部山岭地带及我国的寒冷沙漠地带，虽然气温不像单峰驼分布地区那样炎热，但干旱的荒漠环境基本相似。

如果降水量增加或周围环境水资源丰富而使湿度增加，则一般不适合于骆驼生存。在非洲，适于骆驼生存的南界在西非 15°N，从塞内加尔的大西洋沿岸经马里中部一直到尼日尔、乍得及苏丹为骆驼生存的南界（13°N）。这些地区的年降水量约为 400mm。此外，在东非红海海岸、亚丁湾及印度洋海岸的高原地带，气候也十分干旱，这些环境均适合骆驼生存。

目前，单峰驼主要分布于北非、东非及阿拉伯半岛的沙漠或干旱地区，而双峰驼大部分分布在亚洲及周边较为凉爽的地区，如蒙古国、中国、哈萨克斯坦、印度北部及俄罗斯。驯养的双峰驼主要分布在中亚的一些国家，如土库曼斯坦、哈萨克斯坦、吉尔吉斯斯坦、巴基斯坦北部和印度的荒漠草原，向东延伸到俄罗斯南部、中国西北部、蒙古国西部。据 2014 年 FAO 统计，全球骆驼数量有 2 800 万峰。近 50 年来全世界骆驼数量翻了一番，年增长率为 2.06%。

美洲驼属的骆驼主要分布于南美洲海拔为 4 100～5 500m 的高原地带，该地带地势比较险峻，植物短而粗，牧草营养价值低。白天的温度为 0～6℃，冬季时白天温度可下降至 −18℃，夏季时温度可达 20℃。夏季降水量多，年降水量平均为 500～900mm，降水时多伴有雪及冰雹。由于地理及自然环境极为恶劣，因此该地区几乎无任何农业，而完全饲养羊驼和美洲驼。美洲驼主要分布于秘鲁中部及玻利维亚，羊驼和骆马主要分布于秘鲁南部及智利北部，原驼则主要分布于秘鲁南部、智利及阿根廷。

二、全球骆驼数量

据联合国粮农组织 2016 年的统计结果，全世界有骆驼科物种共 3 755 万峰，美洲驼和南美洲羊驼的总数量大约有 909 万峰（只），单峰驼和双峰驼数量 2 846 万峰。其中，秘鲁的骆驼数量占世界第一，约有 589 万峰；苏丹位列第二，约有 483 万峰；肯尼亚位列第三，约有 322 万峰。从数量上看，全世界 2000 年共有单峰驼和双峰驼约

2 031万峰，而在 2016 年数量上升为 2 846 万峰。其中，非洲的骆驼数量最多，约占全世界骆驼总数的 84.64％，其次是亚洲。其他骆驼科物种的数量由 2000 年的 624 万峰（只）增长至 909 万峰（只）（图 3-1）。同时在澳大利亚中部有 70 万峰左右的野生化骆驼，它们是 19 世纪和 20 世纪初被引进作为运输用途的骆驼后代，目前这个种群数量还以每年约 11％的速度增加。虽然近年骆驼科物种的数量在增加，但其所占比例相较于其他经济型家畜最低，不到 1％（图 3-2）。

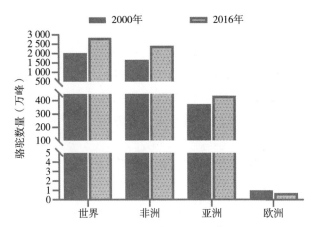

图 3-1　2000 年和 2016 年不同地区的骆驼数量
（资料来源：FAOSTAT FAO estimate，2017）

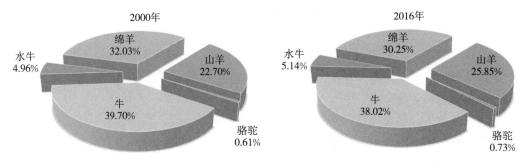

图 3-2　2000 年和 2016 年全世界骆驼科物种所占比例
（资料来源：FAOSTAT FAO estimate，2017）

目前整个亚洲地区的单峰驼和双峰驼总数为 436 万峰，约占全世界骆驼总数的 15.33％。巴基斯坦、也门、阿拉伯联合酋长国是单峰驼的主产国，蒙古国和中国是双峰驼饲养数量最多的国家。亚洲骆驼的数量、分布及在整个国家中所占的比例，以及世界各洲养驼业在畜牧业中的所占比例见表 4-1。

表 3-1　亚洲骆驼数量及分布（峰）

地区	2000 年	2016 年
亚洲东部		
中国	330 000	355 700
蒙古国	355 600	401 347

地区	2000 年	2016 年
亚洲中部		
哈萨克斯坦	96 100	170 513
吉尔吉斯斯坦	350	235
塔吉克斯坦	50	48
土库曼斯坦	100 000	126 379
乌兹别克斯坦	16 200	18 800
亚洲南部		
阿富汗	224 000	170 500
印度	759 000	333 677
伊朗	144 300	101 170
巴基斯坦	775 000	1 041 428
亚洲西部		
阿塞拜疆	100	230
巴林	920	1 073
伊拉克	9 000	72 408
以色列	5 300	5 508
约旦	5 900	14 610
科威特	3 462	8 811
黎巴嫩	450	202
阿曼	118 900	245 907
卡塔尔	50 814	59 510
沙特阿拉伯	259 483	248 205
阿拉伯叙利亚共和国	13 368	69 552
土耳其	1 350	1 543
阿拉伯联合酋长国	219 713	436 800
也门	253 000	479 914

资料来源：FAOSTAT FAO estimate（2017）。

第四章

CHAPTER 4

我国双峰驼及其他国家双峰驼

第一节　我国双峰驼

一、我国双峰驼起源考证

据考证，原驼于冰河时期越过白令海峡陆桥，到达中亚和蒙古高原满洲里的这一支，由于能适应荒漠的自然环境，从而在这一带的土地上生息繁衍。根据近年出土的类驼化石、巨类驼化石、诺氏驼化石形状和骨骼的主要特征与现代骆驼相似的事实，可以断定类驼、巨类驼是中国现代双峰驼的远祖，诺氏驼是中国现代双峰驼的近祖。中国古生物学家根据地质年代化石实物做出的科学论断有力地表明，早在距今100万年以前，中国北部就有类驼、巨类驼的存在。它们栖息在山西东部，河北、河南和内蒙古一带的河流草原处，演变到距今100万年之际，成为"诺氏驼"。驼骨化石证明中国现代双峰驼是在更新世时期由类驼、巨类驼、诺氏驼进化而来。

（一）地理位置和自然环境考证

骆驼是荒漠和半荒漠地带的产物，具有地带性，有其独特的分布特征与规律。中国北方在古代地跨蒙古高原、中亚和新疆广大地区。而新疆地处亚洲大陆中心，北疆与中亚、哈萨克斯坦和蒙古高原紧密相连；青海柴达木盆地与塔克拉玛干沙漠和罗布泊相接；甘肃的河西走廊与新疆、青海和内蒙古毗连。

中国的荒漠区主要分布在内蒙古西部、河西走廊西北部、新疆两盆地中的沙漠戈壁地区和青海柴达木盆地的西北部。半荒漠区则分布在内蒙古锡林郭勒盟苏尼特右旗以西、阴山以北、鄂尔多斯高原西部、阿拉善盟东部等地区。这些地区的自然环境都不同程度地具有干燥少雨、日照强、寒暑剧烈、风大沙多和植被极端贫乏的特点。马、牛、羊都不易适应，而对于骆驼却是极好的繁衍生息的天然摇篮。

原驼长期生活在严酷的自然条件下，其身体结构和器官功能以至生活习性等受自然力的影响逐步发生了变化，在千百年的演变中形成了许多不同的生理特性。不断进化的结果，最后导致在中亚、蒙古高原和新疆、甘肃、青海、宁夏等省（自治区）的荒漠、半荒漠地带逐步演变成为现代型的双峰驼品种。分布在这一广阔荒原上的各族人民，从旧石器时代起，将捕猎的野驼驯养为家驼，完成"捕兽以为畜"的驯化过程。后来，内蒙古养驼区就分布在漠北蒙古和漠南蒙古的高原之上；新疆养驼区分布在天山周围和南北疆的荒漠之中；青海养驼区分布在柴达木盆地；甘肃养驼区分布在河西走廊一带。

根据上述的地理位置、自然环境、生态条件和骆驼的独特分布特征与规律来推断，新疆、青海、甘肃、宁夏和内蒙古等地是中国双峰驼的发源地及驯养中心。

（二）野骆驼原始种考证

现在生存的野骆驼，对考证现代双峰驼野生祖先的起源中心和驯养中心具有重要意义。这种野生物种的原始形象，早在新石器时代就被居住在中国北方和西北的各族原始狩猎民及他们的先辈凿刻在岩石上。在驯养骆驼以前，内蒙古、新疆、青海和甘肃河西等地早就有野生骆驼的原始种。

野骆驼在中国境内的存在，不仅能考证中国双峰驼的起源中心区和驯养中心区，而且据美国科学家的研究，野骆驼的基因链比家骆驼多 2～3 个，具有极高的科研价值。我国政府早就把野骆驼列为国家一级保护动物，于 1986 年在阿尔金山北麓建立了面积约 1.5 万 km^2 的自然保护区；1999 年在英国野骆驼基金会的资助下，该保护区被扩大至 6.7 万 km^2，成立了阿尔金山-罗布泊野生双峰野驼自然保护区。同时，在保护区周边的交通要道建立了检查站，配备电台、汽车及专门人员。

目前我国对野骆驼的研究尚处于初始阶段，人类对野骆驼的了解还很有限，投入的资金、装备和研究手段相差甚远。现代生存的野骆驼，究竟是原始种还是出走的饲养种，对此有人持不同态度。G·威廉逊认为，在戈壁沙漠上仍有少数野的双峰驼群，不是野生的，而是曾经游牧于亚洲远至东欧边界的土生野化驼群遗留下来的骆驼。笔者认为，研究骆驼起源和驯化，除应研究距驯养骆驼很远的史前时期的野驼史料外，还应结合大量事实，看到野骆驼客观存在这个总体，理解在发展过程中的各个发展阶段的特殊性。野驼被驯化为家驼后，不可能与尚未驯化的土生野化驼绝对隔绝。野驼群中，有可能混进个别野化驼或近亲种；家驼群中也有晚间钻进个别野驼或野化驼。这种情况至今常在南疆被发现，现在南疆于田一带有不少野驼与家驼交配的杂交种。杂交驼体小肢长，峰特别小，峰间距离很大，跑得很快。外貌与家驼和野驼都有差异，与单峰驼和双峰驼杂交的杂交种体形差异更大。

（三）岩画考证

关于狩猎骆驼的图像，在甘肃嘉峪关西北黑山湖附近发现的《黑山石刻画像》的岩画上看得较清楚。这幅岩画凿刻着的是 8 位猎人手持武器围捕 3 峰双峰驼，它生动而又形象地说明野骆驼广泛分布在嘉峪关西北地区。同样的岩画在内蒙古阴山山脉狼山地区及乌兰察布草原一带已被发现，有不少猎驼、牧驼、牵驼、骑驼和由牧民与骆驼、山羊组成的图像。新疆境内也有不少刻着骆驼等牲畜的岩画，如新疆楼兰遗址故城北面高地峡谷内，有马、羊和双峰驼等动物图像；和田县境内桑株地岩画上的双峰驼外形细致、清秀，头轻小，两峰细高，直立呈圆锥状，极似南疆现代双峰驼的外貌。

行猎岩画和骆驼图像大部分是原始狩猎民或游牧民及他们的先祖曾经在居住或游牧的地方凿刻的。无论是哪个民族在哪个时期凿刻的，从这些画面中我们完全可以证实双峰驼在中国的驯养地，是内蒙古、新疆、青海、宁夏和河西走廊等地的各民族聚居地区。

（四）文献史料考证

中国双峰驼的驯养时间和驯养过程，《史记·匈奴列传》中说在"唐虞以上"时期，居住在现今我国的新疆、内蒙古及蒙古国一带的"山戎、猃狁、荤粥"等戎族（秦汉时称匈奴）。在原始公社时代，人们就已经把野生"橐驼"作为"奇畜"驯养起来，和马、牛、羊一道"随畜牧而转移"。通过对岩画等文物的研究，从考古学上印证《史记·匈奴列传》记载的这一史实是正确的。可见中国双峰驼的驯养时期，是在5000年前的氏族公社时代。至于驯养过程，也可以从"奇畜"二字和骆驼随同马、牛、羊群一道游牧转移而看出。

二、我国养驼业概括

(一) 我国骆驼历代发展概况

1. 先秦时期　《逸周书》载："伊尹为献令，正北空同、大厦、莎车、匈奴、楼烦、月氏诸国以橐驼、騠马、是为献。"《王会解》所举西周成王受四方诸侯贡品的各地，即今之我国的新疆、内蒙古及蒙古国、中亚一带。说明这些地方各族人民的祖先，把他们饲养的橐驼同騠马一道作为礼品或贸易商品送到了殷周。表明我国北方少数民族地区的养驼业在殷周时代就已经开始了。

2. 南北朝时期　南北朝时期，各游牧部落乘机向内地迁移，逐渐深入到甘肃、陕西、山西及河南的黄河以北地区。有的牧民虽也向汉人学习农业生产，但绝大部分仍以放牧牲畜为其主要的生产方式。再加上各统治阶级重视养殖业，所以这一时期的畜牧业经济在我国北方和西北各地普遍发展起来，养驼业也随之大大兴盛。例如，北魏时期的骆驼同马一样，繁衍速度很快，仅官方养的就有百万多峰，成为我国养驼的高峰时期。

由于各统治阶级极其重视养驼业，因而牧政在南北朝时期大有改进。据《上牧监》记载：北齐太仆寺统，设左右牝、驼牛司羊等署令丞；北周设典驼、典羊各有中士一人。又《南北史补志未刊稿》也说：梁置太仆卿，后魏置少卿，北齐设左右龙、左右牝（掌握驼马）、驼牛署（掌饲驼、騠、驴、牛），驼牛署有典驼、特牛、牸牛三局，诸局并有都尉寺，又领司讼、典腊、出入等三局丞。从以上各史料可以看出，南北朝时期的牧政体制较前朝完备，职司亦比较分明，有利于养驼业等畜牧业的发展。

3. 唐代　唐朝初期，经济繁荣，因军事和民运的需要，饲养驼、马的很多，成为国家的要政之一。贞观至开元期间，河西陇右三十三州，凉州最大，置八使四十八监，幅员千里，牧驼马杂畜百多万头。养驼业在唐朝不仅有"官牧"和"民牧"，还有王公贵族、将相大臣的大规模"私牧"。关于"官牧"，《百官志》记载："开元初，闲厩至万余匹，骆驼、巨象皆养焉，以驼、马隶闲厩，兼知监牧使""毛仲部统严整，群牧孳息，遂数倍其初。"又据《兵志》记载："十三载，陇右群牧都使奏，马牛驼羊总共六十万五千六百。"

4. 宋代　北宋统一中原后，移兵北向，收复燕云等州，结束了五代十国割据的局面，南北交往频繁，荒漠地区当时的交通运输大多利用骆驼。公元981年，王延德使高昌的笔记中说："沙深三尺，马不能行，行者皆乘骆驼。"张杰端画的《清明上河图》描绘的骆驼运输队或驮或载，络绎不绝地出入熙熙攘攘的闹市街区之中。上述内容都充分反映出当时民间养驼业的盛况和骆驼在交通运输方面的重要地位。此外，《论驼经》《疗驼经》《医驼方》等都详细记载了骆驼的生产性能、生活习性及驼病治疗方面的内容。

5. 元代 数千年来，蒙古高原的养驼业，是由各游牧民族在广阔的蒙古草原上各自独立经营的，并没有形成一个独立的系统，更无"蒙古驼"这个专门名称。直到公元11—12世纪时，蒙古族统一各大小部落，于公元13世纪初形成蒙古民族共同体之后，"蒙古驼"这个名称也就根据长期经营养驼业的蒙古族和地处蒙古高原而命名。蒙古驼长期生活在蒙古高原地带的自然环境中，在粗放的饲养管理条件下，形成了体质健壮且具有高度适应性和持久性的驼种。

但是，蒙古高原的养驼业自五代十国时期就已经衰落。虽然金代注意恢复养驼业，但直到金大定二十八年，官方养的骆驼也只增至4 000峰，直到成吉思汗建立政权。《元朝秘史》和《马可波罗游记》记载：由于成吉思汗从西夏得到许多骆驼，因此这种家畜才在蒙古高原广泛繁殖。

6. 清代 清代盛产骆驼的漠南蒙古在清朝入关以前就已归附，漠北蒙古和漠西蒙古也在康熙、雍正时期被收抚。而蒙古的王公贵族在清朝统治者的笼络下，终清一代，一直恭顺，因而蒙古族的畜牧业经济得以维持下来。又由于清朝素来十分重视驼马生产，故清朝初年即设立"上驷院掌马匹、驼只稽核刍牧之事"。养驼业和养马业同步发展。但是清代全盛时期一过，养驼业很快就衰落下来。

7. 民国时期 辛亥革命后，骆驼均由民间饲养。受当时交通运输落后的限制，北方和西北荒漠地区的军需民用物资均需骆驼运输。据1936年统计，当时共有40万峰骆驼。其中，内蒙古12万峰、新疆9万峰、宁夏6万峰、甘肃5万峰、青海4万峰。但在日本侵华战争和反动派的摧残下，养驼业积弱不振，骆驼数量锐减，1949年只有20余万峰。养驼业濒临破产的边缘，牧民生活陷入极端贫困的境地。

8. 中华人民共和国成立之后 中华人民共和国成立之后，由于人民政府的重视，发展民族经济的需要，荒漠地区的养驼生产被提上日程，骆驼科学的研究也逐步深入。特别是这些年来，西北及内蒙古养驼地区形成了一股"骆驼热"，不少科技工作者开始涉足这一领域。

1979年冬，"全国骆驼育种委员会"成立，在内蒙古巴彦浩特召开了第一次会议。其后每两年轮流在新疆、甘肃、青海、宁夏、内蒙古五省（自治区）先后召开会议，交流养驼生产经验，开展学术交流，相互参观学习，大大促进了养驼生产的发展和骆驼科学研究的进展。1979年，国际骆驼学术会议在苏丹首都喀土穆举行，来自14个国家的35名代表出席了会议。我国董伟教授作了《中国的养驼业》的报告，陈北亨教授作了《双峰驼的繁殖生理》的报告。宁夏农学院、内蒙古农牧学院编写的《养驼学》和贺新民编著的《骆驼学》相继出版。这些都对骆驼科学的技术进步和发展养驼业生产起到了促进作用。

1984 年，美国康奈尔大学古生物学家奥尔森夫妇，来到内蒙古农牧学院座谈双峰驼的起源与驯化问题。临行时，学院以贺新民所编著的《骆驼学》一书相赠，专家表示，这是他"此次来华的最大收获"。1986 年，日本赛马协会顾问竹中良二到内蒙古农牧学院进修，按计划安排 3d 的养驼学讲授，他深为短期学到不少骆驼知识而感到满意。内蒙古、新疆、甘肃、青海、宁夏等省（自治区），投入大量人力，组织了大规模的骆驼资源普查，对当地骆驼的数量分布、养驼历史、品种形成、体形外貌、体尺体重、生产性能进行了详尽的调查，基本摸清了各地的养驼情况。在掌握大量第一手资料的基础上，制订了各地骆驼选育计划，组织了选育驼群。据统计，各省（自治区）先后组建骆驼选育群 651 个，其中白驼群 11 个、繁殖母驼 3 万余峰、选育用公驼 1 500 多峰。

（二）中国骆驼的分布和数量

1. 骆驼分布　内蒙古地区的骆驼主要分布于阿拉善盟、巴彦淖尔市、鄂尔多斯市、乌兰察布市、锡林郭勒盟、呼伦贝尔市等。内蒙古的生态地理规律是随着大气干燥度的递升而呈半荒漠带过渡，因此由东部向西部骆驼的数量逐渐增加，直到西部阿拉善盟成为骆驼最集中的产区。

新疆地区的骆驼分布很广泛，但主要分布在阿勒泰、塔城、伊犁、阿克苏、喀什、和田、哈密等地区。但受自然条件与经济条件差异的影响，南疆气候条件利于发展农业，北疆天然草场丰富利于发展牧业；另外，由于交通和放牧驮运等的需要，北疆地区的骆驼数量较南疆集中。

青海省的柴达木盆地属干旱、寒冷、气温低、日照长的高原大陆性气候。西部地区绝大部分为荒漠地带，是发展骆驼、山羊的天然草场资源。青海省的骆驼主要分布在以海西蒙古族藏族自治州为中心的区域。

甘肃省河西走廊东部的自然条件较好，西部是典型的荒漠区，全省骆驼分布在酒泉、武威和张掖三地区，主要集中在阿克塞哈萨克族自治县和肃北蒙古族自治县。

2. 骆驼数量　中华人民共和国成立初期，我国骆驼的存栏量为 24.7 万峰。后经过 30 多年的长足发展，到 1981 年我国骆驼存栏量达到了 61.8 万峰，是中华人民共和国成立之初的 2.5 倍，我国成为当时世界上双峰驼数量较多的国家之一。但是自 20 世纪 80 年代初以来，由于受经济利益驱动和骆驼产品加工业滞后等多方面因素的影响，我国骆驼数量急剧下降。2008 年的统计数据显示，全国的骆驼存栏量从之前的 61.8 万峰锐减至 24 万峰，下降了 61.2%，低于中华人民共和国成立初期的水平。其中，内蒙古地区的骆驼群体数量下降幅度最大。中国骆驼处于濒危状态的严峻现实引起了国家及社会各界的关注和重视。国家和当地政府结合骆驼主产区的状况，制定了骆驼保护和管理办法，如对养驼业实行免税政策、积极为养驼户协调解决放牧草场、建立专门的养驼基地等，引导牧民通过提高驼群品质，走专业化、规模化养殖的道路，从此骆驼的养殖数量开始有所回升。近年我国骆驼数量变化如表 4-1 所示。

表 4-1　近年我国双峰驼发展情况（万峰）

年份	总数量	年份	总数量
1996	34.5	2007	24.2
1997	35.0	2008	24.0
1998	33.5	2009	24.8
1999	33.0	2010	25.6
2000	32.6	2011	27.3
2001	27.9	2012	29.5
2002	26.4	2013	31.6
2003	26.5	2014	33.4
2004	26.2	2015	35.6
2005	26.6	2016	38.1
2006	26.9		

资料来源：《中国统计年鉴》（2006—2017 年）。

近年来，新疆和内蒙古两大主产区的骆驼养殖数量一直呈逐年上升趋势，甘肃和青海地区的骆驼养殖数量相对稳定（图 4-1）。根据 2017 年统计，2016 年全国约有 38.10 万峰骆驼，主要分布在新疆、内蒙古、甘肃、青海等地区干旱的戈壁和草原上。其中，新疆约有 18.2 万峰，内蒙古约有 15.9 万峰，甘肃约有 2.7 万峰，青海约有 1.3 万峰。从数量上来看，新疆的骆驼数量约占全国骆驼总数的 47.77%，内蒙古的约占 41.73%。中国饲养的主要品种有阿拉善双峰驼、苏尼特双峰驼、青海双峰驼、塔里木双峰驼和准噶尔双峰驼共 5 个品种。

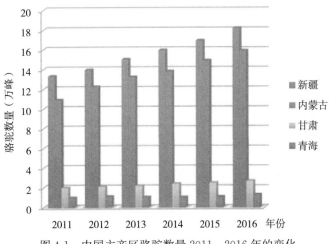

图 4-1　中国主产区骆驼数量 2011—2016 年的变化

（资料来源：《中国统计年鉴》，2006—2017 年）

三、阿拉善双峰驼

阿拉善双峰驼曾简称阿拉善驼，1990年6月被正式命名为阿拉善双峰驼（彩图2）。2002年8月，农业部将阿拉善双峰驼列入《中国国家级畜禽遗传资源保护名录》。

（一）一般情况

1. 中心产区及分布 阿拉善双峰驼中心产区位于内蒙古自治区阿拉善盟巴丹吉林沙漠和腾格里沙漠，以及周边的阿拉善右旗、阿拉善左旗和额济纳旗；东至巴彦淖尔市、鄂尔多斯市，西至甘肃省肃北蒙古族自治县马鬃山地区，阿克塞哈萨克族自治县也有分布。在阿拉善盟、巴彦淖尔市、鄂尔多斯市，阿拉善双峰驼养殖规模从东到西随土地荒漠化程度的增加而增多。2005年12月末，阿拉善双峰驼共存栏7.19万峰。其中，阿拉善盟6.4万峰，占三盟、市总存栏数的89.0%；巴彦淖尔市7 250峰，占10.1%；鄂尔多斯市675峰，占0.9%。目前阿拉善盟仍是阿拉善双峰驼的主产区。

2. 产区自然生态条件 阿拉善双峰驼中心产区位于北纬37°—43°、东经97°—107°，从西部的阿拉善高原经乌兰布和沙漠与河套地区到东部的鄂尔多斯高原，从北部中蒙边境的戈壁阿尔泰山南麓的戈壁滩到贺兰山西侧都有分布，中心产区和分布区域海拔100～1 700m。中心产区在荒漠-半荒漠区域内，大部分被沙漠、戈壁覆盖。除东部贺兰山区和南部与甘肃省交接的龙首山、合黎山等山脉之外，地形起伏平缓。属典型中温带干旱气候，年平均气温7.6～8.3℃，无霜期130～160d，年降水量37～400.2mm，多集中在7—9月，年蒸发量3 000mm以上。

土壤多为灰漠土及灰棕漠土，淡灰钙土较少，局部地区为灰棕漠土。乌力吉山南部的广大地区为灰漠土，主要植物为灌木及半灌木，覆盖度为5%～20%；有机质含量低，仅0.2%～0.6%；含有一定盐分，pH为8.2～9.6，有碱化现象。灰棕漠土分布于乌力吉山以北，地面有砾带，习称北戈壁。额济纳河以西为西戈壁，仅可放牧骆驼。草原总面积127万km²，占土地总面积的47.1%，可利用草原面积91.5万km²。全盟草场基本属荒漠半荒漠类型，仅合黎山、龙首山、贺兰山一带为半荒漠草场。植被稀疏，草质优良，主要有梭梭、花棒、红柳、柠条、霸王柴、沙怪枣、珍珠、红砂、白茨、骆驼莎、茂茂、碱柴等供骆驼采食。

（二）品种形成与群体数量

1. 品种形成 阿拉善双峰驼在公元前2600年以前已经家养。在纪元前汉通西域之初，被中原人视为"奇畜"的骆驼，早已被我国西北、北部各部族人民饲养。此后3 000余年，各种历史原因造成的部族迁徙、交往、分合重组，在我国北方、西北各族人民生息活动疆域内，为骆驼种群间广泛的血统交融创造了机会。历经长期的生态环境适应和不同文化经济背景下的选种，中国骆驼逐渐形成了蒙古双峰驼和塔里木双峰驼两大生态类群。前者主要分布在天山以北、蒙古高原、河西走廊和柴达木盆地，后者分布区仅限于新疆塔里木盆地和库鲁塔格。

阿拉善双峰驼属于蒙古双峰驼，其血统来自我国西北厄鲁特蒙古族牧民自古以来所拥有的双峰驼群体，中心产区特定的生态条件、厄鲁特蒙古族悠久的历史、卓越的养驼文化，以及当地交通、商旅运输等经济、生活的需求是造就这一品种形成的基本原因。17世纪后期至18世纪初，品种开始形成；至19世纪中期，品种基本定型。

阿拉善厄鲁特旗（现今阿拉善左旗、右旗的前身）最早建于清康熙二十五年。据《清史稿》记载：其辖地"东至宁夏府边外界，南至凉州、甘州二府边外界，西至古尔鼐（湖）接额济纳土尔扈特界，北逾戈壁接札萨克图汗部界"，与现在的阿拉善左旗、阿拉善右旗地域范围大致相当。额济纳旗始置于康熙四十二年，其部民是在1628年移牧伏尔加河中游流域的土尔扈特部的一部分，后定牧额济纳河，地跨昆都仑河，与今相同。阿拉善双峰驼是两部族牧民先后定驻之后逐渐形成的。

17世纪以后，吉兰泰盐、哈布塔哈拉山金沙、哈勒津库察地方银矿开采、运输所需要的畜役和规模庞大的驼运，促进了产区骆驼数量的增加、选育技术的提高和品种的形成。

2. 群体数量　1981年12月末阿拉善双峰驼存栏量达30.07万峰，创历史最高纪录。但由于受自然生态环境恶化、市场冲击、双峰驼自身生物学特性、养驼户老龄化及基础建设滞后等诸多因素影响，数量逐年减少，到2002年时锐减到6.1万峰。阿拉善双峰驼资源的濒危问题引起了国家和内蒙古自治区的高度关注，2008年农业部批准成立国家级阿拉善双峰驼保护区和保种场。自2005年12月末统计，阿拉善盟双峰驼存栏量为7.19万峰，2006年12月末存栏量达到8万峰左右，2016年达到11.6万峰。

（三）品种特征和性能

1. 体型外貌特征

（1）外貌特征　阿拉善双峰驼体质结实，骨骼坚实，肌肉发达，体躯呈高长方形，体高与体长之差公驼为19.83cm、母驼为25.79cm，整体结构匀称而紧凑，膘情好时双峰大而直立。母驼头清秀、短小，呈楔状；公驼头粗壮，高昂过体。额宽广，密生10～15cm长的脑毛。唇裂，似兔唇。耳小而立，呈椭圆形。鼻梁隆起，微拱，鼻翼内壁生有长约1cm的短毛，鼻孔斜开。眼呈菱形，眼球突出，明亮有神，上眼睑密生3～5cm长的睫毛。颈呈"乙"字形弯曲，长短适中，两侧扁平、上薄下厚、前窄后宽，长90～100cm。

双峰大小适中，驼峰间距约35cm，高30～45cm，挺立，呈圆锥状。峰顶端生有15～25cm的长毛，称峰顶毛。骆驼峰型除受遗传因素影响外，多数由膘情决定。营养状况良好时，两峰蓄积的脂肪达极限，峰两侧的脂肪突出；中上等营养水平时两峰挺立；中等营养水平时峰内脂肪只有容积的一半左右，峰缩小，并倾向一侧；中下等营养水平时双峰自由地向某一侧下垂；营养缺乏时两峰呈空囊状，倒伏于背腰，骨骼棱角明显。根据骆驼营养及膘情，双峰有直、前直后倒、后直前倒、左右峰、前左后右、后左前右、左倒、右倒等类型。

肋骨宽大、扁平、间距小，胸深而宽，胸廓发育良好，腹大而圆，向后卷缩。背短腰长，腰荐结合部有明显凹陷，肷大、尻短、向下斜。尾短小，尾毛粗短。四肢干燥、细长，关节强大，筋腱分明，前肢上膊部生有 20～30cm 的肘毛，后肢有轻度的刀状肢势。前蹄大而厚圆；后蹄小，呈菱形；蹄低厚而柔软，富有弹性。全身有 7 块角质垫，分部于胸、肘、腕、膝，卧地时全部着地。公驼睾丸呈椭圆形，龟头呈螺旋状，包头末端向后折转。母驼阴户较小，会阴短；乳房小，呈四方形，位于鼠蹊部和大腿内侧三角区，乳头排列整齐、前大后小。

阿拉善双峰驼毛色以黄色为主，由于深浅程度不同又分为褐、红、黄、白 4 种颜色。长粗毛颜色较深，绒毛颜色较浅，刺毛颜色变化较多。被毛中的绒毛、长粗毛、短粗毛、刺毛颜色基本一致，前躯到后躯、背部到体侧的颜色逐渐变浅，而腹下毛的颜色较深。嘴唇、前膝、前管的绒毛以红色为多，个别呈白色或沙毛色。由尖端到根部的毛纤维颜色统一得较少，多数为两色，个别驼有 3～5 种颜色，形成多层次颜色特征，多为杏黄色、深黄色、紫红色、黑褐色，少数为白色和灰白色，以杏黄色和棕红色为主。驼毛纤维分刺毛、绒毛、两型毛、短粗毛、长粗毛、胎毛 6 个类型。

（2）体重和体尺　结果见表 4-2。

表 4-2　成年阿拉善双峰驼体重和体尺

性别	体重（kg）	体高（cm）	体长（cm）	体长指数（%）	胸围（cm）	胸围指数（%）	管围（cm）	管围指数（%）
公	557.18±80.56	172.50±9.57	152.67±11.27	88.50	222.70±17.07	129.16	22.34±2.21	12.95
母	491.52±75.77	170.17±9.82	144.35±6.96	84.83	210.87±22.10	123.92	19.27±1.64	11.32

资料来源：《中国畜禽遗传资源志　马驴驼志》（2011）。

2. 生产性能

（1）役用性能　阿拉善双峰驼目前仍是荒漠地区冬、春季节牧民的主要骑乘工具，可挽、驮、耕综合利用。其腿长、步幅大，行走敏捷，且持久力强，每天 8～9h 快慢步交替骑乘仍可行 60～75km，短距离行走时速可达 15km。产区盛产的食盐、碱土、药材等物资，每年冬季均由骆驼运出。

（2）产毛性能　阿拉善双峰驼年产毛量 5～6kg，公驼最高达 12.5kg。绒毛品质较好，成年驼产绒细度公驼 20.0～24.6μm、母驼 16.2～17.0μm；强度 5.30～14.70g；绒层厚度平均 5cm 以上，伸度为 37.5%～64.1%；净绒率 66.61%～77.8%。纤维长、强度大、毛色浅、光泽好，有良好的成纱性，是高级毛纺织品的优质原料，素以"王府驼毛"而驰名中外，成为内蒙古自治区出口创汇的拳头产品之一。2006 年 6 月阿拉善盟骆驼科学研究所对阿拉善左旗双峰驼的产毛量进行了测定，结果见表 4-3。

表 4-3　阿拉善双峰驼产毛量（kg）

项　目	成年公驼	成年母驼	育成公驼	育成母驼
产毛量	5.701 7±1.492 1	4.716 4±0.869 9	4.542 2±0.352 9	3.994 6±0.293 3

（3）产肉性能　阿拉善双峰驼驼肉含脂肪 4.04%，含蛋白质 17.33%。蛋白质中氨基酸总量占 50.3%，在必需氨基酸总量中，人类必需的 8 种氨基酸占 45.17%。净肉率成年骟驼为 41.83%，母驼为 37.45%。阿拉善双峰驼驼肉相关数据见表 4-4。

表 4-4　阿拉善双峰驼屠宰性能

项目	宰前活体重（kg）	胴体重（kg）	屠宰率（%）	净肉重（kg）	净肉率（%）	骨重（kg）	内脏重（kg）	头蹄重（kg）	皮毛重（kg）	板油重（kg）	肉脂重（kg）
平均数	526.06	284.98	54.17	204.46	38.87	63.50	64.44	35.36	37.66	14.82	221.02
标准差	141.57	62.48	2.44	62.47	1.88	2.30	10.94	3.09	4.31	1.15	60.98
变异系数（%）	26.91	21.92	4.47	30.55	4.87	3.62	16.97	8.73	11.44	7.73	27.59

资料来源：《中国畜禽遗传资源志　马驴驼志》（2011）。

（4）产奶性能　阿拉善双峰驼泌乳期 14～16 个月，平均产奶（645.8±68.24）kg，平均日产奶量 1～1.5kg，最高可达 2～2.5kg。直径 2.5μm 以下的小脂肪球在驼奶中占 58.81%（而在牛奶中仅占 26.56%），因此驼奶易被婴儿及幼驼消化吸收。

（5）繁殖性能　公驼初情期一般为 4 岁，膘情好的 3 岁可出现性欲。母驼 3 岁开始性成熟，有交配和妊娠的可能。骆驼初配年龄稍迟于性成熟年龄，一般公驼 5～6 岁、母驼 4 岁开始配种。公、母驼的繁殖年龄都可达 20 岁以上。阿拉善双峰驼母驼冬、春两季发情旺盛。发情时间一般从 12 月下旬开始（俗称"冬疯"），到翌年 3—4 月结束（俗称"春疯"）。妊娠期 395～405d。一般两年产一羔，繁殖成活率在阿拉善地区北部为 46.78%、南部为 48%。驼羔 16～18 月龄自然断奶，1 岁体重公羔为（234.8±17.76）kg、母羔为（239.8±1.92）kg，幼驼成活率在 98% 左右。阿拉善双峰驼的繁殖性能测定结果见表 4-5。

表 4-5　阿拉善双峰驼繁殖性能

性别	项目	性成熟年龄（岁）	初配年龄（岁）	利用年限（年）	发情季节	发情周期（d）	妊娠期（d）	新生幼驼重（kg）	幼驼断奶重（kg）	幼驼成活率（%）	人工授精受胎率（%）
公	平均数	4.03	4.75	10～13	每年 12 月至翌年 3 月	119.69	—	36.56	176.19	98	—
	标准差	0.39	0.41			1.66	—	5.42	23.14		—
	变异系数（%）	9.57	8.59			1.39	—	14.81	13.13		—
母	平均数	3.22	4.46	20	每年 12 月至翌年 3 月	18.84	400.18	35.63	171.28	98	63～70
	标准差	0.39	0.40			1.49	3.40	4.34	6.29		
	变异系数（%）	12.22	9.01			7.91	0.85	12.17	3.67		

对阿拉善双峰驼进行人工授精起步较晚，目前仅在阿拉善左旗改良站试验骆驼群及少部分育种核心群内进行。受胎率达46.7%，总受胎率达76.7%。

（四）品种保护和研究利用

2001年，农业部将阿拉善双峰驼列入《国家级畜禽资源保护名录》，2006年又将其定为国家级畜禽遗传资源保护品种，2008年批准在阿拉善地区建立双峰驼国家级畜禽遗传资源保护区和保种场。2014年公布的《国家级畜禽遗传资源保护名录》，将阿拉善双峰驼纳入保护名录进行重点保护。2021年新修订的《国家级畜禽遗传资源品种名录》包括了阿拉善双峰驼、苏尼特双峰驼、青海骆驼、塔里木双峰驼和准噶尔双峰驼，共5个品种。

（五）品种评价

阿拉善双峰驼性情温驯，易调教管理，耐粗饲，抗灾、抗病、抗旱能力强，能利用其他畜种不能利用的荒漠草场。体大、绒多、役力强，在沙漠和丘陵山区是不可替代的交通工具。遗传性能非常稳定，开发利用驼绒、驼肉、驼奶等产品有着广阔前景，但其繁殖率低、繁殖周期长。今后应坚持本品种选育，向以绒用为主、兼顾肉乳役方向发展，进一步提高阿拉善双峰驼的生产性能，开发利用驼绒、驼毛、驼皮、驼骨、驼奶及其副产品。研究生产环境与养殖数量的平衡点，建立保种的长效机制，依法保护和利用这一双峰驼遗传资源。

四、苏尼特双峰驼

苏尼特双峰驼（彩图3）属绒、肉、乳、役兼用型品种。

（一）一般情况

1. 中心产区及分布　苏尼特双峰驼主产于内蒙古自治区锡林郭勒盟，中心产区在苏尼特左旗和苏尼特右旗，包头市、乌兰察布市、呼和浩特市、呼伦贝尔市、通辽市与赤峰市也有分布。

2. 产区自然生态条件　锡林郭勒盟位于北纬42°32′—46°41′、东经111°59′—120°10′，地处内蒙古自治区中部，北与蒙古国接壤。地势由西南向东北方向倾斜，东南部多低山丘陵，盆地错落；西北部多广阔的平原、盆地；东北部为乌珠穆沁盆地，河网密布，水源丰富；西南部为浑善达克沙地。海拔为1 000～1 500m。属中温带干旱、半干旱大陆性气候，具有寒冷、多风、少雨的气候特点。年平均气温0～3℃，且自西南向东北方向递减，极端最高气温41.5℃，极端最低气温−41℃；无霜期110～140d。年降水量200～350mm，主要集中于7—9月；年蒸发量1 700～2 600mm。全年日照时数大部地区为2 900～3 000h。年平均风速5.3m/s。风沙天气主要集中于春季的4—5月。

锡林郭勒盟地表水主要分为三大水系，有滦河水系、呼尔查干诺尔水系和乌拉盖水系。全盟土壤种类多，主要有灰色森林土、黑钙土、栗钙土、棕钙土等。苏尼特双峰驼中心产区主要是天然草场，草原类型属于干旱草原向荒漠过渡的半荒漠草原带。

（二）品种形成与群体数量

1. 品种形成 据中国考古工作者和古生物学家考证，原驼于冰河时期越过白令海峡陆桥，到达中亚和蒙古高原满洲里的这一支，由于能适应荒漠的自然环境，故在这一带繁衍生息。据记载：远在"唐虞以上"时期，居住在今新疆、内蒙古、甘肃和青海一带的"山戎、猃狁、薰鬻"等戎族和古羌族，早在原始社会时期就已把野生"橐驼"作为"奇畜"驯养起来，"随畜牧而转移"。近年在中国北方和西北出土的骆驼骨骼、骆驼粪便化石和岩画等文物，证明中国驯养的双峰驼是公元前5000—前3000年氏族公社的羌族、戎族在新疆、青海和内（外）蒙古，以及甘肃河西等荒漠、半荒漠地带驯化的。

锡林郭勒盟、乌兰察布市及其邻近地区，自古就是盛养骆驼之地。据记载：公元前200年，冒顿单于以40万骑兵，围刘邦于平城（今山西省大同市北），曾动用大量骆驼、驴、骡供使役。又据宋代《契丹国志》所载：过古北口（今北京市密云区北）即蕃境，时见畜牧牛马，骆驼尤多。这说明远在宋代以前，本区就已大量牧养和使用骆驼。清代在北方的对外交通贸易路线主要有三条，其中两条途经锡林郭勒盟和乌兰察布市，主要以骆驼作为长途运输工具供驮载。在其他很多重要驿道上，也动用大量骆驼供传递信息和转运客货之用。

2. 群体数量 由于受诸多因素影响，苏尼特双峰驼数量呈逐年急速下降趋势。1981年12月末存栏7.89万峰，2006年12月末存栏1.44万峰，1981—2006年平均每年下降3.27％。因为骆驼耐粗饲、好管理等特点，且驼奶行业快速发展，所以近年苏尼特双峰驼的饲养数量呈上升趋势。

（三）品种特征和性能

1. 体型外貌特征

（1）外貌特征 苏尼特双峰驼体质粗壮、结实，结构匀称而紧凑，骨骼坚实，肌肉发达，体形呈高长方形，胸深而宽，腹大而圆，后腹显著向上方收缩。公、母驼均背长、腰短，结合良好，尻短而向下方倾斜。头呈楔形，头顶高昂过体，母驼头清秀，公驼头粗壮。眼眶弓隆，眼大，眼球突出。上唇有一天然纵裂，口角深。鼻孔斜开，鼻翼启闭自如。鼻梁微拱，与额界处微凹，额宽广。耳大小适中，呈椭圆形。枕骨嵴显著向后突出。脑盖毛着生至两眼内角连线，长10～15cm。颈长而厚，两侧扁平，上薄下厚、前窄后宽，呈"乙"字形弯曲。四肢粗壮，肢势前低后高，前肢直立如柱，关节大而明显，上膊部密生肘毛，公驼尤为发达。前蹄盘大而圆，后蹄盘较小，为不规则的圆形，蹄掌厚而弹性良好。后肢较长，大腿肌肉丰满，多呈刀状肢势。毛色以棕红色为主，杏黄色、白色、褐色毛占的比率不大。绒层厚，绒占比高，强度高，光泽度好。

（2）体重和体尺　结果见表4-6。

表4-6　成年苏尼特双峰驼体重和体尺

性别	体重（kg）	体高（cm）	体长（cm）	体长指数（%）	胸围（cm）	胸围指数（%）	管围（cm）	管围指数（%）
公	583.17±31.40	176.75±4.18	154.20±6.32	87.24	228.95±5.20	129.53	22.30±1.34	12.62
母	507.23±39.95	168.53±6.08	146.93±7.26	87.18	214.53±7.53	127.29	19.16±1.33	11.37

资料来源：《中国畜禽遗传资源志　马驴驼志》（2011）。

2. 生产性能

（1）产毛和产肉性能　苏尼特双峰驼公驼平均产毛（4.28±0.13）kg，母驼平均产毛（3.88±0.22）kg。平均屠宰率53.68%，净肉250～350kg，最多可得480kg，净肉率44.96%。

（2）产奶性能　除满足驼羔哺育外，苏尼特双峰驼日可挤奶1～2kg。8—11月产奶量较多，最多可挤奶3～4kg，挤奶期可达14个月。奶中干物质含量高（占14.68%），乳脂率高（5.5%），矿物质含量高，乳脂肪球小，易于消化吸收。

（3）役用性能　苏尼特双峰驼的役力较强，以能驮善走著称。长途运输时每峰可驮重150～250kg，挽驼套胶轮车可拉1 500～2 000kg，骑乘可日行70～80km。

（4）繁殖性能　苏尼特双峰驼公驼4岁有性活动，5岁开始配种，利用年限为12～15年；母驼初情期为3.5岁，初配年龄为4岁，利用年限约为20年。公、母驼均有明显的发情季节，一般为12月到翌年3月。母驼发情期19～21d，平均20d，妊娠期393～402d，幼驼成活率为99%。初生重公羔41.5～48.5kg，母羔38～41kg；断奶重公羔165～213.5kg，母羔170～188kg。

（四）品种保护与研究利用

目前尚未建立保护区和保种场，苏尼特双峰驼仍处于农牧户自繁自养状态。苏尼特双峰驼是特定自然条件下的特有畜种，是荒漠区牧民饲养的主要畜种，同时也是当地少数民族不可缺少的生产和生活资料。苏尼特双峰驼驼绒、驼肉、驼峰、驼皮和驼掌的开发利用价值较大。

（五）品种评价

苏尼特双峰驼性情温驯，易调教管理，耐粗饲，抗灾、抗病、抗旱能力强，能利用其他畜种不能利用的荒漠和半荒漠草场。体大、绒多、役力强，遗传性能非常稳定。但其繁殖率低、繁殖周期长。研究、开发和利用苏尼特双峰驼的主要方向有：扶持和健全养驼专业户，对达到100峰以上养驼户的驼群在放牧草场上给予保证，使其形成规模效益。深入研究苏尼特双峰驼在长期进化过程中形成的独特生理机能和抗逆性，如体内水平衡的调节功能，以体温变化来适应酷暑或严寒恶劣环境的能力等。改进驼皮加工制造工艺，提高驼皮利用价值。骟驼出售年龄不能太早，待其体成熟后出售，以提高经济效益。驼肉、驼奶、驼掌、驼胃、驼筋、驼峰是稀有的高档烹饪原料，应加强收购、流通、加工各个环节的管理。

五、青海双峰驼

青海双峰驼（彩图4）因产于柴达木，故又称柴达木双峰驼，属兼用型地方品种。

（一）一般情况

1. 中心产区及分布　青海双峰驼主要集中在柴达木盆地的乌兰、都兰、格尔木三县（市）、香日德驼场及海西州属莫河畜牧场，东部海南藏族自治州的共和县、兴海县也有少量分布。

2. 产区自然生态条件　柴达木盆地位于北纬 36°00′—39°20′、东经 90°30′—99°30′，地处青海省西北部、青藏高原北部，总面积约为 25 万 km²。东起察汗寺山，与青海湖毗连；南至昆仑山，与玉树藏族自治州相接；西缘阿尔金山，与新疆维吾尔自治区接壤；北靠祁连山，与甘肃省相邻。地势西北高、东南低，地形由边缘向中央为高山、戈壁、风蚀丘陵、平原、盐沼，海拔 2 600～3 200m。属于干旱大陆性气候，风多。年平均气温 2.3～4.4℃，无霜期 88～234d。年降水量 15～210mm，降水稀少；蒸发量是降水量的 10～14 倍；相对湿度 33%～43%。年平均日照时数 2 971～3 310h。冬、春季大风多，年平均风速 2.6～3.8m/s。

产区河流较多，为内流水系，主要有柴达木河、格尔木河两大河流。土壤东部为灰钙土亚区、西部为荒漠土亚区，土壤类型垂直分布有灰钙土、荒漠土、盐碱土、草甸土、沼泽土。农作物主要有春小麦、青稞、豌豆、玉米等，盆地边缘地区种植果树和枸杞等。草场面积为 1 043 万 hm²，以荒漠草场为主。

（二）品种形成与群体数量

1. 品种形成　青海双峰驼的来源按民族变迁推断，大约在 310 年。新中国成立初期，从甘肃省购进数千峰骆驼，屯牧繁育于柴达木盆地，作为和平解放西藏的主要运输工具。20 世纪 80 年代初，在盆地与甘肃省交界处还发现野生双峰驼或叫哈布特盖（蒙语）野生驼。依此推断，也不能排除蒙古族移入柴达木盆地后，继续捕获野骆驼驯化繁衍成目前家驼的可能。

2. 群体数量　青海双峰驼数量在 1980 年底存栏 27 400 峰，1992 年为 18 500 峰，2005 年为 5 366 峰，2015 年调查数据位 6 668 峰。数量减少的主要原因为：随着交通网络的日益完善、农村产业结构的调整、机械动力的发展，青海双峰驼作为交通、役用工具的作用被不断弱化。另外，出于对经济利益的追求，牧民大量饲养山羊，因此也限制了青海双峰驼的发展。

（三）品种特征和性能

1. 体型外貌特征

（1）外貌特征　青海双峰驼以粗壮结实型的居多，细致紧凑型或其他型的较少。头短小，嘴尖细，唇裂。眼眶骨隆起，眼球外突。额宽广而略凹，耳小直立，贴于脑后。颈峰高而隆起，颈长，呈"乙"字形大弯。前峰高而窄，后峰低而广，峰直立丰满，内贮积大量脂肪。胸宽而深，肋拱圆良好，腹大而圆，向后卷缩。尻短斜，尾短细。前肢大多直立，个别呈 X 状，后肢多显刀状肢势。蹄为富有弹性的角质物构成，前蹄大而厚，似圆形；后蹄小而薄，似卵圆形；每蹄分二叶，每叶前端有角质化的趾。

被毛颜色幼年时多为灰色，以后随日光照射演变成终生不变的颜色。终生毛色以淡褐色为主，红色次之，灰色、白色占比在 10% 以下。毛色有杏黄色、紫红色、白色、黑褐色、灰色等。

（2）体重和体尺　结果见表 4-7。

表 4-7　成年青海双峰驼体重和体尺

性别	体重 （kg）	体高 （cm）	体长 （cm）	体长指数 （%）	胸围 （cm）	胸围指数 （%）	管围 （cm）	管围指数 （%）
公	535.23± 23.16	185.25± 9.78	165.50± 8.21	89.34	218.83± 14.30	118.13	22.67± 6.05	12.24
母	453.67± 15.38	171.07± 7.13	149.00± 7.29	87.10	210.33± 5.86	122.95	20.07± 5.12	11.73

2. 生产性能

（1）役用性能　每峰青海双峰驼平均驮 170kg，个别达 250kg；短途可驮 350kg，甚至驮 500kg 时都能起立行走。骆驼前进时速度约 3.7km/h，平均日行 25km，速度快者可日行 50km，且连续 16～20d 不乏。双套挽曳双轮双铧犁，日使役 8～10h，可耕地 0.33～0.47hm²。

（2）产毛性能　青海双峰驼产毛量以 4 岁时为最高，达 4.15kg。产毛量青年公驼为 2.27～4.20kg，青年母驼为 2.17～3.34kg；成年公驼为 3.99～5.16kg，成年母驼为 3.05～3.14kg。

（3）产肉性能　屠宰率 46.99%，净肉率 35.68%，产肉率较低。

（4）产奶性能　牧草返青初期日产奶量 0.5～0.7kg，青草盛期日产奶量 1～2kg。

（5）繁殖性能　青海双峰驼公驼一般 4 岁有性活动，5～6 岁开始配种，繁殖年限在 20 岁以上。母驼初情期为 3 岁，适配年龄为 4 岁。公驼有明显的发情季节，一般 12 月上旬开始交配，至翌年 4 月中旬结束。母驼一年四季发情，一般 12 月中旬至翌年 1 月下旬为发情旺期，15% 的母驼可延至 4 月受配。母驼发情期为 14～24d，平均 19d；妊娠期为 374～419d，平均 402.22d，怀公羔的时间比怀母羔的长 4.41d。幼驼成活率 90%，死亡率 10%。初生重公羔 39.91kg，母羔 39.99kg。

（四）品种保护和研究利用

针对青海双峰驼数量急剧下降的情况，青海省畜禽遗传资源委员会根据地方骆驼资源发展和保护状况，于2007年确定将青海双峰驼列为省级畜禽遗传资源保护品种。在"十二五"期间通过积极申报畜禽遗传资源保护相关项目，建立了青海双峰驼资源保种场。目前海西莫河骆驼场存栏青海双峰驼600余峰。

（五）品种评价

青海双峰驼抗寒、抗旱能力强，耐粗饲、耐饥渴、负重大、善游走，不怕风沙、不畏严寒，对贫瘠的荒漠、半荒漠草原具有极强的适应性。今后应加强青海双峰驼品种资源的保护，将原海西州莫河驼场建为青海双峰驼资源保护场，将传统的保种方法与现代育种技术相结合，开展青海双峰驼品种资源的保护工作。

六、塔里木双峰驼

塔里木双峰驼（彩图5）原为新疆双峰驼的南疆型，因其产地位于塔里木盆地周边而得名，属毛肉驮兼用型地方品种。

（一）一般情况

1. 中心产区及分布　塔里木双峰驼产区位于新疆维吾尔自治区塔里木盆地边缘，以及天山南坡的荒漠草场、荒漠草原草场地带，主要分布于南疆的阿克苏、巴音郭楞蒙古自治州、喀什、和田等地区，阿克苏地区的柯坪县是塔里木双峰驼的中心产区。

2. 产区自然生态条件　产区塔里木盆地地势由南向北缓斜并由西向东方向稍倾，为不规则的菱形。中部是我国最大的流动性沙漠——塔克拉玛干沙漠。海拔4 000~6 000m，盆地中部海拔800~1 300m。属温带大陆性干旱气候，降水量稀少，近年年平均降水量不足90mm。年平均气温10℃，最高气温25.5℃，最低气温−5℃。无霜期大都超过200d。

主要河流有塔里木河、阿克苏河、喀什噶尔河等。盆地沿天山南麓和昆仑山北麓，主要是棕色荒漠土、龟裂性土和残余盐土，昆仑山和阿尔金山北麓则以石膏盐盘棕色荒漠土为主。沿塔里木河和大河下游两岸的冲积平原主要是草甸土和胡杨林土，草甸土分布广。

中心产区柯坪县境内30％为平原盆地荒漠，70％为荒漠山地。荒漠草场面积达13.91万 hm²。平原南部的卡拉库勒胡杨林区，面积达3.66万 hm²，林区洪水漫溢，境内的喀什噶尔河道两侧，分布着大面积的沙丘、沙垄。

3. 品种生物学特性　塔里木双峰驼在塔里木盆地极度干旱的自然环境下，长期经历酷热、干旱、沙尘暴，能高度适应当地自然环境。受地理环境和当地饲养习惯，塔里木双峰驼常年在荒漠草场上自由采食，无人看管，其耐寒、耐旱、耐粗饲、抗病力强且合群性好。

（二）品种形成与群体数量

1. 品种形成　塔里木盆地养驼多且历史悠久。《汉书·西域传》记载：鄯善国（罗布泊附近的楼兰）……有驴马，多橐驼（骆驼）。《魏书·高祖纪》记载：秋七月戊辰，龟兹国（今库车）遣使献名驼七十头。……九月龟兹国遣使献大马、名驼、珍宝甚众。《魏书·西域列传》记载：于阗国（今和田南）有驼、骡。《梁书》记载：渴盘陀国（今帕米尔一带）多牛、马、骆驼、羊等。可知早在秦汉时期，养驼已经是塔里木盆地各部族、氏族的生活习惯。《新疆图志·实业志》对骆驼特性有明确的记述："沙漠产明驼""以卧时前蹄拳曲而不着地者谓之明驼""戈壁中四五日程不得水草无害"。

在大海运打开之前，西域的"丝绸之路"一直是东西方的经济、文化通道。丝绸之路开通后，据《后汉书·西域传》表述"驰命走驿，不绝于时日；商胡贩客，日款于塞下"。西域和中原地区商品交易频繁，也促进了塔里木双峰驼的形成。塔里木盆地西部帕米尔地区柯尔克孜族、蒙古族及塔吉克族等民族长期在此游牧，在历史变迁中他们的家畜先后混入乌兹别克斯坦、土库曼斯坦与吉尔吉斯斯斯坦等家畜的血统，同时也将中亚地区的骆驼传入西域。19世纪后半叶，英国、印度、阿富汗的商人大量进入柯坪县境内经商。这些都对塔里木双峰驼的形成有一定的影响。

塔里木盆地边缘绿洲上世代居住各少数民族，由于地处沙漠边缘，几百年来与恶劣的自然环境抗争成为他们保卫家园的必然选择，而骆驼成就了他们辉煌的历史。由于骆驼在恶劣自然环境抗争中的重要作用，故在当地可居六畜之首，是财富的象征。《旧唐书·西域列传》记载：唐贞观十三年，阿史那社尔伐龟兹，于阗王尉迟"伏阇信大惧，使其子以驼万三百匹馈军"。可见当时和田一带养驼较多，骆驼作为交通工具非常重要。《轮台杂记》记载：骆驼足高，步辄二三尺，虽徐步从容，日行常一二百里，故追马须骡，追骡须骆驼。理所当然，给予了骆驼很高的评价。驼绒是当地人生活必需品。《轮台杂记》记载：骆驼"毛长尺许，最温厚，夏尽剪之，织氁为绒，匹六金，不足一袍，缺襟乃可。粗以絮褥，至冬仍毸毸尺许矣"。可见在清代时，人们就用驼绒织布了。

至清代时，阿尔金山、昆仑山一带和罗布泊地区，已主要成为维吾尔族人（在当地融合有羌人等）的游牧和定居地区。在历史上，维吾尔族人不食驼奶、驼肉，以表达对骆驼的敬意。维吾尔族人待客主要宰羊，而用驼肉待客则是最高的礼遇。如在婚庆、寿宴时赠送成年体格高大的骆驼，则表示对主人的无比尊敬。中华人民共和国成立前维吾尔人的交通工具主要是骆驼，同时也用骆驼进行耕地、驮运。

2. 群体数量　2007年末塔里木双峰驼存栏约2.7万峰，其中阿克苏地区约1.1万峰，巴音郭楞蒙古自治州0.85万峰，克孜勒苏柯尔克孜州0.65万峰，和田地区0.1万峰。塔里木双峰驼2009年10月通过国家畜禽遗传资源委员会鉴定。

（三）品种特征和性能

1. 体型外貌特征

（1）外貌特征　塔里木双峰驼体质细致紧凑，体躯呈高的方形。头短小、清秀，略呈楔形，嘴尖、唇大而灵活，鼻梁平直，两鼻孔闭合成线形，额宽、稍凹，生有3～5cm长的睫毛。颈长，肢高，胸较深而宽度不足，峰基扁而宽，腹大而圆，后腹上收。背宽，腰短，结合良好，尻矮而斜。四肢粗壮，前肢直立，后肢呈刀状。尾毛短、稀。被毛较短，多呈棕褐色、黄色；毛色随年龄增长有变化，新生驼的毛多呈灰色或灰褐色，成年驼的多为褐色、红褐色、草黄色、红色和少量的乳黄色、乳白色。

（2）体重和体尺　结果见表4-8。

表4-8　塔里木双峰驼体重和体尺

性别	峰数	体重（kg）	体高（cm）	体长（cm）	体长指数（%）	胸围（cm）	胸围指数（%）	管围（cm）	管围指数（%）
公	12	506.00±42.08	179.90±4.60	157.00±2.89	87.27	207.30±10.12	115.23	19.80±0.69	11.01
母	34	504.50±56.04	176.70±4.14	154.80±5.59	87.61	207.90±12.95	117.66	19.50±0.65	11.04

2. 生产性能

（1）产毛性能　塔里木双峰驼的绒毛密度较大，以肩部最厚，体侧次之，股部较薄。4～5岁驼产绒毛量最高，6～8岁次之，8岁以上产绒毛量最低。成年公驼产毛4～7kg，绒毛含量60%～70%；成年母驼产毛3.5～5kg，绒毛含量在65%左右。

（2）产肉性能　屠宰率55%，净肉率41%，胴体重287kg。

（3）产奶性能　塔里木双峰驼泌乳期为1年，牧民习惯于母驼产后3个月开始挤奶。在放牧条件下，通常每日挤奶一次，挤奶量为0.5～1kg（不包括驼羔自然哺乳量）。

（4）役用性能　据2009年11月柯坪县畜牧兽医站测定，成年驼可驮载200kg，日行30～40km，短途驮运可负重250kg。慢步时速约6km，短途快步时速约30km。

（5）繁殖性能　塔里木双峰驼公驼约4岁性成熟，5岁可用于配种，自然交配时公、母驼比例为1：（12～15）。母驼3岁性成熟，约4岁开始参加配种，每年12月初至次年1月发情配种，发情持续期10d左右，发情周期20～25d。自然交配情况下，年平均受胎率75%左右，而人工牵引两次配种可以提高受胎率。妊娠期约405d，繁殖成活率53.5%，驼羔成活率98.8%。

（四）品种保护和研究利用

尚未建立塔里木双峰驼保护区和保种场，未对其进行系统选育，处于农牧户自繁自养状态。维吾尔族人因风俗习惯很少食驼肉、喝驼奶，但塔里木双峰驼却是南疆其他少数民族的重要食物来源。由于牧民很少在母驼产羔后挤奶，故塔里木双峰驼奶驼在南疆的生产量极少。目前，塔里木双峰驼2009年10月通过国家畜禽遗传资源委员会鉴定。

（五）品种评价

塔里木双峰驼耐寒、耐旱、耐粗饲，产毛、产奶、产肉性能都较好的优质地方品种。柯坪县的双峰驼素以体型大、产绒多而闻名，和田地区、喀什地区养殖户主要由此地引进种公驼，逐渐成为塔里木双峰驼种公驼的销售集散地。今后应加强本品种选育，提高驼绒、驼奶和驼肉等优质产品的商品率，改善放牧和补饲条件，并加强驼羔培育，向旅游、休闲娱乐、竞技比赛方向发展。

七、准噶尔双峰驼

准噶尔双峰驼（彩图6）原为新疆双峰驼的北疆型，因其主产地位于准噶尔盆地周边而得名，属毛乳驮兼用型地方品种。

（一）一般情况

1. 中心产区及分布　准噶尔双峰驼中心产区为新疆维吾尔自治区富蕴县、塔城地区塔城市及昌吉回族自治州木垒县，广泛分布于天山北坡山地、伊犁河谷、准噶尔西部山地、阿勒泰南麓山地、准噶尔盆地、巴里坤和伊吾盆地。

2. 产区自然生态条件　准噶尔盆地位于北纬43°—49°、东经79°53′—96°23′，地处天山山脉和阿尔泰山脉之间，南宽北窄，东北与蒙古国接壤，西北与哈萨克斯坦共和国接壤，总面积约13万km²。地势由北向南、由东向西方向倾斜；整个地形南北为高山，中间为低山丘陵区，盆地边缘为山麓绿洲，海拔500～1 000m（盆地西南部的艾比湖湖面海拔仅190m）。属冷温带大陆性气候。年平均气温3～7℃，1月平均气温多在−17℃以下，最低气温在−35℃以下，7月平均气温20～25℃。无霜期160d左右。盆地中部年降水量100～120mm，生长季蒸发量为1 000～1 200mm。在盆地大面积的荒漠草原上，长有抗寒、耐旱、耐盐碱的多种荒漠植物，可供骆驼采食。

（二）品种形成与群体数量

1. 品种形成　天山以北自古就是优良的牧场，养驼历史悠久。《常惠传》记载：乌孙贡驴、骡、骆驼。唐朝时期"丝绸之路"从唐朝的长安城出发经敦煌、安西县沿着天山北坡到伊犁并通往西方至中亚一带，在此过程中骆驼起着至关重要的作用。《伊吾县志》记载：1611年那孜买提、阿西木一行带600峰骆驼从巴里坤县、伊吾县等地启程，北往开展贸易。《塔城地区志》又记载：18世纪中期从今哈萨克斯坦、吉尔吉斯斯坦地区东迁的哈萨克牧民带入一些当地骆驼，以后游牧在阿勒泰地区的哈萨克牧民与蒙古族牧民进行贸易来往也带入一部分当地骆驼。在贸易交往中骆驼成为当地人最密切的帮手，群众重视引入并培育骆驼，奠定了准噶尔双峰驼的基础。据《新疆识略》记载：乾隆二十五年伊犁地区设立备差驼场，并陆续从备差驼场内挑出孳生驼1 511峰，于次年建孳生驼场。至嘉庆七年时，共养驼 4 176 峰。可见在清朝，新疆已建有牧驼场，设有驼政机构，养驼业已有一定的规模。《奇台乡土志》记述，1920—1930 年巴里坤县和奇台县是当时新疆有名的商业集散地，也是养骆驼最多的地区，仅巴里坤县就有骆驼 1 200 峰。商人依靠骆驼东去蒙古草原，西北经塔尔巴哈台、伊犁到中亚国家，促进了准噶尔双峰驼的形成。

2. 群体数量 准噶尔双峰驼 1984 年存栏 9.8 万峰，1996 年存栏 13.7 万峰，2000 年存栏 12.7 万峰，2007 年存栏 11.5 万峰。近些年，随着驼奶产业的发展，该品种骆驼的数量呈现上升趋势。

（三）品种特征和性能

1. 体型外貌特征

（1）外貌特征　准噶尔双峰驼体质结实有力，粗壮低矮，结构匀称。头粗重，头部短小，头后有突出的枕骨嵴。额宽窄适中，嘴尖，似兔唇。耳小、直立。眼大，眼眶拱隆，眼球凸出。颈粗，长度适中，弯曲呈"乙"字形，肌肉发达有力，头颈、颈肩结合良好。鬐甲高长，宽厚。胸深，宽度适中。腹大而圆。背宽，腰长，腰尻结合良好。背部有 2 个脂肪囊，前后相距 25～35cm，两峰高 20～40cm，呈圆锥形，一般前峰高而窄、后峰低而广。尻部斜向下方，呈椭圆形，肌肉丰满。前肢肢势端正，后肢多呈刀状肢势。前掌大而圆，后掌稍小，呈卵圆形。被毛粗糙，绒厚，长毛发达，毛色较深，以褐色居多，黄色次之。在准噶尔双峰驼中有一特殊的类群——木垒长眉驼，其额毛特别发达，主要分布在新疆木垒县，其体格较普通准噶尔双峰驼大，产毛量较高。

（2）体重和体尺　结果见表 4-9。

表 4-9　准噶尔双峰驼体重和体尺

性别	体重 （kg）	体高 （cm）	体长 （cm）	体长指数 （%）	胸围 （cm）	胸围指数 （%）	管围 （cm）	管围指数 （%）
公	484.27± 56.18	176.88± 5.54	159.50± 6.69	90.17	222.88± 9.72	126.01	21.08± 1.82	11.92
母	440.29± 43.39	170.44± 5.81	157.04± 8.12	92.14	213.89± 8.47	125.49	19.46± 1.24	11.42

2. 生产性能

（1）役用性能　成年准噶尔双峰驼拉胶轮大车时载重约 1t，能连续行走 6～7h，行程约 45km。长途运输时每峰驼驮重 150～200kg，日行 60～70km，驮 300kg 重物 2h 可行 15km。一般在山路驮重 100～150kg，一天能行 40～50km。

（2）产毛性能　准噶尔双峰驼年平均产毛量 6.5kg，母驼在 4.0kg 以上、公驼在 7.8kg 左右，平均含绒量 65% 左右。幼驼、青年驼的含绒量较高。

（3）产奶性能　准噶尔双峰驼在草原上自由采食的情况下，母驼每日平均产奶量 2.4kg，补饲时达 3.5～4kg。役用母驼一般在夏季牧场挤奶 2～3 个月，每日平均产奶量 1.5～2.2kg（不包括幼驼采食）。木垒长眉驼产奶量高，挤奶期 50～60d，日产奶量 4～5kg，总产奶量比普通驼高，一个产奶期（420d）日平均产奶量约 2.5kg。

（4）产肉性能　成年时体重为 450～500kg 的公驼，屠宰率 50％左右，净肉率 38％左右；体重为 350～400kg 的母驼，屠宰率 48％左右，净肉率 36％左右。

（5）繁殖性能　准噶尔双峰驼公驼一般 4 岁达到性成熟，适配年龄为 5 岁。公驼性欲有明显的季节性，一般 12 月中旬至翌年 1 月性欲明显，3 月底性欲消失。公、母驼配种比例为 1∶25，公驼利用年限 20～25 岁或以上。母驼性成熟年龄一般为 3 岁，适配年龄为 4 岁。母驼发情季节为每年 12 月至翌年 3 月中旬，发情周期 14～20d，发情持续期 4～7d，平均妊娠期 405d，年平均受胎率 91.3％，利用年限 20～25 岁或以上，一生可产 6～9 只驼羔，个别可产 12～13 只驼羔。幼驼初生重平均 35kg，断奶重平均 145kg。

（四）品种保护和研究利用

尚未建立准噶尔双峰驼保护区和保种场，未对其进行系统选育，处于农牧户自繁自养状态。准噶尔双峰驼 2009 年 10 月通过国家畜禽遗传资源委员会鉴定。

（五）品种评价

准噶尔双峰驼是善驼载、耐寒、耐粗饲，产毛、产奶、产肉性能较好的地方优良品种。长期以来由于对养驼生产重视不够，因此该品种停滞在原始粗放的饲养管理水平，对进一步提高准噶尔双峰驼的质量有一定的影响。

第二节　其他国家双峰驼资源

一、蒙古国双峰驼

（一）一般情况

1. 分布和数量　蒙古国养驼历史悠久，骆驼以往主要用作驮载、骑乘。1953 年蒙古国有 89.53 万峰骆驼，到 1996 年时为 35.79 万峰（张培业和达来，1994）。据 FAO 统计，至 2016 年年底蒙古国骆驼饲养总数为 40.13 万峰（表 4-10）。蒙古国骆驼主要分布在蒙古国的戈壁地区、平原及山脉地区等。

表 4-10　蒙古国 2006—2016 年骆驼增长趋势（万峰）

年份	数量
2006	25.35
2007	26.06
2008	26.64

骆驼基因与种质资源学

118

年份	数量
2009	27.71
2010	26.96
2011	28.01
2012	30.58
2013	32.15
2014	34.93
2015	36.80
2016	40.13

资料来源：FAOSTAT FAO estimate（2017）。

2. 产区自然特点 蒙古国双峰驼产区属荒漠和半荒漠草场，气候条件十分恶劣。风沙大，干旱少雨，冬季寒冷、夏季炎热，属典型的大陆性气候。最热的 6—8 月气温约 38℃，最冷的 1—2 月气温 −36℃，10 月气温下降，3 月回升；相对湿度 4—5 月为 24%，其他月份为 40%～70%；年降水量 80～110mm，且 70% 集中在 6—8 月；月平均风速 4m/s，风速为 28～38m/s 的常见，有周期性大风日。放牧地主要为戈壁土壤表层且密被砾石，沙表仅占 2% 左右；戈壁有机层浅，保水性差，为疏散碱性土壤，可溶性盐含量少，以灰棕色土为主。饲用牧草有 50 多种，植被稀疏，戈壁产草量 50～200kg/hm^2。

3. 体型外貌特征 蒙古国双峰驼体格硕大，体质结实，结构匀称，前躯发育良好，胸深而宽，肋腹拱圆，绒毛产量高，但毛色深。

（二）品种

根据蒙古国双峰驼品种资源、用途及体尺类型等综合特点，蒙古国境内的家养双峰驼可分为 3 个品种（Chuluunbat 等，2014），分别是嘎利宾戈壁红驼（Galbiin Gobiin Ulaan Bactrian camel）、哈那赫彻棕驼（Heniin Hetsiin Huren Bactrian camel）和图赫么通拉嘎驼（Tokhom-Tungalag Bactrian camel），详见表 4-11。

表 4-11　蒙古国双峰驼的基本特征

地理位置	品种	颜色占比（%）	体重（kg）	绒毛产量（kg）
中部	哈那赫彻棕驼	棕褐（45.1）	457	5.6
东南部	嘎利宾戈壁红驼	红棕（46.7）	516	5.2
西北部	图赫么通拉嘎驼	黑棕（45.2）	418	5.9

1. 嘎利宾戈壁红驼 嘎利宾戈壁红驼（彩图 7）为稀有驼种，驼毛颜色以紫红色为主，一般生活在蒙古国的荒漠草原上，对恶劣环境有较强的适应能力。嘎利宾戈壁红驼以宽厚的胸部、腹部，弧度大的肋骨，长而宽的胯和臂，粗大的蹄，短而壮实的四肢为特点。嘎利宾戈壁红驼体型一般壮大，健厚和丰满，具体指标见表 4-12。

表 4-12 嘎利宾戈壁红驼体重和体尺

年龄	性别	体高（两峰间，cm）	体长（cm）	胸围（cm）	小腿围（cm）	体重（kg）
6～7 月龄	公	141.1±0.4	101.5±0.3	134.1	14.7	169.9
	母	139.6±0.5	104.5±0.9	130.2	14.3	167.6
3.5 岁	公	159.3±0.5	132.9±0.6	210.4	17.9	468.6
	母	159.5±0.6	130.7±0.4	205.5	17.8	463.5
5 岁以上	公	173.5±0.3	149.6±0.5	238.5	23.6	658.3
	母	166.4±0.5	147.7±0.6	228.5	19.8	563.5

（1）产毛性能　每峰成年驼的年产绒量约为 4.3kg，可用于工厂加工的驼绒量为 3.6kg 左右，净毛率相对也比较高，可达 63%，其驼绒具有纤维长、绒丝细、产量高的特点。嘎利宾戈壁红驼毛色约有 70% 是红色、棕色、灰色的，17.6% 是黄色、蓝色和白色。

（2）产肉性能　成年体重公驼 468～658kg，屠宰率 50% 左右，净肉率 38% 左右；成年母驼体重 463～563kg，屠宰率 48% 左右，净肉率 36% 左右。

（3）产奶性能　嘎利宾戈壁红驼泌乳期为 15～16 个月，产奶量为 301.4～340kg。

（4）品种评价　嘎利宾戈壁红驼体重及绒毛、奶、肉等产量均比一般骆驼的更高，在恶劣条件下有极强的适应能力，有克服持续 1～2 年干旱与雪灾的能力，发生非感染性疾病的概率比一般骆驼也相对较少。

2. 哈那赫彻棕驼　哈那赫彻棕驼（彩图 8）主要分布在前戈壁省汉保格达苏木和巴音敖包苏木，一般为棕色和红色，其中 60% 以上的毛色为棕褐色，鬃毛和毛色呈棕黑色、灰色和黄色的则少见。该品种前躯发育良好，适应性强，骑乘、驮运时有较好的耐久力，具体体征指标见表 4-13。

表 4-13 哈那赫彻棕驼体重和体尺

年龄	性别	体高（两峰间，cm）	体长（cm）	胸围（cm）	小腿围（cm）	体重（kg）
6～7 月龄	公	139.1±1.2	101.3±0.7	126.5±1.2	14.2±0.3	164.6±2.5
	母	137.2±1.1	102.2±0.8	131.6±0.6	13.9±0.4	162.3±1.7
3～5 岁	公	160.1±0.9	133.8±0.7	215.3±0.8	19.8±0.3	471.5±2.3
	母	161.4±1.3	132.5±1.2	207.4±1.5	18.5±0.7	458.3±1.8
5 岁以上	公	171.6±1.2	149.2±0.7	235.2±0.8	23.1±0.5	647.3±3.9
	母	165.8±0.9	147.3±0.4	227.4±0.6	18.9±0.9	543.7±5.4

（1）产毛性能　哈那赫彻棕驼毛色偏深，呈棕褐色。成年公驼产绒毛 10kg 以上，成年母驼产毛 5.6kg 以上。

（2）产肉性能　成年体重公驼为 471～647kg，母驼为 458～543kg，成年驼的屠宰率为 42.44%。

（3）产奶性能　泌乳期为 15～16 个月，产奶量为 340kg。

（4）繁殖性能　成年骟驼每日可负重 200～240kg，行走 30～40km。交配季节一般在冬季，此时公驼表现极强的好斗性；母驼的妊娠期一般为 387～415d，驼群的最佳比例为母驼占 35%～38%、公驼占 2%、驼羔占 30%～38%、骟驼占 25%～27%。

（5）品种评价　哈那赫彻棕驼的养殖历史较为悠久，分布在南戈壁省西北地区，从体型、产量方面来看与其他骆驼略有差异。早在 20 世纪 60 年代中期，研究人员就开始研究该品种驼的生产性能和生殖特点。1964 年，在棕色骆驼当中进行了首次抽取调查，从而建立了包含 5 岁或以上年龄的 127 峰母驼和 4 峰种驼的良种骆驼基地，1972年成立了国家牲畜品种改良基地。哈那赫彻棕驼能够良好地适应大陆戈壁气候，生理状态可塑性强，在极寒和酷暑环境下，体重减轻 20%～25% 时仍能维持自身基础代谢并保持正常生理活动。

3. 图赫么通拉嘎驼　图赫么通拉嘎驼（彩图 9）又称双鬃驼，主要分布在戈壁阿勒泰省 Togrog 苏木，主要的特性是双鬃。其体质结实，肌肉发达，头轻小，额宽，嘴尖，耳短而立，前肢直立，后肢多呈刀状。毛色以棕黑色为主，白色等亮色的很少见，具体体征指标见表 4-14。

表 4-14　图赫么通拉嘎驼成年驼体重和体尺

类型	身高（cm）	体长（cm）	胸长（cm）	胸宽（cm）	胸围（cm）	小腿围（cm）	体重（kg）	产毛量（kg）
体型大	178	140.5	84.5	46.5	234	24	679	11.5
绒毛多	171	138.3	82.3	44.3	229	23	620.6	13.7

（1）产毛性能　产毛量公驼 11.5kg，母驼 6kg，净毛率为 84.3%～94.2%。其体下绒毛长 81.2～98.4mm，直径约 20.8μm；外侧绒毛长 73.4～140.4mm，直径约 22.69μm。图赫么通拉嘎驼随着年龄的增加，绒毛的直径会不断增加。

（2）产肉性能　图赫么通拉嘎驼在 7 岁前体重会不断增加，尤其是在 3.5～4 岁时体重会大幅增加，这很大程度上取决于自然环境。一般在每年的 5—10 月，体重会以每天 338～475g 的速度增加。成年雄性骟驼体重为 424～600kg，屠宰率达 54.6%～60.3%（包括 30～60kg 的脂肪）。

（3）产奶性能　泌乳期为 15～16 个月，产奶量为 301.1kg。

二、俄罗斯双峰驼

（一）一般情况

1. 分布和数量　俄罗斯骆驼品种包括单峰驼和双峰驼，野生骆驼只存在于双峰驼中，单峰驼只存在于家养骆驼中。俄罗斯骆驼遍布蒂瓦共和国、卡尔梅克共和国、阿尔泰领土、伏尔加格勒、阿斯特拉罕和萨拉托夫地区，主要用于产奶、肉、皮和毛。骆驼数量具体如表 4-15 所示。

表 4-15　俄罗斯 2006—2016 年骆驼变化趋势（峰）

年份	数量
2006	6 289
2007	6 385
2008	6 356
2009	6 222
2010	6 443
2011	6 497
2012	6 692
2013	6 708
2014	6 625
2015	6 602
2016	6 509

资料来源：FAOSTAT FAO estimate（2017）。

2. 产区自然特点　俄罗斯地跨欧亚两洲，位于欧洲东部和亚洲大陆的北部，其欧洲领土的大部分是东欧平原。俄罗斯以平原和高原为主，地势南高北低、西低东高。西部几乎全属于东欧平原，向东为乌拉尔山脉、西西伯利亚平原、中西伯利亚高原、北西伯利亚低地、东西伯利亚山地、太平洋沿岸山地等。西南耸立着大高加索山脉，最高峰厄尔布鲁士山海拔5 642m。

大部分地区处于北温带，气候多样，以温带大陆性气候为主，但北极圈以北属于寒带气候。温差普遍较大，1月温度为−18～−10℃，7月温度为11～27℃。年降水量为150～1 000mm。西伯利亚地区纬度较高，气候寒冷，冬季漫长，但夏季日照时间长，气温和湿度适宜，利于针叶林生长。从西到东大陆性气候逐渐加强，冬季严寒漫长；北冰洋沿岸属苔原气候（寒带气候或称极地气候），太平洋沿岸属温带季风气候。从北到南依次为极地荒漠、苔原、森林苔原、森林、森林草原、草原带和半荒漠带。

（二）品种

俄罗斯境内骆驼品种包括单峰驼和双峰驼。其中，双峰驼主要有3个品种，分别为卡尔梅克双峰驼、哈萨克双峰驼和蒙古坦克双峰驼（张培业，1986）（详细体尺见表4-16）。单峰驼只有1个品种，即 Arvana。

表 4-16　俄罗斯成年双峰驼体尺（cm）

品种	体高（两峰间）	体长	胸围	管围
卡尔梅克双峰驼	186.0	158.1	226.0	20.0
哈萨克双峰驼	179.1	155.6	236.1	20.1
蒙古坦克双峰驼	166.1	146.5	207.0	18.2

1. 卡尔梅克双峰驼 该品种（图4-2）是俄罗斯所有骆驼中最大、最有价值的双峰驼。在17世纪初，从西方准噶尔汗国重新安置到俄罗斯时，卡尔梅克人将骆驼带到了现代的卡尔梅克共和国和阿斯特拉罕地区的领土。

图4-2 卡尔梅克双峰驼

卡尔梅克双峰驼多食用黑色植物和白蒿及盐碱地植物，体型大于其他双峰驼品种。卡尔梅克双峰驼干瘦、头小宽额。颈部陡直，肌肉强健，长短适中。前后驼峰距离为40～60cm，通常是后峰大于前峰。成年驼母驼身高180cm，躯干长160cm，胸围229cm，掌骨长20cm。

（1）产毛性能 成年母驼产毛量为4.3～5.7kg，1岁时产毛量占比为89.2%，成年时产毛量占81.3%。公驼比母驼的产毛量高。卡尔梅克双峰驼毛色通常呈多样性，有棕色（50.1%）、深褐色（11.4%）、浅棕色（9.3%）、淡黄色（15.7%）和罕见的白色（14.5%）。不论毛色如何，其胡须、鬃、额鬃、驼峰边缘的毛均为粗毛，且颜色也比体表的毛色深。

（2）产肉性能 母驼平均体重605～700kg，净肉率65.8%；公驼平均体重760kg，最大为1 024kg，屠宰率60%。

（3）产奶性能 产奶期为18个月，年产奶量为796～1 771kg，驼群平均产奶量为1 254kg，乳汁的含脂率为6.09%。

（4）繁殖性能 卡尔梅克双峰驼的性成熟发生在2岁时，但交配时间母驼不早于3岁，公驼不早于4岁。繁殖期公驼的可持续使用达20年，母驼具有25～30年的繁殖能力。出生时驼羔的平均体重为51kg。骆驼出生的第一年，体重可比出生时增加5倍以上，为250～260kg。随着日渐成熟，活体重半年时间内可达到60%，在1年内可达到85%。

（5）品种评价 卡尔梅克双峰驼体重及绒毛、奶、肉等产量比一般骆驼的更高，对恶劣环境有极强的适应能力。卡尔梅克双峰驼由3种类型组成，即厚重型（有代表性的）、良种型和轻便型（黄褐色的）。厚重型体格强壮，在天然牧场育肥后可提供大量廉价的肉产品。

2. 哈萨克双峰驼 哈萨克双峰驼（图4-3）的体型适中，腿短，肢体长，身体长而宽。主要用作运输工具和生产高品质驼毛及驼肉。

图4-3 哈萨克双峰驼

哈萨克双峰驼具有产毛量、产奶量高但劳动能力中等的特点，且毛光滑、肉质紧实。成年公驼平均体重 400～450kg，出栏率 65%。成年母驼出栏率 57%。成年雄性骆驼体重约 692kg，最大 1 000kg，出栏率 60%。

（1）产毛性能　产毛量成年公驼为 8.5～31kg，成年母驼为 5～7kg，育成驼一级毛的产毛量为 4.5kg。

（2）产肉性能　成年母驼体重 500～670kg，屠宰率 75%；育成驼体重 400～450kg，屠宰率 56%。

（3）产奶性能　泌乳期 21 个月，产奶量为 1 750kg，乳脂率 5.8%～6.5%。

3. 蒙古坦克双峰驼　蒙古坦克双峰驼（图 4-4）长 178～187cm，宽 158～168cm，高 235～265cm，活体重 623～760kg，驼峰之间的距离为 165～167cm，躯干长 145～147cm，胸围 207～224cm，体型相较其他品种小。平均体重母驼为 455～477kg，公驼为 500～560kg。在所有的双峰驼品种中，蒙古国人民认为蒙古坦克双峰驼是最抗寒的，即使在冬季气温降至 -50℃ 的地区也可以很好地生存下去。

图 4-4　蒙古坦克双峰驼

三、哈萨克斯坦双峰驼

（一）一般情况

1. 数量和分布　哈萨克斯坦的骆驼常年放牧于荒漠、半荒漠地区，主要用于产奶、肉、毛和皮。据 FAO 统计，2012 年骆驼总数为 17.32 万峰，2016 年骆驼数量达 17.05 万峰（表 4-17）。哈萨克斯坦的骆驼包括单峰驼、双峰驼和它们的杂交种，其中哈萨克斯坦双峰驼主要分布在南哈萨克斯坦州、西哈萨克斯坦州、阿拉木图州等地区。在长期的骆驼育种过程中，哈萨克斯坦国家的双峰驼也形成了适应于当地生态环境的一些本地品种，如哈萨克斯坦双峰驼、卡尔梅克双峰驼、蒙古双峰驼，哈萨克斯坦仅有的单峰驼品种是来自于土库曼斯坦的 Arvana 单峰驼。

表 4-17　哈萨克斯坦 2006—2016 年骆驼变化趋势（万峰）

年份	数量
2006	13.05
2007	13.86
2008	14.32
2009	14.83
2010	15.55

年份	数量
2011	16.96
2012	17.32
2013	16.48
2014	16.091 5
2015	16.588 8
2016	17.051 3

资料来源：FAOSTAT FAO estimate（2017）。

2. 产区自然特点 哈萨克斯坦地形复杂，境内多为平原和低地，东南高、西北低。西部和西南部地势最低，属于典型的温带大陆性气候，干旱少雨。1月气温−19～−4℃，7月气温19～26℃。一年四季风沙很大，冬季寒风凛冽，夏季刮燥热风。年降水量250～400mm。这里既有低于海平面几十米的低地，又有巍峨的高山山脉，山顶的积雪和冰川长年不化。降水量北部为300～500mm，荒漠地带为100mm左右，山区为1 000～2 000mm。哈萨克斯坦的半荒漠和荒漠大多都在西南部，北部自然环境类似俄罗斯，较为湿润，北部和里海地区均可接受来自海洋的水汽，境内平原地带土壤多为黑色和浅棕色，植被大部分是艾蒿和其他禾本科植物。

（二）品种

在哈萨克斯坦共和国，西部双峰驼体型较大，东部双峰驼体型较小。哈萨克斯坦双峰驼（彩图10）体质结实，个体大小中等，腿较短，体躯较长而宽，颈长而呈深弯曲，四肢坚实，肢势正常，平均体尺见表4-18（杨润和哈尔阿力·沙布尔，2007）。

表4-18　哈萨克斯坦双峰驼的平均体尺（cm）

产地	体高	体长	胸围	管围	胸深	胸高
西哈萨克斯坦	172.5	151.8	216.1	18.9	84.1	88.4
乌兹别克	169.7	144	204.9	19.7	79.8	89.9

1. 哈萨克斯坦双峰驼 哈萨克斯坦双峰驼是当地唯一的纯种双峰驼品种，主要分布在哈萨克斯坦南部的奇姆肯特、克孜勒奥尔达和曼格什拉克等地区，具有优良的产毛和产奶特性，其役力中等。体型中等，腿较短，躯体长而宽，四肢坚实，肢势正常。成年驼体高（两峰间）179.1cm，体长155.6cm，胸围236.1cm，管围20.1cm。

（1）产毛性能　成年育成驼产一级毛的量大约为4.5kg，成年母驼产毛量为5～7kg，育肥的公驼产毛量为8.5～13kg。

（2）产肉性能　成年育成驼体重为400～450kg，屠宰率一般达到65%；成年母驼屠宰率为57%；育肥的公驼体重可达692kg，最高可达到1 000kg，屠宰率可达60%。

（3）产奶性能　日产量（5.4±0.3）kg，年产奶量（1 772.3±34.5）kg，脂肪平均含量5.3%。

2. 卡尔梅克双峰驼　卡尔梅克双峰驼主要为肉毛役兼用种，有3种类型：厚重型、良种型和轻便型。

（1）**厚重型**　体高180.3cm（两峰间），体长170.3cm，胸围247.4cm，管围21.1cm。

①产毛含量　成年公驼绒毛产量为8kg，成年母驼绒毛产量为8kg。

②产肉性能　成年公驼平均体重792kg，最大可达1 247kg，屠宰率为60%；成年母驼平均体重718kg，最大可达985kg，屠宰率为56.8%。

③产奶性能　18月龄时产奶量为1 245kg，乳脂率为5.5%。

（2）**良种型**　体高181.9cm（两峰间），体长165.3cm，胸围240.7cm，管围20.9m。

①产毛性能　成年公驼绒毛产量为10～13kg，成年母驼绒毛产量为9kg。

②产肉性能　成年公驼平均体重700kg，屠宰率58%；成年母驼平均体重650kg，屠宰率58%。

③产奶性能　18月龄时产奶量为1 717kg，乳脂率为6.09%。

（3）**轻便型**　体高180cm（两峰间），体长156.5cm，胸围220.9cm，管围20.3cm。

①产毛性能　成年公驼绒毛产量为5.7kg，成年母驼绒毛产量为4.3kg。

②产肉性能　成年公驼平均体重638kg，屠宰率50%；成年母驼平均体重560kg，屠宰率45%。

③产奶性能　18月龄时产奶量为769L，乳脂率为5%。

3. 蒙古双峰驼　该品种体格较小，但驼毛着生很好。成年驼体高（两峰间）166.1cm，体长146.5cm，胸围207.0cm，管围18.2cm。体重成年公驼为500～550kg，成年母驼为500kg，绒毛产量为5.3kg，12个月的产奶量为400～500kg。

（三）品种保护和评价

为了提高生产性能，目前已建立的新品系有阿鲁阿娜（ApyaHa）、克兹纳尔（Ke3-Hap）、库尔特纳尔（KypT-Hap）、卡拉比拉（Kapa-B，pa）和阿克波列（AK-Bope）。杂交改良用杂种二、三代横交固定，以提高体重和生活力，改进驼毛着生部位。为了获得高产奶用驼，采用了纯种繁育、品系杂交和种间杂交。纯种繁育改善了骆驼品种和产品质量。

四、伊朗双峰驼

（一）一般情况

在过去几年内，伊朗境内的双峰驼数量超过单峰驼，但单峰驼对气候条件的适

应能力更强。据 FAO 统计，2016 年骆驼总数为 10.12 万峰（表 4-19），单峰驼的数量有近 10 万峰。在伊朗，单峰驼主要生活在该国南部、东南部和中部，但双峰驼唯一的栖息地只有阿尔达比勒省。双峰驼在莫干山和阿塞拜疆游牧民族中一直有特殊的地位，因为在冬季和夏季当地民地通过双峰驼运送生活用品（Taghi，2017）。但是随着游牧民族开始使用机动车，伊朗双峰驼的饲养数量急剧下降，目前不足150 峰。

表 4-19 伊朗 2006—2016 年骆驼增长趋势（万峰）

年份	数量
2006	15.2
2007	15.2
2008	15.2
2009	15.4
2010	15.5
2011	15.7
2012	15.8
2013	16
2014	10.86
2015	10.24
2016	10.12

资料来源：FAOSTAT FAO estimate（2017）。

（二）品种形成与群体数量

据考古研究，伊朗是世界上最早驯化骆驼的地区之一。伊朗双峰驼（彩图 11）曾经分布广泛，但是现在只剩余不足 150 峰，主要为家畜。

（三）品种特征和性能

伊朗双峰驼公驼高 185cm，母驼高 180cm，平均活体重约 460kg。驼峰高 35～40cm，有超过 100kg 的脂肪。

1. 产毛性能 该品种的骆驼毛色主要为浅棕色、深棕色和赭石色。产驼绒（8.46±2.56）kg，每年最高可产 15kg，最低产量为 4.5kg，成年公驼的产绒量均高于成年母驼。

2. 产奶性能 伊朗双峰驼产奶量很少，都被驼羔吮用，该品种双峰驼不挤奶（Taghi Ghassemi Khademi，2017）。

3. 繁殖性能 约有 79.2％的双峰驼在冬季交配，20.8％的在中冬、春季（仅 4月）交配。母驼的妊娠期为 12～13 个月，第一次妊娠是 4 岁，死胎、流产、不孕、孪生的概率是 0。

（四）品种保护与品种评价

在伊朗的一些地区，人们习惯吃驼肉。与牛肉和羊肉相比，驼肉在质量和经济效益上都具有很好的开发前景。与其他动物相比，骆驼的饲养量在增加，但主要为单峰驼。

在分类学上，双峰驼属于偶蹄目（Artiodactyla）、脱足亚目（Tylopoda）、骆驼科（Camelidae）、骆驼属（*Camelus*），与单峰驼（*Camelus dromedarius*）为同一个属。双峰驼可分为家养双峰驼和野生双峰驼，对于二者的系统进化关系，目前还存在着较大分歧。有些研究认为，野生双峰驼是家养双峰驼的祖先，二者是不同的物种或者亚种；另一部分研究则认为，野生双峰驼作为一个物种已经灭绝，现有的野生双峰驼实际上是野化的家养双峰驼，二者属于同一个有效物种。

第一节　野生双峰驼相关形态特征

一、形态特性

双峰驼最明显的特征是背部的驼峰。与家养双峰驼相比较，野生双峰驼（彩图 12）头较小，颈较长，体躯较高大（不胖），尾较短，尾毛较稀，四肢较细长，脚掌较狭小，趾甲长，善奔跑。毛短，颜色多呈浅黄色，但颈毛和尾毛颜色较深。野生双峰驼驼峰较小，下圆上尖，坚实硬挺，不倒垂。头骨多凹凸不平，雄驼的该特征尤为明显，吻部较短，鼻梁平直（袁国映，2011）。野生双峰驼大部分栖息于我国西北部 1 700～2 800m 的荒漠和半荒漠区域，处于亚欧大陆腹地，远离海洋。野生双峰驼食性较广，以含淀粉较高的骆驼刺为主；耐饥渴，驼峰内蓄积脂肪；其胃分三室，第一胃附生 20～30 个水脬，作贮水用，其血液成分也与其他哺乳动物不同，便于保持水分。饱食后静卧反刍，一次饮水可维持较长时间，新鲜食物中的汁液一般即可满足其对水分之需。感觉灵敏，动作迅速。善辨方向，能在 1～10km 外发现水源，且奔跑速度快，善避天敌。此外，母驼妊娠期长达 14 个月左右，每胎仅产 1 峰驼羔。

野生双峰驼体型比家养双峰驼稍小而精瘦，适于快速奔跑，速度可达每小时 50km。背部有两个矮小的驼峰，下圆上尖，坚实硬挺且不倒垂，峰顶的毛短而稀疏，没有垂毛。与其他有蹄类动物不同，野生双峰驼第三、四趾特别发达，趾端有蹄甲，中间一节趾骨较大，两趾之间有很大的开叉，是由两根中掌骨所连成的一根管骨在下端分叉成为"丫"字形，并与趾骨连在一起，外面有海绵状垫，可增大接触地面部分的面积，因而能在松软的流沙中行走而不下陷，还可以防止足趾在夏季灼热、冬季冰冷的沙地上受伤。野生双峰驼胸部、前膝和后膝的皮肤增厚，形成 7 块耐磨、隔热、保暖的角质垫，以便在沙地上跪卧休息（袁国映等，2000）。与野生双峰驼相关的形态学方面的研究很少，主要的形态特征数据都是对捕捉后饲养的野生双峰驼进行测量获得的。研究表明，野生双峰驼的体高、体长比例明显大于家养双峰驼，而且差异显著。这从形态学的角度说明，野生双峰驼和家养双峰驼是一个种的可能性不大（袁磊等，2004）。

二、行为特征

1. 集群 野生双峰驼通常小群活动，且与其他小群之间保持一定距离，但在生存环境较好的低地却相对集中，成为较大的群体。野生双峰驼的集群行为可以降低个体被捕食的风险，减少警戒时间，同时可以增加发现食物和水源的概率，对种群的繁衍及发展是有益的。

2. 迁移 野生双峰驼的季节性迁移行为与气候、水、食物状况等有关。在塔克拉玛干分布区，夏季它们在克里雅河下游的沼泽地附近活动，冬季在东河塘西南部的塔里木河古道一带活动。在罗布泊-嘎顺戈壁地区，冬季野生双峰驼集中在丘陵之间的干沟和低洼盆地，这里风速小，气温较高。在中蒙边界外阿尔泰戈壁分布区，一般在冬季容易见到野生双峰驼，且多见于地势较低的地带。在阿尔金山北麓分布区，秋、冬季野生双峰驼在海拔较低的阿奇克谷地及库木塔格沙漠边缘一带活动，春、秋季则沿山谷迁往海拔较高处活动。在湾腰墩到马迷兔一带，夏、秋季野生双峰驼多在有泉水的地带活动。

3. 繁殖 野生双峰驼的寿命一般在30～40年，3年性成熟，雄性幼驼一旦到了2岁就会被逐出种群。在发情季节，公驼会发生争斗，争斗失败的公驼会单独活动，偶尔也会跑到家养骆驼群里，与家养母驼交配，通常1峰公驼会同时与多个母驼交配。母驼每2年繁殖一次，每年在11—12月开始发情，翌年1—2月进入发情高峰期，妊娠期约13个月，于翌年2—3月产仔，每胎产1仔。幼驼出生后2h便能站立，当天便能跟随公、母驼行走，一直到1年以后才分离。

三、食性特征

野生双峰驼是典型的食草动物，沙漠中生长的梭梭、芦苇、骆驼刺、白刺、泡泡刺、沙拐枣等植物都是它们的主要食物来源（陈钧，1984）。张莉等（1997）对野生双峰驼4个主要分布区（塔克拉玛干沙漠东部、罗布泊北部夏顺戈壁、阿尔金山北麓及中蒙边境地区外阿尔泰戈壁）的植物进行了调查，并采集了26种植物和86峰野生双峰驼粪便，用镜检方法进行了分析统计，结果显示各分布区野生双峰驼优先选择、不喜选择及拒绝选择的植物种类有所差异，其食性与环境条件密切相关，并随取食生境中食物的丰富程度而变化。在新疆境内的3个分布区，野生双峰驼优先选择的食物种类具有一定的共同性，其首选的食用植物为芦苇、白刺、泡泡刺、沙拐枣、骆驼刺等植物；外阿尔泰戈壁分布区由于单子叶植物针茅的出现，因此野生双峰驼的食物组成发生了相应的变化，其优先选择的植物以针茅类为主。从分析结果来看，各分布区内野生双峰驼拒绝食用的植物为中麻黄、合头草、霸王、假木贼等。丁峰等于2004年和2005年对库姆塔格沙漠地区的21科、68属、104种植物进行了调查，发现其中的34种是野生双峰驼可以食用的。野生双峰驼一般于早晨开始觅食，白天大部分时间都忙于进食。岳东贵等（1999）的研究表明，阿拉善双峰驼年日采食时间为（550.72±

150.44）min，春季最长，冬季最短。当四周环境安静时，野生双峰驼觅食比较专注，偶尔抬头四处观望，食草时停留的时间较短，基本上处于边食草边移动的状态。观察野生双峰驼取食后的植物体（灌木）发现，取食部分限于植物体上部的部分枝叶，而非整个上部枝叶。年日采食周期为（2.98±1.40）个，年日采食量（干重）为（12.50±5.20）kg/峰，秋季显著高于其他季节。这种取食方式对所取食的具体植物体而言，利用率不高，但却能避免因过度啃食而导致植物体生长不良或死亡，从而有利于极端干旱条件下植物资源的持续利用与更新。

四、生活特性

野生双峰驼的栖息地为亚洲中部极端干旱区域植被稀疏、零星散布、高矿化度水源的多丘陵、荒漠。栖息环境的特点在很大程度上决定了野生双峰驼的生活特性。极端干旱条件造成食物资源匮乏，野生双峰驼只有在分布区内各生境岛之间及各生境岛群之间不断移动才能充分利用极其有限的生存资源。因此，野生双峰驼的迁徙性特别强，食谱很广，能最大限度地利用不同环境中不同类型的食草资源，而且对食草的选择与植物在环境中的相对丰富程度及地理分布密切相关，并随取食生境中植物丰富程度的变化而改变（赵志刚，1999）。野生双峰驼的另一大生活特性是能够饮用含盐量很高的苦咸水，因此其能够度过冬、春缺水的季节。

第二节　野生双峰驼的分布和数量

一、分布

野生双峰驼在亚洲中部有很广的分布范围，在我国的分布范围也曾经非常广阔。据史料记载，从内蒙古东部、内蒙古西部、河西走廊、柴达木盆地等地区直到新疆地区，都曾有野生双峰驼出没。目前，世界上野生双峰驼仅分布在 4 个区域，其中的 3 个位于我国新疆境内，另外 1 个地区跨越中蒙边境。历史上这 4 个分布区曾连成一片，但是由于人类活动的影响而被分隔开，而且各分布区面积在不断缩小，其他地区已难觅野生双峰驼的踪迹。

我国历史上野生双峰驼的分布变迁巨大。在我国哈尔滨、山西东部、河南、周口店及萨拉乌苏河流域（内蒙古乌审旗一带），更新统及晚更新统中晚期的地层中先后发现骆驼化石，其中有现生骆驼的较早祖先到现生双峰驼的近祖。从汉代以前迄今，蒙古高原一带一直有骆驼广泛分布，也应有野生双峰驼存在，只是有关野生双峰驼及其具体地点的史料不多，同时期在内蒙古西部、河西走廊等地也有野生双峰驼分布。而新疆驯养骆驼历史也很悠久，野生双峰驼的活动时期应更早。但缺乏文献记载，有待考古和古生物发掘进一步证实。较早指出新疆野生双峰驼的记载见于 18 世纪下半期。

19世纪，野生双峰驼在我国境内的地理分布区相当广，从青海省苏干湖地区经阿尔金山、罗布泊地区、塔克拉玛干、天山以北卡拉麦里地区，直到中蒙边境，而且分布区连续。

二、数量

人类的猎杀是导致19世纪末期到20世纪70年代，很多地区野生双峰驼濒危甚至绝迹的首要原因。自20世纪80年代以来，随着保护野生动物的宣传教育及执法措施的加强，猎杀野生双峰驼的事件已经明显减少，但偷猎、采矿、农垦、放牧、交通活动等原因依然严重威胁着野生双峰驼的生存。目前全世界野生双峰驼数量仅有700~800峰，国际自然和自然资源保护联盟将其定为濒危种列入红皮书，《濒危野生动植物种国际贸易公约》将其列为一级濒危物种。我国早在1962年颁布的相关珍稀动物保护名录中，就把野生双峰驼列入一类保护动物，严禁对其进行猎杀。

第三节　野生双峰驼对沙漠干旱环境的适应性

野生双峰驼的生存环境非常恶劣，因长期生活在水源奇缺的荒漠地区，因此在进化、发育过程中逐渐获得了其他动物无法比拟的耐风沙、干旱的一些生物学特性，是典型的适于在沙漠中生存的动物，被人们认为是炎热的沙漠和半沙漠环境中适应性最为成功的大型哺乳动物。

一、适应干旱环境的生理特征

野生双峰驼生理结构具备高效的节水和水循环利用机制，能尽量减少对水分的依赖，因此能适应气候极端干旱和水源严重缺乏的恶劣环境（袁国映等，1999）。适应干旱环境的主要生理特征有呼吸频率缓慢，粪便干、硬，皮肤毛细血管壁厚，汗腺少，皮肤很少出汗等，在一定程度上减少了机体的失水量；由于饮水不足，因此双峰驼可通过排泄高浓缩尿来保存体内水分，正常排尿量比其他动物少得多；驼峰和体腔中的脂肪在代谢时会产生代谢水，用于维持身体的水分平衡；有很强的体温调节功能，可减小体内与环境的温差，从而使机体降低能量代谢，以适应环境的变化。在干热的沙漠中，骆驼体温上下波动幅度很大，夜间可降至-34℃，日间可升至40℃。在夏季中午时体温升高，可把多余的热能暂时蓄积在体内，以节约散热所需的水分和其他生理资源，直到夜晚气温降低时才慢慢散发白天储存的热量，从而使体内能量得到合理支配和使用。驼峰的结构主要是脂肪和结缔组织，隆起时蓄积营养物质可多达40kg，在双峰驼饥饿和营养缺乏时能逐渐转化为身体所需的热能（袁国映等，1999）。对大多数哺乳动物来说，失水就意味着血液浓缩，就会增加心脏的负担，当动物失水减重20%

时血流速度就会减慢到难以将代谢热及时从各种组织中携带出来的程度，动物很快就会出现热死亡。但骆驼不会发生这种情况，它的失水主要是来自细胞间液和组织间液，细胞质不会因失水而受影响。另外，即使是在血液失水的情况下，红细胞的特殊结构也可保证其不受质壁分离的损害，同样的适应结构也能保证红细胞在血液含水量突然增加时也不会发生破裂。因此，只要获得一次饮水的机会，野生双峰驼就可以喝下极大量的水。

二、适应沙漠环境的形体特征

野生双峰驼的腿细长，善于奔跑，行动灵敏，反应迅速，嗅觉非常灵敏，可嗅出 1.5km 以外的水源，也能预感到大风暴的来临。野生双峰驼不怕风沙，因它有双重眼脸和睫毛保护眼睛。鼻孔长，有可活动的瓣膜，能在起风沙时关闭，阻挡沙子进入鼻腔。肉垫状的四蹄很大，适于沙地行走而不下陷。腹部和腿部有 7 块胼胝体，便于长时间卧地休息。全身被以细密而柔软的绒毛，既可保温，又可防暑，尽管每年夏季脱毛，但在背部依然保留着乱蓬蓬的毛层，防止阳光直接暴晒，即使气温再高，毛层下的温度也不会超过 40℃，有利于防止出汗和水分蒸发（袁国映等，1999）。

三、适应沙漠环境的行为特征

野生双峰驼在气候极端干热的沙漠中，夏季一般在清晨和午后活动，觅食、活动时间避开炎热的中午。中午酷热时停止采食，在沙丘或谷地里卧地休息。为了避免沙漠的危害，卧地时先以前膝着地，用力将热沙向前推；然后再以后膝着地，用力向后拉，把表面热沙推开，使地表温度降低。野生双峰驼喜欢选择安全、避风、有松软细沙铺垫的卧息地，它有着一定迁移的特性。在不同区域，气候环境、水分条件、植被等都会随着季节的变化而变化，这种变化对野生双峰驼的活动舒适度、饮水、安全性及食性都有影响。受这些因素的影响，多数野生双峰驼会随环境的变化在保护区的不同地方进行迁徙。

另外，还有少部分野生双峰驼群不做长距离的迁移。冬季，野生双峰驼对泉水的依赖性很强，经常在泉水附近活动，因为吃干枯的草需要一周饮水一次。夏季在植被生长较好的草地活动，取食含有露水的植物嫩枝或者靠吃多汁的植物来获得必须的水分。这时植物中的水就能补充野生双峰驼体内所需的水分，即使长时间不饮水也能生活。野生双峰驼群常有较固定的休息地、采食地和饮水源，来回奔走，在盐碱地或沙地上形成的宽 30～40cm、深 10～20cm 的驼道有的长达 80km（袁国映，2000）。野生双峰驼喜欢集群活动，在荒漠中起沙尘暴时驼群会聚拢到一起，把幼驼护在中间，然后所有的野生双峰驼都聚集在一起，以抵御风暴，防止被风暴吹散。

第四节　野生双峰驼保护

一、现状

国际上对骆驼科的相关研究开展得比较早。从 20 世纪开始，就有很多关于骆驼科起源、分布、演化、迁徙的研究成果发表，研究方法也完成了从考古学、形态学直到分子生物学的发展。特别是 20 世纪 80 年代中期以后分子生物学技术的应用，更是给骆驼科的系统演化研究提供了一个非常有力的工具（Stanley 等，1994）。但是，由于野生双峰驼仅仅分布在中国西北部及中蒙两国的西部边境地区，样品很难获得，因此对其研究相比较而言落后于羊驼属和单峰驼。

从 20 世纪 90 年代开始，我国科学家在野生双峰驼的研究方面就做了一些卓有成效的工作。张莉等（1997）对世界野生双峰驼不同分布区的食性进行了研究。袁国映等（1999）于 1995—1999 年对分布在中国境内及中蒙边境共 4 个野生双峰驼分布区的环境、人类活动及影响，以及各区域野生双峰驼的分布、数量、繁殖习性、食性、迁徙规律、天敌等情况进行了系统的考察，为野生双峰驼的后期研究工作奠定了坚实的基础。但是对野生双峰驼的分子生物学研究则很不系统，也没有从分子生物学水平对野生双峰驼和家养双峰驼的系统演化关系进行比较系统的研究，仅仅从形态和生活习性方面对野生双峰驼的物种有效性进行鉴定显然是不够的。因此，目前对野生双峰驼和家养双峰驼的进化关系有很大的争议。

二、种群调查及保护状况

Tulgat 等（1992）根据 20 世纪 80 年代的调查认为，在蒙古戈壁公园有 500～600 峰的野生双峰驼分布，根据 1995 年和 1996 年在新疆和甘肃两次的野外调查发现，我国的野生双峰驼种群极度濒危，主要的威胁因素为非法开矿和偷猎，在甘肃和新疆境内有 380～500 峰（John，1997）。袁磊等（2004）在 1995—1997 年春季对我国内地及中蒙边境野生双峰驼的生存环境进行了考察，对 4 个分布区的各种环境条件（包括地貌、气候条件、植被状况、水源和天敌）及人类活动影响（包括狩猎、放牧、采矿）进行分析发现，野生双峰驼在新疆罗布泊保护区主要分布有 3 个，分别是阿尔金山北麓、阿奇克谷地和罗布泊南岸、罗布泊北部的戛顺戈壁和南湖戈壁，并估算了各分布区野生双峰驼的数量，其中前 2 个分布区数量为 330～380 峰，戛顺戈壁和南湖戈壁的数量为 70～90 峰。袁磊等（2004）对威胁新疆罗布泊野骆驼国家级自然保护区内野生双峰驼生存的人为干扰活动情况进行了总结和分析，认为放牧、偷猎、非法采矿、地质勘探等活动对野生双峰驼的生存构成了极大威胁，并提出了相应的保护和管理措施。萨根古丽等（2010）也对新疆罗布泊保护区的野生双峰驼栖息环境进行了调查，并从生理特征、形体特征和行为特征 3 个方面分析了野生双峰驼适应该地区严酷干旱环境的机制。姚积生（2009）对安南坝保护区的野生双峰驼生存状况进行了调查，指出除了偷猎、放牧、开矿、天敌等威胁因素以外，环境变化引起的河流断流干涸、地下水位下降、植被退化带来的影响也不容忽视。

野生双峰驼的保护引起了国内外研究者的极大关注，John Hare 在英国成立了专门的世界野生双峰驼保护基金会。目前，我国已成立了 3 个以野生双峰驼保护为主的国家级自然保护区，即新疆罗布泊野生双峰驼国家级自然保护区、甘肃安南坝野生双峰驼国家级自然保护区和甘肃敦煌西湖国家级自然保护区，保护区所处地域环境恶劣、面积大、人员少，造成管理难度较大，且各保护区间的交流合作较少，对野生双峰驼缺乏统一监测和管理。蒙古国也对其境内的野生双峰驼分布区建立了Great Gobi A 严格保护区，目前仅塔克拉玛干沙漠分布区尚未建立野骆驼保护区。鉴于野生双峰驼日益严峻的生存环境及其自身每两年产一胎的繁育能力，我国建立的甘肃省濒危动物研究中心和蒙古国均开展了野生双峰驼繁育项目。甘肃省濒危动物研究中心从 1992 年开始引进并开展野生双峰驼的人工繁育和相关研究工作。目前，该中心圈养的野生双峰驼数量已达 16 峰，同时甘肃敦煌西湖国家级自然保护区和甘肃安南坝野生双峰驼国家级自然保护区均有野外救助的野生双峰驼个体圈养。2012年，甘肃省濒危动物研究中心与敦煌西湖国家级自然保护区合作进行了 2 公、2 母野生双峰驼的试验性放归工作，其种群在敦煌西湖自然保护区生存和适应良好。

由于野生双峰驼生性机警，且在远离人迹、自然条件极端恶劣的荒漠、半荒漠地区分布等特点，因此对其种群生态学、行为生态学了解得相对甚少，这给野生双峰驼这一珍稀濒危物种保护策略的制定带来了困难。对于野生双峰驼这一行为难以直接进行生物、生态学研究，应运用多种现代非损伤技术手段，通过收集野生双峰驼的粪便、痕迹特征，以及拍摄到的照片等基础数据进行相关研究。对于野生双峰驼的遗传地位，以往研究涉及样本数量有限（多为 2 峰或 3 峰）。为了进一步研究家养双峰驼与现存野生双峰驼的遗传关系和进化历史，在后续研究中应加大样本数量（程佳等，2009）。从保护遗传学的角度考虑，对野生双峰驼的研究应着眼于不同栖息地内种群遗传多样性及不同栖息地间遗传多样性和杂合度，从而制定合理的保护措施，既能保护野生双峰驼的生存环境，又能使其免受家养双峰驼基因杂交的影响（张勇等，2008）。野生双峰驼圈养种群的数量仍需进一步扩大，应加强不同地区圈养种群的基因交流。同时需要对圈养种群的遗传多样性水平现状进行评估，以制定合理的遗传管理策略。进一步加强对野生双峰驼圈养种群行为时间分配和活动节律的研究，以丰富野生双峰驼行为生态学基础资料。生境破碎化的加剧严重影响到野生双峰驼的活动和迁徙。根据异质种群理论和岛屿生物地理学理论，生境的面积和隔离决定了物种的分布和存续，并且影响到异质种群的扩散和灭绝概率（Hanski 等，2004）。因此，人为干扰下野生双峰驼异质种群动态及其对破碎化生境的响应是急需研究的科学论题。

第六章

CHAPTER 6

单峰驼资源

第一节　沙特阿拉伯单峰驼

一、一般情况

(一)概况

沙特阿拉伯单峰驼体长约 3m，高 2m 以上。头、躯干长 2 250~3 450mm，尾长 350~550mm，肩高 1 800~2 300mm，体重 300~690kg。毛色为深棕色到暗灰色，毛比双峰驼短而柔软，腿也比较长，头颈部长，尾巴短，眼睫毛浓密，耳朵小，上唇深裂，鼻孔扁平呈细缝状，蹄宽大呈扇状。单峰驼没有角。鼻孔可以关闭。有 30~34 枚牙齿，每边只有 1 枚上门齿，其形状如犬牙，6 枚铲状的下门牙向前突出，犬齿和臼齿之间有一个比较大的牙间隙。

沙特阿拉伯单峰驼的脚掌与大多数其他偶蹄目动物的不一样。单峰驼没有蹄，而是有弯曲的趾甲，这些趾甲仅保护脚的前部。脚下有一层弹性的、由结缔组织组成的垫子，为其脚掌提供比较宽的面积。其偶蹄由第三和第四个脚趾组成，其他的脚趾全部退化。

(二)产区自然环境概况

沙特阿拉伯王国位于亚洲西南部的阿拉伯半岛，东濒波斯湾，西临红海，同约旦、伊拉克、科威特、阿拉伯联合酋长国、阿曼等国接壤。海岸线长 2 437km，领土面积位居世界第十四位。地势西高东低，全境大部分为高原。西部红海沿岸为狭长平原，以东为赛拉特山。山地以东地势逐渐下降，直至东部平原。沙漠广布，其北部有大内夫得沙漠，南部有鲁卜哈利沙漠。西部高原属地中海气候，其他地区属热带沙漠气候。夏季炎热干燥，最高气温可达 50℃ 以上；冬季气候温和。年平均降水量不超过 200mm。

(三)品种形态特性及生物学特性

沙特阿拉伯单峰驼的相关特性有：①耐粗饲，对当地贫瘠的荒漠、半荒漠草原植被具有极强的适应力，产区多生长碱柴、白茨、茨盖、茨蓬、芦苇、芨芨、红柳、梭梭等植物，都带有硬刺和异味，其他牲畜不喜采食，却是骆驼的好饲草。②耐饥渴，一次可饮水50~70kg，一般 7~9d 不喝水不影响其正常生理活动。③在短期内能迅速长膘壮峰，贮备营养；喜静，不狂奔，不易掉膘。在不使役的情况下，一年抓满膘，可抵抗两年的旱灾。④对恶劣环境的耐受力强，尤其对风沙、干燥的抵抗力强，能抵御最低气温 −33.6℃ 和地表温度 38.6℃ 及大风的侵袭，不致被冻死；暖季最高气温 33.9℃ 和地表温度 71.1℃ 以下，能够行走和正常采食、抓膘。⑤厌湿，对潮湿很敏感，在湿度大而炎热的地带饲养，易消瘦、发病增多。⑥嗜盐，对盐分的需要明显较其他家畜多。常在缺乏盐生性草的牧场放牧，必须给骆驼补盐，否则会降低其食欲、易发病，甚至失去使役能力。⑦合群性低，合群性不如其他家畜强，在受到惊吓或放牧员收拢时方可集结成群。骆驼有群居习性，也有自主性，出牧、归牧一般都是一条龙似地行走；除在宿营地外，放牧时 3～5 峰分散采食。母驼的合群性比骟驼和幼驼强。⑧有留恋牧场的习惯，当移入新牧场后往往会回到旧牧场去采食。

二、品种形成与群体数量

(一) 品种历史

3 500 万年前，始新世晚期至渐新世早期的北美洲可能出现骆驼科。首先出现的品种是先兽。骆驼的直系祖先在三四百万年前通过白令海峡迁移到亚洲，然后迅速蔓延北半球的干旱区域。一个名叫 *C. thomasi* 的直系祖先出现在欧洲和亚洲的大部分地区。在晚更新世期间，*C. dromedarius* 从大西洋到达印度北部。长久以来，*C. thomasi* 被认为是单峰驼的直系祖先；尽管可能在这个地区发生了驯化，但在阿拉伯半岛没有发现这种祖先的骨骼。在公元前 5000 年的阿拉伯联合酋长国，人们捕获到了一峰野生的单峰驼，这意味着当时驯化没有取得成功。很长一段时间，人们认为单峰驼是在距今 4000 年的南阿拉伯哈德拉马特干旱山谷的野外种群中被驯化的。现在研究表明，驯化是在公元前 2000 年至 1000 年实现的。关于沙特阿拉伯单峰驼的第一批历史资料是在公元前 1100 年北阿拉伯部落与地中海沿岸之间的战争期间写成的。

(二) 数量及产量

据统计，骆驼数量占沙特阿拉伯地区热带牲畜总数的 51%。自 1961 年以来，骆驼种群数量在不断增加，但是在 1996 年后开始急剧下降，之后处于相对稳定的趋势（表 6-1）。

表 6-1　2006—2016 年沙特阿拉伯地区骆驼数量的变化（万峰）

年份	数量
2006	28.41
2007	27.94
2008	24.20
2009	22.99
2010	21.33
2011	21.99
2012	22.34
2013	23.31
2014	27.00
2015	30.17
2016	24.82

资料来源：Faye（2011）。

1961—2009 年，沙特阿拉伯地区的驼奶和驼肉生产力有所增加，主要与种群数量增长相关，但驼肉生产的增长较高是由于骆驼屠宰率的增加所致。事实上，2009 年的平均胴体重量与 1961 年（224kg）相似，屠宰率每年增加 6.62%，屠宰率超过 60%。

三、主要品种

（一）Al-Majaheem 品种

Al-Majaheem（彩图 13）是一个毛发覆盖全身的长腿单峰驼品种，毛色多为黑色，有时有深棕色。该品种更常见的是尖头驼峰。Majaheem 品种是沙特阿拉伯王国很好的挤奶驼之一。

Al-Majaheem 广泛分布于沙特阿拉伯王国，但它起源于沙特阿拉伯王国的东南部。该品种通常分为 2 个亚型：Ad-Dawsaria（来自 Oued Ad-Dawasir 地区）和 Almarria（来自该地区中心和该国东部的 Marri 部落）。Ad-Dawsaria 亚型体高，毛发短，并具有良好的乳用品质，耐受恶劣气候条件的性能较好。Almarria 亚型以其体型美观和腿部灵活而闻名，但耐受恶劣气候条件的能力较差。Al-Majaheem 品种平均产奶量为 10kg/d，泌乳期可产奶 3 200~4 000kg/年；但该品种骆驼的产奶量最高可达 20kg/d 以上。该品种的详细体尺数据见表 6-2。

表 6-2　Al-Majaheem 品种体尺（cm）

性别	头围	颈长	颈围	乳头长度	乳房长度	体高	腰围	腿围
母	46.9±4.3	110.7±13.6	89.4±7.5	6.8±5.0	25.0±12.6	192.2±8.6	219.2±26.6	94.9±7.7
公	51.5±2.7	119.7±14.4	100.8±7.5	—	—	203.3±12.5	230.8±10.7	106.7±7.2

资料来源：Faye（2011）。

（二）Al-Wadda 品种

Al-Wadda 品种（彩图 14）毛色为白色，少数为黄色。其显著特征是具有尖耳、长腿及位于背部中间的驼峰。公驼具有较长的阴茎。

Al-Wadda 广泛存在于沙特阿拉伯王国，主要分布于该国的西北部地区。这种类型群体总数排在该国的第二位，被广泛用于驼奶、驼肉的生产，但少部分也用于旅游观赏。该品种驼产奶潜力较强，泌乳期年产奶量为 3 000~4 000kg（10kg/d），泌乳期可达 400d。该品种的详细体尺数据见表 6-3。

表 6-3　Al-Wadda 品种体尺（cm）

性别	头围	颈长	颈围	乳头长度	乳房长度	体高	腰围	腿围
母	47.4±3.7	108.6±12.1	78.9±8.5	4.7±2.5	25.4±6.2	186.6±6.2	221.7±16.8	93.0±10.2
公	51.4±3.9	122.8±13.7	97.9±9.1	—	—	190.2±19.3	226.0±12.6	104.1±7.6

资料来源：Faye（2011）。

（三）Al-Homor 品种

Al-Homor（彩图 15）是一种产奶量适中，且具有特征性棕驼毛的单峰驼品种。公驼耳朵处毛发较少。身体测量值接近 Al-Majaheem 品种。

Al-Homor 品种在沙特阿拉伯全国各地广泛分布，主要分布于北部地区，毛色棕红。Al-Homor 品种因其优良的肉品质而闻名。其产奶能力似乎不如前面介绍的品种能力强，Al-Homor 品种泌乳期的产奶量为 1 850～3 600kg/年，即平均 7.5kg/d。该品种的详细体尺数据见表 6-4。

表 6-4　Al-Homor 品种体尺（cm）

性别	头围	颈长	颈围	乳头长度	乳房长度	体高	腰围	腿围
母	46.5±3.7	107.1±9.8	83.9±9.1	4.7±2.1	25.6±9.8	186.7±8.0	217.3±17.2	93.1±6.6
公	49.3±4.9	114.6±10.5	96.7±14.3	—	—	198.6±12.2	228.0±14.6	103.6±12.5

资料来源：Faye（2011）。

（四）Al-Safrah 品种

Al-Safrah 品种（彩图 16）的毛发多为深棕色，覆盖全身。体型由中等到大不等，头部长而粗大，颈部长，胸部宽大，腿长，耳朵尖，脚掌大，驼峰主要位于背部中间或后部。

Al-Safrah 分布于沙特阿拉伯东部，在阿拉伯北部也很常见。该品种群体数量较多，主要用于产肉、产奶和产毛。泌乳期 12 个月的产奶量为 2 200～3 100kg，体高低于前述几个品种。该品种的详细体尺数据见表 6-5。

表 6-5　Al-Safrah 品种体尺（cm）

性别	头围	颈长	颈围	乳头长度	乳房长度	体高	腰围	腿围
母	48.1±1.5	98.7±4.2	81.0±3.2	4.3±1.1	22.7±3.3	185.3±3.9	220.8±8.9	85.3±3.1
公	51.5±2.9	104.5±8.4	93.5±7.9	—	—	191.5±10.9	219.3±11.7	98.0±6.5

资料来源：Faye（2011）。

四、品种评价

沙特阿拉伯单峰驼性情温驯，易调教管理，耐粗饲，抗灾、抗病、抗旱能力强，能利用其他畜种不能利用的荒漠草场。体大、绒多、役力强，在沙漠和丘陵山区是不可替代的交通工具。遗传性能非常稳定，但其繁殖率低、繁殖周期长。沙特阿拉伯单峰驼在长期进化过程中形成的独特生理机能和抗逆性，是其他畜种所不具备的，这些性状基因是生物工程中珍贵的遗传资源。使用分子遗传学工具可以证明骆驼不同品种之间的密切关系，其中详细的表型信息可能是建立不同品系分类的第一步，也是确定沙特阿拉伯王国中不同品系骆驼生物多样性的第一步。目前，养殖系统（定居点、集约化、室内饲养系统、城镇周围的设施等）的变化增加了对骆驼高产化和专业化的需求。同时，应加强研究生产环境与沙特阿拉伯国家骆驼数量的平衡点，建立保种的长效机制，依法保护和利用骆驼遗传资源，形成以保护促稳定、稳定促保护的良性循环。

第二节　印度单峰驼

一、一般情况

印度的骆驼是单峰驼，不仅仅可以用于运输，还可以用于挤奶、产绒、产肉。印度 70% 的骆驼分布在哈里亚纳邦、古吉拉特邦和旁遮普邦地区，每平方千米的平均饲养密度为 0.37 万峰。印度主要有四大骆驼品种，即 Bikaneri、Jaisalmeri、Kachchhi、Mewari。Bikaneri 品种主要栖息在干旱地区和极其炎热、寒冷的沙漠地区，有很强的耐力，具有多种用途，主要用于驮运。Jaisalmeri 品种，略微瘦小，主要用于骑乘。Kachchhi 品种具有多种用途，但主要是挤奶。Mewari 品种适合用于旅游和驮物，更是挤奶专用驼。据 FAO 统计，2016 年印度的骆驼数量达 47.6 万峰，与上年相比较稍有下降（表 6-6）。

表 6-6　2006—2016 年印度国家骆驼数量变化（万峰）

年份	数量
2006	54.5
2007	51.7
2008	49.6
2009	47.6
2010	45.7
2011	43.9
2012	40.0
2013	54.5
2014	51.7
2015	49.6
2016	47.6

二、主要品种

（一）Bikaneri 品种

该品种在当地十分受欢迎，是一种多用途的骆驼，主要分布于最高气温可达 48℃、最低气温为1℃的拉贾斯坦邦 Bikane 地区。Bikaneri 骆驼体型高大，毛短、粗，主要由浅色到深棕色，但当地人更偏爱红棕色。对称的身体和圆形的头是 Bikaneri 的一个典型特征。耳朵小而直立，脖子中等长短，带有明显的曲线。眼睛明亮，呈圆形。

（二）Jaisalmeri 品种

主要分布于拉贾斯坦邦的斋沙默尔区。该品种体型偏小、体重较轻，头部细小，颈部细长。毛色大多为浅棕色。便于骑行。该品种的骆驼可以每小时 20～25km 的速度行驶 100～125km。Jaisalmeri 品种也可用于轻载。

（三）Kachchhi 品种

Kachchhi 品种主要分布在古吉拉特邦的 Kachch 地区。该品种体重过重，毛色以黑棕色为主。脖子长而粗。耳朵尖而小。前腿比后腿含有更多的肌肉。眼睫毛、脖子和脸部没有过多的毛发。Kachchhi 品种具有发达的乳房，泌乳性能极好。

（四）Mewari 品种

Mewari 品种主要分布于拉贾斯坦邦的 Jodhpur、Jalore、Barmer 地区。Mewari 品种颈部粗而长，躯干长而大，面部与 Bikaneri 不同。该品种骆驼体重大，肌肉发达，肢体长，能够进行繁重的农业活动，可以承受重负荷。该品种也用于骑行。

三、生长和生产性能

（一）体重

Bikaneri 品种新生幼驼平均体重公驼为（42.15±0.77）kg，母驼为（38.82±0.64）kg。Kachchhi 幼驼出生最轻，而 Jaisalmeri 处于中间。据统计，不同品种成年驼体重在 550～600kg（表6-7），且差异显著。Bikaneri 品种平均成年体重最高，公驼为（617.33±17.02）kg，母驼为（577.83±9.79）kg，其他组别的骆驼品种成年时体重相当。

表 6-7　不同年龄段印度骆驼品种体重变化（kg）

年龄	Bikaneri 品种		Jaisalmeri 品种		Kachchhi 品种	
	公	母	公	母	公	母
出生	42.15±0.77	38.82±0.64	36.86±1.18	34.69±1.88	33.95±0.96	31.47±1.33
6 月龄	170.13±4.26	176.67±5.54	183.00±7.02	170.00±5.40	181.20±5.22	169.14±8.31
1 岁	229.18±4.03	223.00±7.41	226.00±23.80	201.20±13.50	202.00±4.71	201.83±7.25
2 岁	273.25±5.82	263.33±14.55	264.00±30.12	225.75±17.68	293.60±26.77	279.16±5.22
3 岁	391.50±12.38	340.00±11.15	NA	341.43±9.12	378.25±8.64	NA
大于 4 岁	617.33±17.02	577.83±9.79	574.80±12.73	537.00±11.61	576.75±44.73	563.74±14.73

注："NA"表示没有检测数据。

（二）体尺

不同品种印度单峰驼前腿和后腿长度相当。其中，Bikaneri 品种体长、颈长都较长，体积也更大。相对于其他品种，Kachchhi 品种的公驼面部最长（表6-8）。

表 6-8　印度骆驼品种体尺指标（cm）

体尺	Bikaneri 品种		Jaisalmeri 品种		Kachchhi 品种	
	公	母	公	母	公	母
腿长						
前腿	151.44±1.78	140.60±4.12	150.60±3.12	140.28±2.68	150.33±2.48	138.20±1.38
后退	160.55±2.08	149.60±3.29	162.00±1.99	150.28±2.62	161.50±1.61	145.80±1.52
体长	165.70±2.06	158.20±4.32	156.40±1.62	157.28±1.38	156.33±6.76	158.00±4.93
颈长	129.77±3.27	120.00±3.56	119.60±2.93	115.28±2.20	111.66±5.27	115.40±1.61
驼掌长						
前	73.89±1.77	67.40±1.20	75.60±1.02	66.42±1.11	75.66±1.83	68.20±0.81
后	62.44±0.89	59.20±1.15	64.60±0.89	56.85±0.88	66.50±1.28	59.90±0.99
颈围						
脖底部	113.44±5.48	92.60±2.35	98.00±2.99	92.85±1.85	97.33±6.88	94.30±2.14
下颌区	74.00±1.64	57.80±1.35	64.00±1.81	56.71±0.97	66.61±3.49	54.90±0.99
面长	56.25±2.86	54.67±1.20	58.25±1.87	54.33±1.20	61.00±1.08	57.00±0.58

（三）体重

印度单峰驼从出生到3月龄，体重从（702±7.37）g/d（Jaisalmeri 品种）增加到（789.21±7.33）g/d（Bikaneri 品种）。随着年龄的增长，每天体重增加的速度逐渐下降。在1～2岁时，每天的体重增长为（194±26.95）～（238±1.00）g（表6-9）。

表 6-9　印度骆驼品种平均增重（g/d）

年龄	Bikaneri 品种	Kachchhi 品种	Jaisalmeri 品种
0～3月龄	789.21±7.33（91）	748.58±5.48（38）	702±7.37（31）
3～6月龄	703.1±6.62（72）	636±16.66（21）	411±4.40（5）
6～12月龄	337.80±5.82（90）	281±11.14（22）	298±13.66（7）
1～2岁	227.60±8.71（75）	194±26.95（7）	238±1.00（2）

注：小括号内数值为骆驼数量（峰）。

（四）生产性能

Kachchhi 品种产奶量最高，每天平均产奶量为 5.2～8.0kg，最高产量为18kg。

表 6-10　印度骆驼品种日产奶性能（kg）

项目	Bikaneri 品种	Jaisalmeri 品种	Kachchi 品种
日产奶量	3.8~11.0	3.0~8.0	5.2~8.0
日产奶最大	14.0	—	18

资料来源：Jasra（2002）。

（五）速度

步行时，Bikaneri 的速度（5.87km/h）比 Jaisalmeri（5.52km/h）快；而在小跑和疾驰时，Jaisalmeri 的速度（13.37km/h 和 26.57km/h）比 Kachchhi（12.34km/h 和 24.06km/h）和 Bikaneri（11.82km/h 和 24.05km/h）的都更快（Radwan 等，1992）。

第三节　俄罗斯单峰驼

一、品种

俄罗斯的单峰驼只有 1 个品种，即 Arvana。该品种骆驼共有 10.98 万峰，在土库曼斯坦有 8.57 万峰，在乌兹别克斯坦有 2.12 万峰，还有 0.29 万峰分布在哈萨克斯坦、阿塞拜疆和塔吉克地区。

由于 Arvana 是世界上产奶量最高的驼种之一，因此被广泛用于改良哈萨克双峰驼的产奶性能。Arvana 单峰驼可在产草量很低的荒漠、半荒漠地区终年放牧，但不能适应冬季寒冷地区，在湿度高的地区易感染寄生虫。初生时平均体重 38~40kg，母驼 3 岁时体重 350~400kg。Arvana 单峰驼有一个深而宽阔的胸腔、发达的骨骼结构和强有力的肌肉。驼峰紧凑，略微向后移动，具有良好的体尺（表 6-11）。

表 6-11　5 岁以上俄罗斯单峰驼体尺（cm）

统计项目	M±SD
公驼	
身高	197.1±1.5
体长	166.1±1.6
胸围	232.1±1.9
胫骨	26.1±0.3
指数	84.6±0.6
骨指数	13.3±0.1
母驼	
身高	178.8±0.3

统计项目	M±SD
体长	152.1±0.2
胸围	216.7±0.4
胫骨	19.9±0.1
指数	86.6±0.1
骨指数	11.3±0.1

二、生产性能

（一）产毛性能

Arvana 单峰驼驼毛卷曲，毛色以红色、浅棕色、黑色居多，白色、灰色等罕见，平均每峰产毛 3.5～4kg。随着年龄的增长，其产毛量增加，成年后产毛量趋于稳定，但是成年公驼的产毛量高于成年母驼（表 6-12）。

表 6-12　Arvana 品种平均产毛量（kg）

年龄（岁）	公驼	母驼
	M±SD	M±SD
1	1.75±0.05	1.86±0.07
2	1.87±0.10	1.98±0.06
3	2.09±0.20	2.09±0.04
4	2.44±0.09	2.12±0.08
5	2.89±0.19	2.10±0.08
6	3.11±0.46	2.04±0.08
>7	3.28±0.30	2.10±0.08

（二）产肉性能

Arvana 单峰驼育肥性能好，2～3 岁的育肥驼日增重 950～1 030g，屠宰率 54.2%。屠宰的最佳年龄是 2 岁。此时，骆驼体重达到其他成年体重的 90%～92%。表 6-13 列出了不同生长阶段 Arvana 单峰驼活体重和日增重情况。

表 6-13　不同阶段 Arvana 单峰驼体重情况（kg）

年龄	公驼		母驼	
	活体重	日增重	活体重	日增重
出生	38.1	—	36.7	—
1 月龄	66.8	0.95	63.1	0.88
2 月龄	97.7	1.03	91.3	0.95

年龄	公驼		母驼	
	活体重	日增重	活体重	日增重
3月龄	124.4	0.89	118.1	0.88
6月龄	197.8	0.81	186.3	0.75
1岁	291.0	0.51	285.1	0.54
2岁	365.0	0.22	367.6	0.22
3岁	419.2	0.15	436.9	0.18
4岁	511.3	0.22	478.9	0.11
>6岁	664.0	—	533.0	—

注：保持 10～12h 禁食。

（三）产奶性能

母驼泌乳期为 15～18 个月，18 个月时产奶量为 4 378kg，乳脂率为 4.31%。产驼 2～3 个月后开始挤奶，每日挤奶 2～6 次，也可用机器挤奶。带有幼驼的母驼，产奶量在秋季下降，第二年春季将再度增加，常在晚上产奶。

（四）劳役性能

Arvana 单峰驼驮 200～300kg 重物，8～10h 可行走 30～35km。工作驼的工作能力依赖于承载货物的重量、行走速度和道路情况，工作后骆驼需要 2～3h 的休息时间。骆驼一天至少工作 2 次。该品种驼喝水速度较慢，但可以在 15～20min 喝 25～35L 的水。

第四节　非洲地区单峰驼

一、一般情况

单峰驼主要分布在非洲、亚洲和澳大利亚等半干旱、干旱的热带及亚热带地区。据世界粮农组织的统计数据，在非洲每 20 个人就有 1 人拥有骆驼。

（一）形态特征

非洲单峰驼毛色为深棕色到暗灰色，毛比双峰驼短而柔软。头小，腿长。头颈部长，腿较长，尾巴短。眼睑毛浓密，耳朵小，上唇深裂，鼻孔扁平，呈细缝状。蹄宽大，呈扇状，身躯高大。背毛丰厚，有 1 个驼峰。头、躯干部长 2 250～3 450mm，尾长 350～550mm，体重 300～690kg。

（二）生态习性

非洲地区单峰驼身体机能非常适应沙漠环境，连续不喝水能够坚持5～7d。它们可以利用荆棘、干草及其他哺乳动物所不能利用的耐盐植物，以粗糙、坚韧的沙漠植物为食，靠贮存在驼峰里的脂肪能存活相当长的时间。为了保留水分，骆驼开始流汗前体温会升高很多，以减少排出的汗量。此外，其排泄物是高度浓缩的尿液和干燥的粪便。非洲地区单峰驼是半群居动物，可以自在地独处或群居，但只喜欢和自己的同伴在一起，当有不熟悉的动物接近时情绪常常会变得很激动。

二、品种来源和变化

单峰驼是在阿拉伯半岛南部的某个地区驯化的，该地区是现在已知野生单峰驼生存的最后一个地区，驯化的时间可能是在公元前300年。单峰驼在阿拉伯半岛被驯化后，经两个途径进入北非，其一是经埃及沿海岸进入，其二是经苏丹沿沙漠边缘进入。约在三世纪，大量骆驼经埃及进入北非。据FAO统计，非洲2016年骆驼数量为2 408万峰，占世界骆驼科总数的64%；与2000年相比单峰驼数量呈上升趋势。其中，东非地区是整个非洲单峰驼数量最多的地区，约1 210万峰；其次是北非，约为582万峰。东非地区单峰驼数量最多的国家为索马里、苏丹、埃塞俄比亚；北非地区的埃及、利比亚、突尼斯、阿尔及利亚和摩洛哥是单峰驼的主产区；在中非，单峰驼主要分布于肯尼亚、乍得、马里、毛里塔尼亚和尼日利亚（各地区单峰驼的具体数据见表6-14）。

表6-14　非洲单峰驼的数量及分布（万峰）

国家	数量
索马里	722.20
苏丹	482.61
埃塞俄比亚	120.93
布基纳法索	1.9
厄立特里亚	37.38
吉布提	7.10
肯尼亚	322.26
乍得	158.94
尼日尔	176.52
马里	102.86
尼日利亚	27.98
塞内加尔	0.50
毛里塔尼亚	148.32

国家	数量
埃及	14.20
利比亚	6.21
突尼斯	23.71
阿尔及利亚	37.91
摩洛哥	5.80
西撒哈拉	11.11

资料来源：FAOSTAT FAO estimate（2017）。

非洲地区以动物品种和数量繁多而闻名，大约有 220 种哺乳动物。这里数量丰富的牛、马、骆驼及其他小型反刍动物所占比例较大。从表 6-15 可以看出，与其他动物的数量增长趋势一样，2000 年和 2016 年非洲地区骆驼的数量也呈上升趋势。

表 6-15　非洲地区牲畜数量（万峰）

品种	1996 年	2000 年	2006 年	2010 年	2016 年
山羊	20 718.59	23 664.56	28 169	33 299.88	38 766.72
马	415.97	429.045	526.631 1	602.11	631.06
驴	1 391.41	1 484.65	1 679.916	1 783.86	2 061.98
骆驼	1 482.55	1 655.70	1 895.222	2 264.411	2 408.43
牛	20 488.84	22 662.4	25 530.21	28 729.27	32 484.48
绵羊	22 011.22	24 702.07	28 066.72	31 002.53	35 157.9

资料来源：FAOSTAT FAO estimate（2017）。

三、各地区骆驼的生产性能

在非洲干旱、半干旱的荒漠地区，大多数牧民的主要收入来源依靠骆驼养殖。非洲的骆驼生产体系非常多元化，在许多国家的经济中扮演着越来越重要的角色。自然生产的驼奶和驼肉在全球市场上占有重要地位。此外，当地牧民也会采取旅游和比赛等其他方式扩大骆驼的使用价值，为增加骆驼生产系统的盈利能力提供新的途径。

在非洲，骆驼以私人养殖为主导。例如，在北非还是以国内养殖为主，也有部分出口到其他国家，其中埃及、利比亚和高尔夫海湾国家是骆驼的主要出口国。表 6-16 列出了非洲地区的驼奶总产量和驼肉产量，其中西非地区驼奶的产量最大，而北非地区驼肉的产量最大。表 6-17 列出了大多数非洲国家的驼奶产量，其中索马里、苏丹的驼奶日产量较多，利比亚和埃塞俄比亚等国家的驼奶年产量较多，埃及的驼乳日产量和驼肉产量均较多。

表 6-16　非洲不同地区不同年份驼奶和驼肉产量（t）

项目	1996 年	2000 年	2006 年	2010 年	2014 年	2016 年
驼奶						
东非地区	4 374	4 581	4 637	5 759	4 983	5 049
中非地区	1 507	1 469	1 462	1 378	1 346	1 351
北非地区	2 428	2 398	2 303	2 331	471	481
西非地区	3 948	5 563	4 851	6 550	5 945	5 881
驼肉						
东非地区	1 925	1 860	1 908	2 112	2 145	2 276
中非地区	1 800	1 800	1 800	1 800	1 800	1 800
北非地区	2 214	2 464	2 334	2 381	2 719	2 695
西非地区	1 672	1 659	1 662	1 562	1 639	1 632

资料来源：FAOSTAT FAO estimate（2017）。

表 6-17　非洲不同地区每峰骆驼的产奶量（kg）

国家	产奶量	
	每天	每年
索马里	9	1 800
苏丹	5～10	1 500～2 500
突尼斯	1.5～5	300～1 200
埃及	4～15	1 600～4 000
阿尔及利亚	4～8	—
乍得	3～5	—
肯尼亚	4～6	—
埃塞俄比亚	7	2 450
厄立特里亚	5～6	—
利比亚	3～6	1 200～3 500

资料来源：Cheriha（2000）。

（一）东非地区骆驼的生产性能

索马里、苏丹和埃塞俄比亚地区的骆驼数量多。体重一般为 400～750kg，平均约为 650kg。体重大是该地区骆驼的主要特色（Cheriha，2000；Idriss，2003）。驼奶产量平均每天 5～10kg。在苏丹，单峰驼主要在达尔富尔省自然放牧，在科尔多凡省和东部省份主要进行补饲加放牧的形式。其中，补充的饲料主要由高粱籽、油籽饼、高粱秸秆和浓缩物组成。平均驼群大小约为 193 峰，其中约 2/3 是母驼，1/3 是公驼。驼奶、驼肉是当地牧民的主要收入来源，牧民也会通过向沙特阿拉伯和海湾国家出口骆驼而获得其他收入。

（二）中非地区骆驼的生产性能

在中部非洲国家，骆驼饲养数量较少（除毛里塔尼亚以外）。骆驼平均体重为

250~300kg，驼奶产量为 1.5~8kg（Cheriha，2000）。骆驼主要是出售、运输、比赛和农业用，阿尔及利亚和利比亚等国家也会出口骆驼。

（三）北非地区骆驼的生产性能

北非骆驼的生产系统非常多样，从摩洛哥的农业-牧民系统的情况来说，他们只拥有很少量的驼群（Sghaier，2003）。一般来说，平均规格为每群 50~100 峰。每峰骆驼平均体重为 250~700kg（Cheriha，2000），日产奶量为 1.5~8kg（表 6-18）。

表 6-18　非洲不同地区骆驼的生产性能

地区	平均驼群数（峰）	平均成年驼重量（kg）	主要用途	日产奶量（kg）	是否外销	其他用途	进出口情况
北非	20~80	400（250~800）	产奶、产肉	1.5~8	否	运输、比赛、耕田、旅游	从苏丹、乍得、毛里塔尼亚进口
中非	—	250~300	产奶、产肉	1.5~8	是	运输、比赛、耕田	出口到海湾国家、利比亚、摩洛哥
东非	100~5 000	650（400~750）	产奶、产肉	5~10	是	运输、比赛、耕田	出口到海湾国家、埃及、利比亚

资料来源：FAO-ICAR Seminar on Camelids。

四、品种评价

在非洲，骆驼产品（驼奶、驼肉、驼绒和驼皮）与其他传统动物产品相比具有更大的优势。骆驼产品市场正在逐渐扩大，已经慢慢成为传统奶、肉品的替代品。作为世界上骆驼种群占比高达 80％的非洲大陆来说，缺少对骆驼繁殖与遗传的调查研究。以下是非洲地区单峰驼发展的主要制约因素和发展优势：

（一）主要制约因素

（1）除了像索马里这样的极少数国家以外，其他国家骆驼养殖的经济利益低下。

（2）骆驼养殖仍然以传统方式为主。

（3）骆驼生产系统现代化缺少经济支持和存在技术难题。

（4）尽管现在世界上很多国家开始对骆驼产品产生了兴趣，但仍缺乏良好的市场。

（5）国际上国家和各地区因为骆驼饲养规模不同，因此无法制订合理的发展计划。

（6）没有专门的骆驼育种组织（如协会、合作社等）来协调市场和牧民之间的合作关系。

（7）尽管有很多关于骆驼产品的科学成果，但大众对于骆驼的认识仍然不足。

（8）国家、区域和国际对骆驼的科学研究计划不足。

（9）与骆驼产品展现的潜力相比，目前单峰驼生产力较为低下。

（10）缺乏主要的骆驼产品营销渠道。

（二）主要发展优势

（1）在非洲干旱、半干旱的荒漠地区，大多数牧民的主要收入来源依靠骆驼，使得骆驼的饲养数量占有很大的比重。

（2）非洲对骆驼的繁殖生产体系有较深的了解，并且有丰富的实践经验。

（3）生产成本低。

（4）自然环境和生产特性允许骆驼产品替代其他畜产品（比如牛肉，牛奶等）。

（5）具有十分可观的生产潜力（约占世界骆驼种群的80%）。

（6）骆驼产品在非洲存在较强的优势。

（7）在非洲国家的发展战略中开始对骆驼育种进行规划。

第五节　澳大利亚单峰驼

一、一般情况

澳大利亚拥有世界上最大的野生骆驼族群，目前野生骆驼数量已经达到了100万峰，它们全都生活在澳大利亚干旱的内陆地区。其中，西部地区大概有50%的骆驼，北部地区大概有25%，在西昆士兰和北部地区大概有25%（Saalfeld等，2010）。

1840年，第一峰骆驼从加那利群岛踏上了澳大利亚的土地。1860年，又有24峰骆驼来到了澳大利亚。此后的50年里，有1万～1.2万峰骆驼相继被运送到澳大利亚。早期移民骑着骆驼探索、开发澳大利亚（Cochrane，2010）。

随着印度洋—太平洋线的贯通，货物由火车运输，澳大利亚骆驼的使命也就结束了。1925年，澳大利亚出台了一项法律政策，要求所有的骆驼都要登记注册，没有登记的骆驼都被射杀。但一些骆驼牧民不愿射杀他们的骆驼，就秘密地将骆驼放归到了内陆地区，有人说放归的骆驼有100峰，也有人说放归的骆驼达到了1 000峰。这些骆驼就在澳大利亚内陆地区繁殖、生存，如今澳大利亚的内陆地区到处都有骆驼的身影。

二、品种及用途

在最初移民时，大多数被转移的骆驼都是阿拉伯单峰驼，只有20峰蒙古双峰驼被引进。现在也是以单峰驼为主，只有少量双峰驼。其中从印度引进的单峰驼大多数是负重型骆驼，主要用于屠宰场贸易。另一部分引进的苏丹骆驼，轻巧灵敏，主要用于赛跑。在1866年，澳大利亚人开始选育本地骆驼。然而，在澳大利亚干旱地区多年的自然繁殖过程中，骆驼进化成了一种典型的品种——澳大利亚骆驼。目前澳大利亚单峰驼根据颜色分类，有浅棕色、白色、红色、灰色、黑色（彩图17）。

此外，澳大利亚还引进了一些双峰驼，与单峰驼杂交产生的后代身材矮小、细长，粗壮，肌肉发达，有一个长长的驼峰。但该杂交驼在澳大利亚并不常见。澳大利亚的骆驼在沙特阿拉伯和其他海湾国家十分抢手，因为它们在澳大利亚内陆地区自由的环境中长得很强壮、很结实，在海湾地区可以用来育种或者比赛。在澳大利亚，骆驼还被用来旅游观光。此外，驼肉、驼奶都十分受到澳大利亚市场的欢迎。

第七章

羊驼资源

羊驼 [*Lama pocos*（alpaca）]，别名无峰驼，英文名 Alpaca。在脊椎动物分类学上属于哺乳纲（Mammalis）、偶蹄目（Artiodactyla）、骆驼科（Camelidae）、美洲驼属（*Lama*）。羊驼有 2 个亚种：一个是苏利（Suri），另一个是霍奎耶（Huacuya）。原产地为南美洲，自然分布于南美洲的秘鲁、玻利维亚和智利的安第斯山脉海拔 3 000～6 500m 的草地、牧场及沼泽地带。在 6 000 多年前，羊驼就被该地区的牧民驯化，并成为南美洲的重要家畜（郭文扬等，2014）。

第一节　羊驼概述

一、中心产区及分布

羊驼是南美洲安第斯山区典型的动物，现存数量 350 多万只，其中 90％以上分布在南美洲地区。由于羊驼的适应性和耐粗饲性都非常强，能利用海拔 4 000m 左右的安第斯高原地区的劣质草场，因此已成为当地国民经济中的重要产业。羊驼主要分布于美国、澳大利亚、新西兰、英国等国家（张巧灵，2002）。

二、栖息生态条件

羊驼原产于秘鲁中部，曾广泛分布于南美洲大陆。从热带海岸到高寒山地，凡是有人的地方就有羊驼。特别恶劣的自然环境和无处藏身的野外条件培育了羊驼极强的适应性能与耐粗饲性能。一般生活在－18～22℃的气温环境中，栖息于海拔 4 000m 的高原，以高山棘刺植物为食。对高海拔和干旱沙漠地区有很好的适应能力，兼备牦牛和骆驼的优势。在温带、亚热带海洋性湿润气候的环境中也能很好地生长发育，并能提高生产水平。在高海拔牧区的劣质草场和沙砾、荒漠灌木草场，羊驼比绵羊能更好地保护草原的生态环境；在低海拔牧区，羊驼是秸秆利用率最高的家畜（张巧灵，2002）。

三、品种生物学特性

羊驼现已被驯化为南美洲特有的家养动物，因为它性情极其温顺，伶俐而通人性，易于饲养和管理，仅用两道铁丝或绳子拉成的栏就能圈养。羊驼一般按照类型、毛色、年龄和性别分群管理，每群以 200～1 000 只为宜。其中，适龄母羊驼占 40％左右，用于生产驼绒的去势公羊驼占 30％。配种时公、母羊驼数量之比为 1∶（20～25）。

羊驼具有其特殊的生活习性：①生性洁净，只在固定地点排粪（尿）。即使自由活动，其仍在习惯地点排粪（尿），这种习性对控制内外寄生虫感染非常有利。但为了避免污染局部草场，需要人工把粪便散开。②喜欢沙浴。但为了防止沙浴破坏草场，人工饲养时可独辟出羊驼沙浴场。此外，还可利用沙浴的特点，对羊驼进行外寄生虫病的防治。③不过度采食。无论牧草质量、数量如何，羊驼总是稳步游走，啃食一小部分牧草的尖部和灌木草丛的梢部，保留大部分牧草的茎叶和茎秆。即使在饥饿的状态下，羊驼也是以扩大采食半径来获得食物。④对潮湿环境有调节能力，能抗烂脚病。因此，羊驼既可以在农户小群圈养，也适于牧区放牧管理。在人工草场上应用简单的可移动圈栏就能实行分区轮牧，可提高草场的利用率（李彦明等，2003）。

第二节　羊驼来源与变化

一、品种形成

骆驼科物种的最早起源地在北美洲，共同祖先为原柔蹄类动物。到新世中期，原柔蹄类动物为了适应环境变化逐渐进化为"二趾原驼"。新世末期，一部分"二趾原驼"通过白令陆桥，向亚非大陆迁移，进化为现代的双峰驼和单峰驼。另一部分"二趾原驼"进入南美洲的安第斯山脉，进化为现代的美洲驼属，即原驼（Guanaco）、骆马（小羊驼，Viacna）、美洲驼。在美国布拉斯加州的奥尔卡德附近，发现1000万年前的化石层，其中有大量的原驼化石（如图7-1中的羊驼壁画）。在骆驼科物种的演化过程中，一部分原驼南至安第斯山脉，逐渐分化成美洲驼属。美洲驼属中有美洲驼、羊驼和原驼3个种，其中美洲驼和羊驼早已驯化成为南美洲的两种重要家畜。

图 7-1　羊驼壁画

二、品种和数量

（一）品种

1. 苏利羊驼　苏利羊驼（Suri）（彩图18）具有独特的毛纤维特性，驼毛不仅细长，而且犹如丝绸般光滑，均匀、柔顺地下垂；另外，犹如卷曲的长发，一绺一绺的。

质地上乘的苏利羊驼毛具有很强的光泽度，在阳光下会闪闪发光。驼毛纤维中含髓量极少，因而手感较好，光泽度较高，纤维组织中不含鳞片，更适于精纺织物的加工。世界上苏利羊驼相当稀有，而白色品种则更为稀有。其中，美国有 2 000 只，澳大利亚有 500 只，新西兰还不到 30 只。

2. 瓦卡亚羊驼　瓦卡亚羊驼（Huacaya）（彩图 19）是主要的羊驼品种，占全世界羊驼瓦卡亚总量的 94%。瓦卡亚羊驼绒毛易于加工处理，可分成许多级别，绒毛的卷曲度使得瓦卡亚羊驼看似圆圆的动物，给人一种毛茸茸的感觉。瓦卡亚羊驼的毛类似于美利奴羊毛，但手感更柔软，可跟羊绒媲美。瓦卡亚羊驼绒毛被广泛应用于多种纤维加工业，最适于制作精细的西装面料，以及针织衣物、毛毯等。瓦卡亚羊驼毛是当今世界流行最广的羊驼面料的原料来源。

（二）群体数量

目前羊驼是秘鲁、玻利维亚等国的主要放牧家畜。到 2009 年末，世界羊驼数量约为 400 万只（李彦明等，2003）。由于羊驼的发展前景看好，因此澳大利亚、美国、新西兰等国都兴起了饲养热潮。澳大利亚采用引进及培育的方法，将羊驼数量发展到现在的 10 多万只。

第三节　品种特征和性能

一、外貌特征及相关指标

1. 外貌特征　羊驼的体型相较美利奴羊稍大些，但体躯相似，不同的是羊驼有一个长颈，头似骆驼，鼻梁隆起，两耳竖立，颈有细毛，无驼峰；驼体呈高方形，颈长等于体高的 1/2，体高与体长的差值约为 1/3；结构匀称，紧凑坚实，肌肉发达；皮肤与被毛浓密，皮下脂肪少，头颈高昂。成年羊驼肩高 90～100cm，体长（头至尾）200cm 左右。头部有两种类型：一种短小，呈楔状；另一种瘦长。眼呈椭圆形，眼球突出，明亮有神。耳稍尖长，直立，转动灵活，耳廓两侧密生被毛。鼻梁微拱，鼻孔斜开。颈部瘦长，成年羊驼颈部长约 50cm，颈部肌肉多腱质且呈直立状。肋骨宽扁，肋间距小，胸廓紧凑。背腰微弓，结构紧凑。臀部肌肉发达，微隆起，有质感。尾短小，活动灵活。四肢细长，与颈长大体相当。全身有 7 块角质垫，分布于胸、肘、腕、膝，卧地时全部着地。此外，羊驼不会鸣叫，只能偶尔发出低沉的"吭吭"声。

羊驼毛纤维分为 7 种基础色调，即白色、黑色、浅黄褐色、棕褐色、红色、褐色和黄色，这 7 种色调形成 22 种可稳定遗传的天然毛色。中国羊驼种群的毛色以白色为主，约占 85%。

2. 体重和体尺　2009 年 12 月，山西农业大学对羊驼的体重和体尺进行了测量，见表 7-1（郭文扬等，2014）。

表 7-1　成年羊驼体重、体尺

性别	数量（只）	体重（kg）	体高（cm）	体长（cm）	胸围（cm）	管围（cm）
公	35	61.8±2.82	90.42±4.68	75.24±3.25	90.2±2.43	18.51±0.65
母	75	55.35±3.62	88.23±4.73	76.12±4.24	86.32±1.87	16.65±0.28

二、生产性能

1. 产毛性能　每只羊驼每年一般剪绒 1 次，每年每只羊驼可产绒 1～4kg，价格相当于羊毛的 4～5 倍。由于羊驼毛品质好，其细度、强度和弹性都优于羊毛，因此被誉为"软黄金"，是高级的毛纺原料。成年羊驼平均剪绒量 3kg，高产个体的年产绒量可达 10kg，产绒量与体重显著相关。羊驼纤维是一种不含羊毛脂或油脂的天然调制蛋白质，被归类为特种纤维。羊驼纤维的特点是细腻、坚固、舒适、保暖和轻盈，并有 16 种自然颜色可供选择（Campero，2002）。这种纤维的主要缺陷是弹性低。羊驼绒多为白色，还有棕黄、浅灰等 6 种颜色。这些颜色自然、柔和，不褪色，可以组成 26 种不同色调的各类毛织物品。由于白色羊驼绒易染上其他颜色，因此其价格也较高。羊驼的被毛中粗毛含量很少，净产毛率达 90％，不易黏结，纤维极细，毛质极佳。羊驼绒纤维的平均长度为（6.8±1.5）cm，与美利奴羊毛的高产羊毛品种类似。

2. 产肉性能　体重为 75kg 的成年羊驼屠宰率为 55％～60％，每只成年羊驼可产净肉 35～40kg。肉质色泽较红，风味纯正，口感细腻，类似羊肉。18 月龄以下的羊驼肉味鲜美，羊驼性成熟后肉有膻味。

3. 繁殖性能　羊驼一般寿命 20～25 岁。公羊驼 2 岁性成熟，母羊驼 1 岁左右性成熟。繁殖期为每年 11 月至翌年 3 月，妊娠期平均 342～345d，单胎。母羊驼到 1 岁体重达 40kg 时即可配种，种公羊驼一般从 2 岁开始使用。幼驼初生重 3.6～10.4kg，平均 8kg，4～6 月龄断奶。3 岁时体重公羊驼可达 75kg，母羊驼可达 65kg。在人工控制下，每只公羊驼每天配种 2～3 次。母羊驼一般在受性刺激后排卵，妊娠率可达 85％（王作洲，2006）。

第四节　饲养管理与品种评价

一、饲养管理

羊驼采食量不大，耐粗饲，以吃草为主，吃草的习惯同绵羊最接近，一般干草和农作物的秸秆都是其很好的饲料。由于它们能利用饲料中的氮再循环产生尿素，因此对蛋白质的要求不高，羊驼每天吃进相当于其体重 1.5％的干物质即可。夏季，种公羊

159

第七章　羊驼资源

驼每天喂青草 3.5kg；冬季，每天喂苜蓿干草 2kg 和胡萝卜 0.5～1.5kg。非配种期每天补喂 0.5kg 混合精饲料，逐渐增加到配种期每天饲喂混合精饲料 1.2～1.4kg。种用母羊驼每天 2 次饲喂精饲料 0.5～0.7kg，每天 4 次饲喂粗饲料 1.6～1.7kg。在妊娠前 1～2 个月，可补饲一定量的精饲料进行短期优饲。其中，蛋白质、矿物质和维生素的含量要达到日粮的 15％左右。

二、品种评价

羊驼对于高海拔和干旱荒漠地区有很强的适应能力，兼备了牦牛和骆驼的生态优势，在温带、亚热带海洋性湿润气候环境中也能很好地生长发育，并能提高生产水平，可从以纯种繁育、开拓市场培育观赏等方面对引进羊驼开发利用。①纯种繁育。鉴于羊驼可观的经济效益，引进羊驼新品种，开展以羊驼毛为主要产品的生产应用研究，以及在羊驼生理生态、饲养管理、生长发育、繁殖育种及提高生产性能等方面做相关工作。②开拓市场。在进行纯种繁育研究基础上生产羊驼毛，打开国内外市场，提高驼产品出口创汇新的经济增长点。③培育观赏。由于羊驼长相可爱，性情温和，与人特别亲近，排便地点固定，因此适合用作观赏动物，或作为老人和儿童的宠物伴侣。

目前国外对于羊驼有组织的研究已逾 40 多年，在南美洲还有专门的研究所，已经进行的工作包括生殖器官解剖、性行为观察、诱导排卵、妊娠诊断、胚胎死亡、人工授精及胚胎移植等。我国对羊驼的认识还处于起步阶段，目前没有相关协会或组织来发展羊驼产业；羊驼基地很少，可供研究的羊驼数量也很有限。我国应当在羊驼解剖学、内分泌学、免疫学和分子生物学等方面开展研究，从而填补羊驼研究的空白。

第八章

骆驼科物种遗传多样性

第一节 细胞（染色体）水平遗传多样性

染色体标记主要是指染色体核型（染色体数目、大小、随体、着丝粒位置等）及带型（C 带、G 带、N 带等）（罗林广等，1997）。染色体显带技术是一种直观、快速而经济的检测外源遗传物质的方法，但由于该法对技术的要求较高，易受试验条件的影响，且大多数染色体的这种细胞学标记数目有限，因此对某些不具有特异带型的染色体或片段进行鉴定时结果的可靠性略差。

1968 年，Taylor 等对 2 只原驼、1 峰双峰驼和 3 峰单峰驼进行染色体核型分析发现，3 种动物的染色体数目都是 74（2n），X 染色体最大，属于等臂及近等臂型，等臂和近等臂型的常染色体有 5 对，其余大部分常染色体为末端着丝点，染色体核型具有高度的相似性。但由于当时的技术手段所限，核型分析的技术水平和深度均不够，因此试验能说明的问题也有限。随后，Grafodatshii 和 Sharipor（1982）应用 G 带技术鉴别了双峰驼大多数的染色体对，并作了组型分析。

陈彩安等（1984）采用外周血液淋巴细胞培养方法对双峰驼的染色体进行了分析，结果初步证实染色体数为 $2n=74$，常染色体 36 对，臂数 NF=132，性染色体 1 对，组成 XX/XY 型。36 对常染色体中，有 15 对为亚端着丝点，9 对为亚中着丝点，6 对为端部着丝点和 6 对中部着丝点。X 染色体为中部着丝点，Y 染色体为端部着丝点（图 8-1 和表 8-1）。

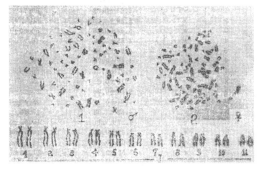

图 8-1　双峰驼染色体组型分析图

表 8-1　骆驼的染色体测量结果与分组

组别	编号	臂比指数*	相对长度#	组别	编号	臂比指数*	相对长度#
I	1	5.53±0.82	60.77±5.02	I	5	4.91±0.55	44.07±0.34
	2	5.59±1.03	57.17±3.28		6	4.99±0.70	38.38±1.31
	3	5.44±0.25	50.00±0.70		7	4.97±1.31	35.85±2.05
	4	4.65±0.05	46.73±1.57		8	4.16±0.51	33.28±1.70

组别	编号	臂比指数*	相对长度#	组别	编号	臂比指数*	相对长度#
I	9	3.67±0.94	30.78±4.14	II	24	2.50±0.78	13.07±1.67
	10	3.94±0.27	25.83±2.92	III	25	7.91±0.30	42.78±7.61
	11	4.82±1.38	23.45±2.62		26	—	32.80±2.90
	12	4.27±1.11	19.97±5.28		27	—	21.68±5.32
	13	3.42±0.72	14.03±1.87		28	—	19.85±5.42
	14	3.01±0.48	14.23±2.05		29	—	15.05±3.20
	15	3.52±0.37	11.35±0.41		30	—	11.05±1.18
II	16	1.88±0.24	31.18±4.06	IV	31	1.23±0.07	33.98±4.37
	17	2.43±0.14	25.07±2.16		32	1.32±0.07	29.60±1.77
	18	2.45±0.37	20.82±2.22		33	1.52±0.33	23.00±1.07
	19	2.42±0.45	19.60±2.55		34	1.53±0.14	19.88±2.24
	20	2.72±0.70	18.02±1.79		35	1.08±0.06	14.37±1.97
	21	2.46±0.75	16.15±1.98		36	1.26±0.14	11.70±1.13
	22	2.71±0.47	14.98±1.46		X	1.34±0.14	48.68±1.50
	23	2.49±0.45	14.43±1.39		Y	—	11.60±1.12

注：*臂比指数，即长臂/短臂的值；#每条染色体长度占单倍体总长度的千分值。

Bunch 等（1985）对双峰驼、美洲驼和骆马进行了核型分析，结果表明3种动物染色体数目都是74（2n），有3对亚中间着丝粒，33对近段着丝粒常染色体，1个大的亚中间着丝粒X染色体和非常小的近段着丝粒Y染色体，这3种动物的G带、C带模式没有差别。双峰驼有5对核仁来源的染色体，美洲驼和骆马有6对（图8-2）。

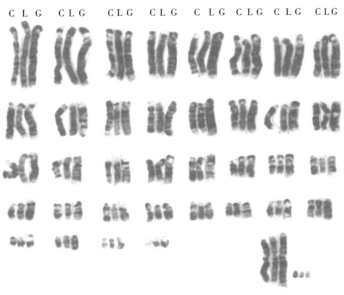

图 8-2 双峰驼、美洲驼和骆马核型G带图案

注：C，骆驼；L，美洲驼；G，骆马。

随着分析技术的不断提高，具有更高分辨率的染色体涂染技术出现。Balmus 等（2007）对骆驼、牛、猪和人的染色体进行跨物种染色体涂染分析，以推测鲸偶蹄目祖先核型。在基因组范围内构建比较染色体图谱，通过流式分类和简并寡核苷酸引物-PCR 制作一系列标记单峰驼的染色体涂染标记探针，标记探针首先用来表现单峰驼、双峰驼、原驼、羊驼，以及单峰驼和原驼杂种的染色体核型特征。通过单色和七色荧光原位杂交（FISH）技术将来自每个流动峰的探针与雌性单峰驼流式核型杂交。在 38 种形式的单峰驼染色体（即 36 对常染色体加上 X 和 Y 染色体）中，21 种类型的染色体各自包含在单个峰中，4 个峰中包含 2 对染色体（18/19、23/25、21/27 和 28/32），3 个峰中包含 3 对染色体（9/10/11、24/26/29 和 30/34/35）；一个少数高峰被邻近高峰的染色体轻度污染。通过使用双色 FISH，并且在小染色体的情况下，FISH 可以分选到相同峰中的染色体。

基于流式分类的结果，建立了连续的 G 带和 FISH（彩图 20），一个高分辨率的 GTG 带状核型（图 8-3）；通过银染在染色体 6、16、18、23、25 和 26 的短臂上鉴定了

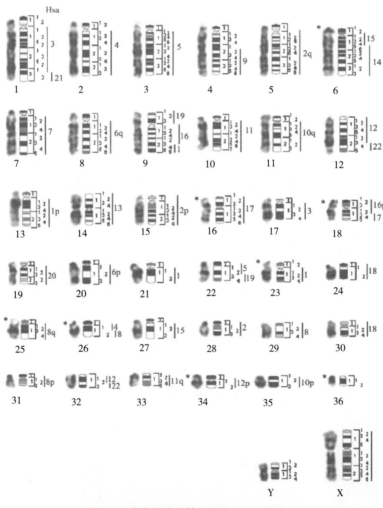

图 8-3　单峰驼染色体组型和 GTG-带核型
（＊NORs，含有活性的核组织区域）

6 对含有活性的核组织区域（NOR）染色体，通过和核糖体 28S DNA 特异性探针检测到 2 对（34 和 36）具有活性的核组织区域。

采用单峰驼染色体独特的探针比较了骆驼科物种的核型，包括雄性单峰驼和雌性骆马的杂交种，发现在染色体水平上双峰驼和单峰驼没有明显的差异。进一步将单峰驼染色体特异性探针杂交至羊驼和骆马染色体上，发现在大多数染色体短臂上有异色块（1、2、4~8、11~13、17~23、29、31~33 和 36），同时观察到了 22 个区域的长度和组成变化。以上结果显示，骆驼科的动物几乎拥有相同的染色体核型，仅仅在异染色质的量和分布模式上有轻微差别。

第二节　血液蛋白多态性

用于多态性研究的生化标记有血型（红细胞抗原和白细胞抗原类型等免疫性状）及蛋白质等。同一类型的蛋白质其编码的基因发生突变，可导致肽链上氨基酸序列的组成出现差异，这种差异可以通过电泳技术进行检测。自 1955 年 Smith 首创淀粉凝胶电泳方法以来，以 Ashton 等（1957，1959）为首的一批学者，在动物体液、脏器等部位检测出了多种蛋白质遗传变异。但是随着研究的不断深入，蛋白质作为遗传标记的不足之处也被逐渐认识。密码子的简并性使得约 30% 的碱基替换不发生氨基酸取代，在发生取代的氨基酸中有 2/3 的取代在电泳时也不能检测出来。

对双峰驼进行血清蛋白分析表明，白蛋白、白蛋白与球蛋白比率与其他家养动物相比具有极显著差异；双峰驼血清蛋白质总量中，白蛋白的百分含量高达 73.20%，白蛋白与球蛋白比率为 2.73，与绵羊、牛、马等哺乳动物比较有一定差异（表 8-2），说明双峰驼血清蛋白具有明显的种属特征（杨国珍，1999）。

表 8-2　几种哺乳动物血清蛋白含量比较

蛋白分组	总蛋白量 (g/dL)	各组分含量百分比（%）					白蛋白/球蛋白
		白蛋白	α_1-球蛋白	α_2-球蛋白	β-球蛋白	γ-球蛋白	
骆驼	6.13	23.20	1.20	2.90	8.90	13.80	2.73
牦牛	7.91	41.60	11.60	—	19.30	29.10	0.71
奶牛	6.97	46.60	14.00	10.40	8.90	20.60	0.93
绵羊	6.80	54.40	4.80	14.10	7.70	19.50	1.19
山羊	6.75	51.30	6.70	7.50	19.80	15.50	1.05
马	7.61	40.70	5.30	11.30	22.70	20.00	0.69

双峰驼血清蛋白质经聚丙烯酰胺凝胶电泳分离具有种属特征性强、重复性好的谱带表象。参照血清蛋白的结构与功能，以及传统的区带划分方法分类的白蛋白区域包括前白蛋白（多数检样出现 2 条谱带）和白蛋白（带宽而色深的单一谱）；而球蛋白区

域由后白蛋白、转铁蛋白、快速免疫球蛋白、慢速免疫球蛋白和 2 个起始峰等组成。后白蛋白区共有 5 条谱带，按其迁移率又分 2 个小区（快速区和慢速区）。快速区有 2 条带，主要组分为 α_1-球蛋白；慢速区有 3 条带，各带的电泳速度存在着个体差异。转铁蛋白区由迁移率不同的 4～5 条谱带组成。免疫球蛋白区的电泳速度比转铁蛋白区慢得多，也有快速区和慢速区之分。

门正明等（1989）对 136 峰骆驼血液样本中的血清白蛋白（Al）、后白蛋白（Pa）、血清运铁蛋白（Tf）和血红蛋白（Hb）进行了测定，发现 Al 只有 1 条较宽的带；Pa 有 3 条带，第 1 条最宽，第 3 条次之，第 2 条最窄；Tf 也有 3 条带，第 2 条最宽，第 1、3 条最窄；Hb 只有 1 条宽带（图 8-4）。说明骆驼的 Al、Pa、Tf 和 Hb 只有 1 种基因型，而且全部纯合，不表现出多态性现象，基因频率及其分布在群体之间无差异。此种现象在其他家畜上则是少有的，可能是由于相似的生态环境条件长期对双峰驼进行选择作用的结果，使双峰驼的遗传变异性向同一个方向发展，保持了 Al、Pa、Tf 和 Hb 的一定稳定性。

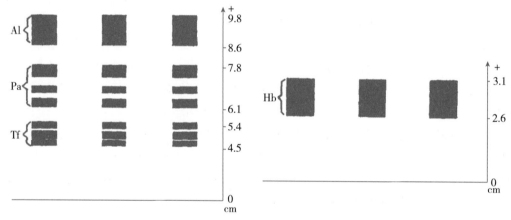

图 8-4　双峰驼的血清白蛋白电泳图谱（左）和血红蛋白电泳图谱（右）
注：Al，血清白蛋白；Pa，后白蛋白；Tf，血清运铁蛋白；Hb，血红蛋白。

对青海双峰驼进行的血液蛋白多态分析结果表明（张才骏，1996），青海骆驼血红蛋白（haemoglobin，Hb）由 1 条快的浓染带 A 与 1～2 条淡染带 B_1 和 B_2 组成。HbB_1 和 HbB_2 等位基因频率分别为 0.5085 和 0.4915；Tf 呈现中间带略深染的单一的三带型；然而，Alb 是全部由 1 条区带组成的 AlbN 型，AlbN 等位基因频率为 1.00。

Elamin 等（1980）采集了 135 峰单峰驼血液样本，借助淀粉凝胶电泳的方法测定了血清白蛋白、触珠蛋白、运铁蛋白、血浆铜蓝蛋白和血红蛋白的多态性。135 个单峰驼血液样本中，有 6 个血液样本的血清白蛋白显示出了多态性，并具有较慢的附加条带，其变异频率为 0.0222（表 8-3）；在具有 3 种常见表型（Hp 1-1、Hp 2-1 和 Hp 2-2）的触珠蛋白中也观察到了多态性，Hp1 和 Hp2 的频率分别为 0.2227 和 0.7773；然而在单峰驼运铁蛋白和血浆铜蓝蛋白中未发现到多态性。

表 8-3　单峰驼血液中血清白蛋白和触珠蛋白表型的分布

分类	表型	多态位点观察值	多态位点期望值	频率
	对照组	129	129.07	Alb^N, 0.977 8
血清白蛋白	试验组	6	5.87	Alb^N, 0.022 2
	总数	135	134.94	Hp1, 0.222 7
	Hp 1-1	6	5.90	Hp2, 0.777 3
触珠蛋白	Hp 2-1	41	41.20	
	Hp 2-2	72	71.90	
	总数	119	1 119.00	

第三节　分子水平遗传多样性

微卫星标记又称简单重复序列（simple sequence repeats，SSR）和串联重复序列（short tandem repeat，STR），是继 RFLP 技术之后的第二代分子标记技术。微卫星 DNA 在生物基因组内分布广泛，几乎覆盖整个基因组，一般以 2～6 个核苷酸为核心序列，重复次数为 10～20 次。因其具有多态信息含量高、分布广及呈孟德尔共显性遗传等优点而被广泛应用于遗传多样性评估（Martinez 等，2000）、群体遗传关系、遗传连锁图谱构建、疾病诊断及亲子鉴定。微卫星引物的开发使得对骆驼科各物种群体遗传多样性和遗传关系分析的研究逐渐深入（Obreque 等，1994；Lang 等，1996；Penedo 等，1999；Evdotchenko 等，2003）（表 8-4）。

表 8-4　骆驼科物种微卫星标记

Marker 位点	Accession 号	重复序列	Marker 位点	Accession 号	重复序列
CVRL01[a]	AF217601	$(GT)_{27}$ $(GC)_6$ $(GT)_9$	LCA37[c]	AF060105	$(CA)_8$
CVRL02[a]	AF217602	$(AT)_{15}$ $(CA)_{16}$	LCA56[c]	AF091122	$(CA)_{12}C$ $(CA)_2$
CVRL03[a]	AF217603	$(CA)_{18}$ $(GT)_{11}$ $(TA)_{23}$	LCA63[c]	AF091123	$(GT)_8$ $(GC)_4AC$ $(GT)_8$
CVRL04[a]	AF217604	$(GT)_{19}$	LCA65[c]	AF091124	$(TG)_{13}$
CVRL05[a]	AF217605	$(GT)_{25}$	LCA66[c]	AF091125	$(CA)_{13}$
CVRL06[a]	AF217606	$(TA)_5$ $(CA)_{35}$ $(TA)_4$	LCA68[c]	AF091126	$(GT)_{13}$
CVRL07[a]	AF217607	$(GT)_{14}$ $(AT)_{14}$	LCA70[c]	AF091127	$(TA)_4$ $(CA)_{11}$ $(TA)_2$
CVRL08[a]	AF217601	$(CA)_{10}$ $(GA)_5$	LCA71[c]	AF091128	$(TA)_2$ $(CA)_9$
VOLP03[b]	AF305228	$(TG)_{13}$	LCA77[c]	AF091129	$(GT)_3A$ $(TG)_8$
VOLP32[b]	AF305234	$(TG)_{20}$	CMS18[d]	AF329148	$(GT)_{14}$
CMS3[d]	AF329138	$(TTATAA)_9$	CMS25[d]	AF380345	$(CT)_{33}$
CMS9[d]	AF329160	$(GT)_{24}$	CMS32[d]	AF329146	$(CA)_{30}$
CMS13[d]	AF329158	$(AC)_{27}$	CMS36[d]	AF329144	$(AC)_9$

Marker 位点	Accession 号	重复序列	Marker 位点	Accession 号	重复序列
CMS15[d]	AF329151	(TG)$_{23}$	CMS50[d]	AF329149	(GT)$_{27}$
CMS16[d]	AF329157	(TG)$_{34}$	CMS58[d]	AF329142	(AC)$_{18}$
CMS17[d]	AF329147	(AT)$_{38}$	CMS104[d]	AF329154	(AC)$_{23}$

资料来源：[a]Mariasegaram 等（2002）；[b]Obreque 等（1998）；[c]Penedo 等（1999）；[d]Evdotchenko 等（2003）。

　　已报道的文献主要对中国和蒙古国的双峰驼展开了微卫星遗传多样性及系统发育研究。高宏巍等（2009）采用了 16 个微卫星位点（CMS9、CMS13、CMS16、CMS18、CMS36、CMS121、VOLP08、VOLP10、VOLP67、LCA65、YWLL08、YWLL36、YWLL38、YWLL59、CMS17 和 CMS50），对中国 6 个地区、蒙古国 7 个地区共 254 峰双峰驼基因组的 DNA 样品（含 5 峰野生双峰驼）进行了检测和分析。结果显示，所有群体平均观察杂合度、期望杂合度和 Nei 氏期望杂合度分别为0.611 0、0.621 1和0.591 9（表 8-5）。家养双峰驼期望杂合度普遍较高，野生双峰驼的相对偏低，反映双峰驼群体具有较高的遗传多样性。

表 8-5　骆驼群体杂合度

采样地区	样本数量（峰）	观察杂合度	期望杂合度	Nei 氏杂合度
内蒙古阿拉善	15	0.633 3±0.190 1	0.616 7±0.141 7	0.596 1±0.137 0
野骆驼自然保护区	5	0.575 0±0.308 8	0.523 6±0.232 4	0.471 2±0.209 1
新疆博乐	22	0.576 7±0.179 3	0.616 1±0.162 0	0.602 1±0.158 3
新疆巴州	20	0.637 5±0.175 6	0.597 4±0.127 4	0.582 4±0.124 2
内蒙古苏尼特	5	0.575 0±0.272 0	0.575 0±0.188 7	0.517 5±0.169 8
甘肃酒泉	40	0.629 7±0.262 7	0.650 6±0.170 5	0.642 5±0.168 4
内蒙古额济纳旗	70	0.600 0±0.189 6	0.656 5±0.116 5	0.651 9±0.115 7
蒙古国科布多省	10	0.637 5±0.224 7	0.671 1±0.126 4	0.637 5±0.120 1
蒙古国前杭爱省	6	0.604 2±0.209 7	0.613 6±0.181 6	0.562 5±0.166 5
蒙古国南戈壁省	6	0.656 3±0.254 4	0.642 0±0.205 4	0.588 5±0.188 3
蒙古国巴彦洪戈尔省	16	0.644 5±0.170 4	0.675 9±0.140 5	0.654 8±0.136 1
蒙古国戈壁阿尔泰省	19	0.615 1±0.228 8	0.642 7±0.193 5	0.625 8±0.188 4
蒙古国东戈壁省	10	0.562 5±0.158 6	0.611 5±0.134 6	0.580 9±0.127 9
蒙古国中戈壁省	10	0.606 2±0.276 8	0.603 0±0.224 8	0.572 8±0.213 6
平均值	—	0.611 0±0.221 5	0.621 1±0.167 6	0.591 9±0.158 8

　　双峰驼群体中 16 个微卫星标记遗传信息的统计分析显示，在所有骆驼群体中共检测到 122 个等位基因，单个位点的等位基因数从 4 个（YWLL36）到 12 个（VOLP67），平均为 7.625 0。多态信息含量（PIC）除 CMS16、CMS36 和 YWLL36（0.358 3、0.353 7 和 0.331 8）相对偏低以外，群体平均多态信息含量为 0.5415。这些数据反映了试验选取的微卫星标记能较适合双峰驼群体遗传多样性检测和分析（高

宏巍等，2009）。

王乐（2009）采用 10 个微卫星引物（CMS17、CMS36、CMS18、CMS121、LAC65、VOLP08、VOLP10、VOLP67、YWLL08 和 YWLL36）对我国 5 个地区的 260 峰家养双峰驼进行了遗传多样性的分析研究，在 10 个微卫星位点共检测到 129 个等位基因，平均每个位点检测到 13.2 个等位基因。10 个微卫星座位中，YWLL36 座位的等位基因数最少，只有 4 个；VOLP67 座位的等位基因数最多，达到 25 个，其余座位的等位基因数在 5～18，10 个微卫星位点的等位基因数均不少于 4 个。因此，这 10 个微卫星位点均可用于分析。5 个家养双峰驼群体的遗传多样性较为丰富，遗传变异较大（表 8-6）。

表 8-6 5 个双峰驼群体 10 个微卫星座位的等位基因数（个）

位点	群体					总计
	北疆双峰驼	南疆双峰驼	东疆双峰驼	河西双峰驼	阿拉善双峰驼	
CMS17	3	7	4	2	2	8
CMS36	6	3	6	5	4	7
CMS18	5	8	6	6	5	10
CMS121	12	13	15	11	12	16
LAC65	15	10	15	9	12	18
VOLP08	14	12	9	10	6	16
VOLP10	10	5	8	7	5	11
VOLP67	17	17	13	14	18	25
YWLL08	9	10	9	11	9	17
YWLL36	2	4	4	4	4	4
平均	9.3	8.9	8.9	7.9	7.7	13.2

遗传杂合度又称基因多样性，表示群体在微卫星座位杂合子的比例，反映群体在微卫星座位上的遗传变异，一般认为它是度量群体遗传变异的一个最适参数。表观杂合度是一个座位的杂合子数除以观察的个体总数，它与期望杂合度相比，更易受样本大小等因素的影响。期望杂合度是假定各基因座位在符合哈迪-温伯格平衡的前提下算得的杂合度。多个座位期望杂合度的平均值即为平均期望杂合度，又称群体基因多样性。它受样本取样的影响较小，常用它来度量群体的遗传多样性，其高低可反映群体的遗传一致性程度（Frankham，2002）。平均期望杂合度值越高，反映群体的遗传一致性就越低，其遗传多样性就越丰富。北疆双峰驼的观察杂合度最高为 0.261 7，东疆双峰驼的期望杂合度最高为 0.699 6，阿拉善双峰驼的期望杂合度最低为 0.187 5，南疆双峰驼的期望杂合度最低为 0.612 0。所有双峰驼群体期望杂合度均在 0.6 以上，说明双峰驼有比较丰富的遗传多样性。所有双峰驼的观察杂合度均低于期望杂合度。多态信息含量（PIC）衡量基因变异程度的高低及反映遗传信息的多少（Botstein，1980），是等位基因频率和等位基因数的变化函数。当 $PIC < 0.25$ 时为低度多态座位；当 $0.25 < PIC < 0.5$ 时为中度多态座位；当 $PIC > 0.5$ 时该座位为高度多态座位。除了

CMS17、VOLP10、YWLL36 为中度多态性座位外（0.25＜PIC＜0.5），其他的微卫星位点均为高度多态性座位（P＞0.5）。群体的多态信息含量显示，东疆双峰驼的多态信息含量最高（为0.665 1），南疆双峰驼的多态信息含量最低（为0.578 4），说明5个家养双峰驼群体有着非常丰富的多态信息含量（表8-7）。

表8-7　5个家养双峰驼群体10个微卫星座位的多条信息含量（PIC）

位点	群体					平均
	北疆双峰驼	南疆双峰驼	东疆双峰驼	河西双峰驼	阿拉善双峰驼	
CMS17	0.441 7	0.178 0	0.259 1	0.129 1	0.268 8	0.255 3
CMS36	0.420 3	0.445 4	0.628 9	0.583 0	0.479 6	0.511 4
CMS18	0.773 9	0.671 4	0.652 4	0.711 9	0.615 1	0.684 9
CMS121	0.817 3	0.894 0	0.858 2	0.815 3	0.845 8	0.846 1
LAC65	0.742 9	0.859 3	0.874 8	0.748 0	0.835 6	0.812 1
VOLP08	0.804 1	0.644 8	0.831 1	0.631 1	0.670 0	0.716 2
VOLP10	0.195 4	0.440 7	0.568 9	0.686 4	0.509 7	0.480 2
VOLP67	0.840 8	0.776 6	0.867 5	0.852 8	0.826 6	0.832 9
YWLL08	0.784 2	0.680 6	0.786 8	0.827 2	0.727 6	0.761 3
YWLL36	0.417 8	0.193 8	0.323 6	0.208 8	0.174 4	0.263 6
平均	0.623 8	0.578 4	0.665 1	0.619 3	0.595 3	0.616 4

何晓红（2011）采用微卫星标记方法，探讨了我国9个家养双峰驼群体和1个蒙古国家养双峰驼群体共计452份样本的遗传多样性。在10个双峰驼群体的18个微卫星位点中（CMS09、CMS17、CMS18、CMS32、CMS50、CMS121、CVRL01、CVRL05、CVRL06、CVRL07、LCA66、VOLP08、VOLP10、VOLP32、VOLP67、YWLL08、YWLL38 和 YWLL59），共检测到242个等位基因。其中，CVRL01座位的等位基因数量最多，为28个；CVRL06和VOLP32座位的等位基因数量最少，为6个，平均每个座位上检测到13.44个等位基因。18个微卫星位点的平均有效等位基因数量为4.18个，各位点的有效等位基因数量分布并不平衡，范围为1.37个（CMS32）至6.9个（YWLL08）。各群体在18个微卫星位点的等位基因及其频率分布并不平衡。优势等位基因是某品种在特定基因座位上相对集中的等位基因，相当比例的位点存在优势等位基因集中的现象。例如，SET01组合的CVRL05位点，在154bp和158bp等位基因被所有10个双峰驼群所共有，是群体间共同具有的特征。这些集中的优势等位基因可能是双峰驼品种形成过程中比较古老、原始的基因，也可能是频繁基因交流导致，这将有可能导致10个双峰驼群体的遗传结构更加复杂。同时，在某些位点也出现不同群体或品种间优势等位基因的分离。例如，在YWLL59位点，苏尼特双峰驼群体等位基因主要在121bp和123bp处，2个等位基因频率之和达到92％；而木垒长眉驼的等位基因则主要集中在128bp、130bp和136bp处，3个等位基因频率之和达到85％，且在136bp处，苏尼特双峰驼表现出独有的优势等位现象。这些位点有可能联合其他标记作为品种鉴定的有效标记。在所有的群体中都发现了私有等位基因，10个

双峰驼群体中共发现 52 个私有等位基因。其中，在中国双峰驼群体中发现了 49 个，在蒙古国双峰驼中发现了 3 个。阿勒泰双峰驼和青海双峰驼的私有等位基因数量最多，分别为 14 个和 12 个，占私有等位基因总数的 27% 和 23%；其他 8 个双峰驼群体的私有等位基因数量占总数的 1.9%～9.6%；阿拉善双峰驼（戈壁型群体）的私有等位基因数最少，只有 1 个。基因频率在 5% 以上的等位基因有 7 个，分别为 CMS09（2 609%）、CVRL05（1 625.88%）、YWLL08（1 686.25%）、VOLP08（16 816.67%）、VOLP08（1 766.55%）、VOLP67（1 476.89%）和 VOLP67（1 646.52%）。杂合度是群体遗传变异的测度，杂合度越高表明该群体的遗传变异越丰富。青海双峰驼的期望杂合度最高，为 0.69；木垒长眉驼的期望杂合度最低，为 0.59。柯尔克孜双峰驼群体的观察杂合度最高，为 0.59；阿拉善双峰驼沙漠型和戈壁型 2 个群体的观察杂合度最低，为 0.52。18 个位点的平均多态信息含量分析中，只有 CMS32 位点为低度多态位点，CVRL07 和 VOLP32 为中度多态位点，其他 15 个位点均为高度多态位点，表明10 个双峰驼群体内具有丰富的遗传多样性。

　　根据 Weir 和 Cockerham（1984）对 F 统计量的评估模型计算 F_{IT}、F_{ST} 和 F_{IS}。对于所分析的 18 个微卫星位点，10 个双峰驼的总群体近交系数达到了极显著的水平（$P<0.001$），总群体的近交系数范围为 0.042（CMS50）～0.59（CVRL01），94% 的位点贡献于这个结果；群体间的遗传分化系数 F_{ST} 达到 0.096（$P<0.001$），10 个双峰驼群体间存在极显著的遗传化，所有位点都贡献于这个结果。表明有 9.6% 的遗传变异来自群体间，90.4% 遗传变异来自群体内部的个体间，所有位点群体内的近交系数为0.16（$P<0.001$）。为进一步分析各群体的近交程度，计算每个群体的 F_{IS} 值。分析表明，所有 10 个群体均表现出极显著的杂合子缺失，暗示群体内可能存在一定程度的近交。基因丰富度分析表明，10 个群体各位点的丰富度范围为 0.169～0.887，大部分的值为 0.5～0.8。其中，阿拉善双峰驼（沙漠型群体）在 CMS121 位点的基因丰富度最高，为 0.887；木垒长眉驼在 CVRL07 位点的基因丰富度最低，为 0.169；其次是青海双峰驼在 CMS32 位点，其基因丰富度为 0.2。

　　基于等位基因频率用 MVSP 软件对 10 个双峰驼群体进行主成分分析，前 4 个主成分的百分比分别为 37.7%、15.3%、12.3% 和 10.7%，前 3 个主成分的百分比之和为65.3%。由第一、二主成分二维散点图可知，第一主成分先将新疆双峰驼的 4 个群体和其他 6 个群体分开，这与前面的聚类结果一致；第二主成分将新疆 4 个群体中的伊犁双峰驼和柯尔克孜双峰驼聚在一起，将阿勒泰双峰驼和木垒长眉驼聚在一起。除新疆双峰驼 4 个群体以外的 6 个群体中，苏尼特双峰驼与其他 5 个双峰驼群体距离较远，单独分离出来。青海双峰驼、阿拉善双峰驼（沙漠型群体）、蒙古国双峰驼、甘肃双峰驼、阿拉善双峰驼（戈壁型群体）这 5 个群体的距离较近，结果与地理分布基本一致（何晓红，2011）（图 8-5）。

　　柏丽（2014）利用微卫星标记技术，选择了 10 个微卫星座位（CMS18、CMS36、CMS50、CMS121、VOLP08、VOLP10、VOLP67、YWLL08、YWLL59 和 LAC65），对中国 6 个双峰驼群体（阿拉善双峰驼、青海双峰驼、南疆双峰驼、北疆双峰驼、肃

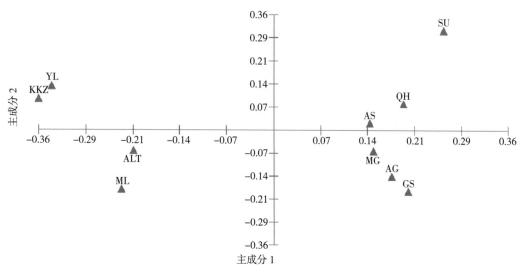

图 8-5　10 个双峰驼群体的第一、二主成分二维散点图

注：QH，青海双峰驼；AS，阿拉善双峰驼——沙漠型；AG，阿拉善双峰驼——戈壁型；GS，甘肃双峰驼；SU，苏尼特双峰驼；ALT，阿勒泰双峰驼；KKZ，柯尔克孜双峰驼；ML，木垒双峰驼；YL，伊犁双峰驼；MG，蒙古双峰驼。

北双峰驼、苏尼特双峰驼）共计 192 峰个体的遗传多样性进行了分析，计算了等位基因数、多态信息含量、杂合度、Nei 氏遗传距离等遗传多样性参数，并对各群体内的遗传变异和群体间的遗传变异情况进行了分析比较。在 10 个微卫星位点共检测到了 89 个等位基因，平均每个位点检测到 8.9 个，且 VOLP67 位点等位基因数最多（达 13 个），CMS36 位点等位基因数最少仅 5 个，其余位点等位基因数为 8~12 个。在 10 个微卫星位点中，除 YWLL08 位点属于中度多态位点外（0.25<PIC<0.5），其他位点均属高度多态位点（P>0.5），平均 PIC 值为 0.487 9~0.696 2（表 8-8）。群体间的遗传分化系数 F_{ST} 值为 0.059 2，处于较低程度的中等分化状态，表明有 6% 的遗传变异来自群体间，94% 遗传变异来自群体内的个体。6 个双峰驼群体的平均 F_{IS} 值均为正值，说明各双峰驼群体都存在不同程度的近交。

表 8-8　6 个双峰驼群体 10 个微卫星座位的多态信息含量（PIC）

座位	群体						平均
	阿拉善双峰驼	青海双峰驼	南疆双峰驼	北疆双峰驼	苏尼特双峰驼	肃北双峰驼	
VOLP08	0.609 7	0.519 1	0.680 1	0.655 5	0.677 9	0.436 8	0.596 5
CMS121	0.666 2	0.631 3	0.668 6	0.722 3	0.771 1	0.717 4	0.696 2
VOLP67	0.684 3	0.638 7	0.603 7	0.679 4	0.626 3	0.753 0	0.664 2
CMS36	0.629 1	0.719 0	0.645 4	0.581 2	0.614 1	0.650 9	0.640 0
CMS18	0.736 8	0.777 4	0.749 6	0.736 2	0.777 5	0.733 4	0.751 8
CMS50	0.614 0	0.599 5	0.616 7	0.656 4	0.590 8	0.629 9	0.617 9
VOLP10	0.698 9	0.633 9	0.610 9	0.636 3	0.667 0	0.509 4	0.626 1
YWLL08	0.386 2	0.410 2	0.564 8	0.639 5	0.268 8	0.657 6	0.487 9

座位	群体						平均
	阿拉善双峰驼	青海双峰驼	南疆双峰驼	北疆双峰驼	苏尼特双峰驼	肃北双峰驼	
YWLL59	0.660 2	0.401 4	0.552 4	0.552 9	0.558 3	0.656 4	0.563 6
LAC65	0.526 2	0.521 4	0.645 5	0.682 3	0.413 6	0.449 8	0.539 8
平均	0.621 2	0.585 2	0.633 8	0.654 2	0.596 5	0.619 5	0.618 4

田月珍等（2012）利用 11 对微卫星引物对新疆阿克苏、和田、伊犁、喀什、阿勒泰、木垒 6 个地方共 167 峰双峰驼的遗传多样性、遗传分化、基因流与遗传距离间的关系进行了分析，并利用遗传距离构建系统树。发现 11 个微卫星座位均存在多态性，其检测到的等位基因数和有效等位基因数如表 8-9 所示。由表 8-9 可知，在新疆 6 个地方双峰驼资源群体的共 167 峰个体中，共检测到 50 个等位基因，平均每个座位的等位基因数为 4.545 5 个，而平均有效等位基因数则为 3.567 1 个。研究的 11 个微卫星座位中，每个座位上所检测到的等位基因数在 3～6 个，其中 CVRL01 座位上的等位基因最多，为 6 个；在 LCA66、YWLL08、CMS50、VOLP67、VOLP03 这 5 个座位上均检测到 5 个等位基因；而在 CVRL06 座位上仅检测到 3 个等位基因。除了 CVRL06 座位外，在其他位点均检测到 4 个等位基因，符合 FAO 对用于遗传多样性分析的微卫星标记的要求。

表 8-9　新疆地区 6 个地方双峰驼资源 11 个微卫星座位的等位基因数和有效等位基因数

座位	样本量（峰）	等位基因数（个）	有效等位基因数（个）
LCA66	167	5	3.136 6
CVRL01	167	6	5.010 2
CVRL05	167	4	3.634 9
CVRL06	167	3	2.943 6
YWLL08	167	5	4.508 4
YWLL59	167	4	3.087 6
CMS50	167	5	3.127 1
CMS121	167	4	3.343 4
VOLP67	167	5	3.220 6
VOLP10	167	4	3.565 9
VOLP03	167	5	3.660 2
平均	167	4.545 5	3.567 1
标准差	—	0.820 2	0.644 2

6 个群体的基因杂合度（H）和多态信息含量（PIC）见表 8-10。由此表可知，11 个微卫星座位的多态信息含量平均值为 0.622 2。按照 Bostein 的理论，11 个座位均呈现高度多态座位（$PIC > 0.5$）。而对每个座位，CVRL01 座位的平均 PIC 最高，为

0.706 3；CVRL06 和 YWLL59 座位的平均 *PIC* 最低，为0.561 3，这表明 11 个座位均可作为有效的遗传标记用于地方双峰驼之间遗传多样性评估和系统发生关系的研究。6 个群体中，伊犁双峰驼拥有最高的平均群体杂合度（0.707 8），喀什双峰驼有最低的平均群体杂合度（0.671 5）。就全群而言，平均群体杂合度为0.681 8。

表 8-10　新疆地区 6 个地方双峰驼资源的群体杂合度（*H*）及多态信息含量（*PIC*）

座位	参数	地区						
		木垒	和田	阿勒泰	喀什	阿克苏	伊犁	平均
LCA66	*H*	0.619 3	0.649 2	0.683 1	0.650 6	0.706 0	0.719 4	0.671 3
	PIC	0.546 8	0.567 4	0.623 8	0.589 3	0.658 4	0.672 2	0.609 7
CVRL01	*H*	0.716 2	0.820 8	0.642 7	0.803 6	0.738 6	0.755 8	0.746 3
	PIC	0.664 5	0.795 5	0.592 1	0.775 1	0.690 8	0.719 5	0.706 3
CVRL05	*H*	0.708 4	0.648 6	0.597 4	0.614 2	0.736 6	0.745 5	0.675 1
	PIC	0.655 2	0.586 4	0.514 2	0.536 4	0.687 6	0.698 0	0.613 0
CVRL06	*H*	0.660 7	0.663 9	0.660 5	0.655 6	0.628 2	0.585 5	0.642 4
	PIC	0.586 8	0.589 9	0.586 4	0.581 0	0.550 5	0.473 0	0.561 3
YWLL08	*H*	0.649 3	0.713 6	0.737 3	0.762 1	0.772 5	0.714 9	0.724 9
	PIC	0.585 8	0.665 1	0.694 3	0.723 1	0.734 8	0.672 0	0.679 2
YWLL59	*H*	0.677 9	0.685 6	0.642 0	0.587 4	0.496 8	0.651 8	0.623 6
	PIC	0.617 5	0.628 5	0.572 2	0.499 8	0.456 5	0.593 4	0.561 3
CMS50	*H*	0.601 4	0.517 3	0.622 0	0.692 6	0.687 5	0.734 7	0.642 6
	PIC	0.520 5	0.400 7	0.548 8	0.636 6	0.629 9	0.690 9	0.571 2
CMS121	*H*	0.708 5	0.667 1	0.687 9	0.657 5	0.709 8	0.718 1	0.691 5
	PIC	0.655 6	0.604 0	0.631 4	0.592 7	0.656 4	0.666 7	0.634 6
VOLP67	*H*	0.656 3	0.614 2	0.720 9	0.688 2	0.675 4	0.670 3	0.670 9
	PIC	0.594 3	0.553 2	0.679 6	0.631 1	0.621 9	0.619 7	0.616 7
VOLP10	*H*	0.713 1	0.746 8	0.700 3	0.593 1	0.609 1	0.741 7	0.684 1
	PIC	0.664 2	0.699 5	0.642 5	0.511 2	0.532 6	0.693 7	0.624 0
VOLP03	*H*	0.763 4	0.677 9	0.798 7	0.681 2	0.696 4	0.748 1	0.727 6
	PIC	0.725 9	0.618 1	0.670 9	0.636 3	0.644 6	0.706 9	0.667 1
平均	*H*	0.679 5	0.673 2	0.681 2	0.671 5	0.677 9	0.707 8	0.681 8
	PIC	0.619 7	0.609 9	0.614 2	0.610 2	0.624 0	0.655 1	0.622 2

3 个固定指数 F_{IS}、F_{IT} 和 F_{ST} 均是反映群体近交程度或者群体间遗传分化的指标。基因流也是影响群体遗传分化的重要因素，高水平、稳定的基因流可防止群体间的遗传分化，使群体趋于一致。从 11 个微卫星座位在 6 个群体中的 *F* 统计量结果（表 8-11）可知，F_{IT}（除 CVRL01 和 YWLL59 位点）、F_{IS} 值（除 CVRL01 和 YWLL59）座

位外均为负值，平均 F_{IT} 值为－0.286 1，平均 F_{IS} 值为－0.344 7；而度量群体间遗传差异程度的 F_{ST} 平均值仅为 0.043 6，即新疆 6 个地方双峰驼资源群体间的遗传分化达到 4.36%，基因流 Nm 平均值为 5.486 9。

表 8-11 11 个微卫星位点 F 统计量及基因流

座位	总群体近交系数 (F_{IT})	群体间分化系数 (F_{ST})	群体内近交系数 (F_{IS})	基因流 (Nm)
LCA66	－0.467 9	0.016 3	－0.492 1	15.131
CVRL01	0.110 2	0.067 2	0.046 1	3.468 7
CVRL05	－0.281 4	0.068 1	－0.375 1	3.419 1
CVRL06	－0.514 5	0.012 1	－0.533 1	20.382 3
YWLL08	－0.176 9	0.068 4	－0.263 3	3.407 3
YWLL59	0.164 3	0.078 1	0.093 5	2.950 1
CMS50	－0.444 5	0.054 9	－0.528 4	4.301 7
CMS121	－0.426 7	0.013 4	－0.446 1	18.373 4
VOLP67	－0.424 5	0.027 0	－0.464 0	9.003 3
VOLP10	－0.389 7	0.049 3	－0.461 8	4.818 2
VOLP03	－0.367 7	0.017 0	－0.391 4	14.429 1
平均	－0.286 1	0.043 6	－0.344 7	5.486 9

Chuluunbat（2014）对蒙古国境内的 3 个品种双峰驼 HZ（Hos Zogdort）、GGU（Galbiin Gobiin Ulaan）、HHH（Haniin Hetsiin Huren）和 1 个当地品种 MNT（Mongolian native camel）共计 150 峰双峰驼进行了微卫星遗传多样性的分析。在 17 个微卫星位点共检测到了 89 个等位基因，平均等位基因数为 7.11 个，其变化范围为 3～12 个；共检测到 26 个私有等位基因，观察杂合度变化范围为 0.495～0.559，期望杂合度变化范围为 0.508～0.547（表 8-12）。4 个蒙古国双峰驼群体的遗传多样性较为丰富，且蒙古国不同地区的双峰驼群体存在不同程度的近交，与中国双峰驼群体方面的研究结果相似。

表 8-12 基于微卫星标记的蒙古国双峰驼遗传多样性

群体	Allele （个）	TNA （个）	MNA （个）	Ar	Ho	He	F_{IS}
HHH	27	77	4.28 (1.69)	3.97	0.539 (0.239)	0.547 (0.232)	0.015 6
HZ	30	78	4.33 (1.94)	3.96	0.559 (0.244)	0.544 (0.230)	0.028
GGU	35	86	4.78 (2.55)	4.02	0.495 (0.238)	0.508 (0.232)	0.024 6
MNT	54	91	5.06 (2.46)	4.05	0.523 (0.226)	0.542 (0.225)	0.037 8
MNT-NW	4	35	2.00 (0.82)	—	0.300 (0.335)	0.355 (0.270)	0.018 5
总数	150	113	7.11 (3.41)	4.22	0.522 (0.224)	0.546 (0.230)	0.043 6

注：HHH，Haniin Hetsiin Huren；HZ，Hos Zogdort；GGU，Galbiin Gobiin Ulaan；MNT，Mongolian native camel（蒙古国本土骆驼）；MNT-NW，蒙古国西部本土骆驼；Allele，等位基因；TNA，等位基因总数；MNA，每个基因座平均等位基因数；Ar，等位基因丰富度；Ho，观察杂合度；He，期望杂合度；F_{IS}，近交系数。

采用 Structure 软件对蒙古国不同双峰驼群体进行群体结构分析，设定祖先数 $K=2\sim6$（图 8-6）。韩建林等（2000）用 20 对新世界美洲驼的微卫星引物对 34 峰肯尼亚单峰驼和 34 峰双峰驼个体（32 峰家养双峰驼、2 峰野生双峰驼）进行了微卫星分析，其中有 3 个位点在所有群体中都是纯合子。16 个微卫星位点多态性分析表明，双峰驼和单峰驼的群体遗传多样性指标相近。

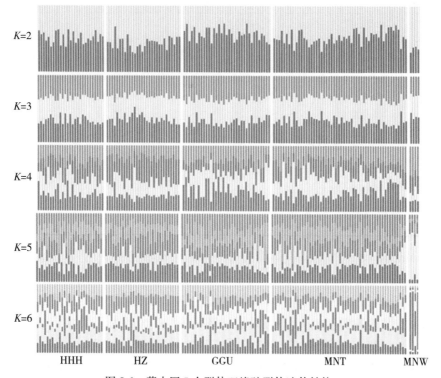

图 8-6　蒙古国 5 个群体双峰驼群体遗传结构

注：HHH，Haniin Hetsiin Huren；HZ，Hos Zogdort；GGU，Galbiin Gobiin Ulaan；MNT，Mongolian native camel（蒙古国本土骆驼）；MNT，蒙古国西部本土骆驼。

第四节　线粒体基因组序列的分子生物学

一、双峰驼线粒体基因组序列遗传多样性

Liang 等（2016）采集了 12 个双峰驼群体（7 个我国家养双峰驼群体、3 个蒙古国家养双峰驼群体、1 个蒙古国野生双峰驼群体、1 个俄罗斯境内的卡尔梅克双峰驼群体），以及 2 个来自蒙古国的家养双峰驼和野生双峰驼杂交个体的共计 113 峰双峰驼样本。以 GenBank 上发表的野生双峰驼线粒基因组序列（NC_009628.2）为模板，截取 D-loop 809 bp 长度的碱基序列（nt 15 120～15 928）进行扩增测序。试验所选取的 12 个双峰驼群体的采样地点、名称、样本数等详细信息见表 8-13。

表 8-13　12 个双峰驼群体的采样地点、名称和样本数

采样地点	名称	群体简称	样本数（峰）
内蒙古阿拉善	阿拉善双峰驼	NMG _ ALS	10
内蒙古巴彦淖尔	戈壁红驼	NMG _ GB	10
内蒙古苏尼特	苏尼特双峰驼	NMG _ SNT	10
青海	青海双峰驼	QH	10
新疆昌吉州昌吉县	准噶尔双峰驼	XJ _ ZGE	5
新疆吐鲁番地区托克逊县	塔里木双峰驼	XJ _ TLM	5
新疆昌吉州木垒县	木垒双峰驼	XJ _ ML	5
蒙古国罕宝格德	嘎利宾戈壁红驼	MG _ GLB	8
蒙古国曼德拉敖包	哈那赫彻棕驼	MG _ HNHC	10
蒙古国图古日格	图赫么通拉嘎驼	MG _ TH	10
俄罗斯阿斯特拉罕地区	卡尔梅克双峰驼	RS _ KM	9
蒙古国阿勒泰地区	蒙古野驼	MG _ WILD	19
	杂交驼	Hybrid	2

经过修剪后得到的序列长度均为 809bp，均以 GCC 为起始密码子。不同品种双峰驼线粒体基因组 D-loop 区序列碱基平均含量分别为 T＝26.48%，C＝27.22%，A＝28.00%，G＝18.30%；A＋T 的平均含量（54.48%）显著高于 G＋C 的含量（45.52%），且 4 种碱基含量呈 A＞C＞T＞G 的关系（表 8-14）。对 113 个线粒体基因组 D-loop 区序列进行多态性检测，共检出 25 个核苷酸变异位点，约占核苷酸总数的 3.09%。其中，单一多态位点为 5 个，简约信息位点有 20 个，并且有一个简约信息位点发生了 3 次变异。

表 8-14　双峰驼线粒体 DNA D-loop 区序列碱基组成（%）

品种	碱基组成				A＋T	G＋C
	T	C	A	G		
阿拉善双峰驼	26.42	27.25	28.08	18.25	54.50	45.5
戈壁红驼	26.46	27.22	28.03	18.29	54.49	45.51
苏尼特双峰驼	26.47	27.22	28.03	18.28	54.50	45.50
青海双峰驼	26.43	27.24	28.09	18.24	54.52	45.48
准噶尔双峰驼	26.52	27.21	27.96	18.31	54.48	45.52
塔里木双峰驼	26.45	27.21	28.05	18.29	54.50	45.50
木垒双峰驼	26.39	27.26	28.08	18.27	54.47	45.53
嘎利宾戈壁红驼	26.41	27.25	28.05	18.28	54.47	45.53
哈那赫彻棕驼	26.56	27.16	27.97	18.31	54.35	45.65
图赫么通拉嘎驼	26.48	27.22	28.02	18.28	54.50	45.50
卡尔梅克双峰驼	26.44	27.23	28.10	18.23	54.54	45.46
蒙古国野生双峰驼	26.75	27.11	27.53	18.61	54.28	45.72
平均	26.48	27.22	28.00	18.30	54.48	45.52

共定义出 15 个单倍型（表 8-15）其中，单倍型 H1 为最大共享单倍型，被 41 峰双峰驼共享，单倍型频率为 36.28%；其次为单倍型 H2，单倍型频率为 15.04%，被 17 峰双峰驼所共享。在所有的野生双峰驼群体和 2 个杂交双峰驼个体中共发现了 2 个单倍型，分别为单倍型 H14 和 H15。其中，H14 是野生双峰驼种群的优势单倍型，被 13 峰野生双峰驼和 2 峰杂交双峰驼所共享。

表 8-15　双峰驼线粒体 DNA D-loop 区序列的单倍型与多态位点

多态位点（读法为纵向三行叠加，顶行均为 15）：

单倍型	单倍型数量（个）	15160	15180	15186	15198	15205	15219	15213	15265	15285	15315	15363	15396	15463	15478	15489	15487	15490	15508	15557	15604	15640	15657	15668	15663	15693	单倍型频率（%）
H1	41	A	A	G	A	T	G	T	T	C	C	A	C	G	A	C	A	A	C	C	A	A	A	C	A	T	36.28
H2	17	—	—	—	—	—	—	—	—	—	—	—	—	—	—	—	—	G	—	—	—	—	—	—	—	—	15.04
H3	16	G	T	—	—	—	—	—	—	—	—	—	—	—	—	—	—	T	—	—	—	—	—	—	—	—	14.16
H4	1	—	—	—	—	—	—	—	—	—	—	—	—	—	—	—	G	T	—	—	—	—	—	—	—	—	0.88
H5	1	—	—	—	—	—	—	—	—	—	—	—	—	G	—	—	—	—	—	—	—	—	—	—	—	—	0.88
H6	5	—	—	—	—	—	—	—	—	—	—	—	—	—	—	—	—	T	—	—	—	—	—	—	—	—	4.42
H7	1	G	T	—	—	—	—	—	—	—	—	—	—	—	—	—	—	T	—	—	—	—	G	—	—	—	0.88
H8	1	G	T	—	—	—	—	—	—	T	—	—	—	—	—	—	—	T	—	—	—	—	—	—	—	—	0.88
H9	2	G	T	—	—	—	—	—	—	C	—	—	—	—	—	—	—	—	—	—	—	—	—	—	—	—	1.77
H10	1	—	T	—	—	—	—	—	—	—	—	—	—	—	—	—	—	—	—	—	—	—	—	—	—	—	0.88
H11	4	—	—	—	—	—	—	—	—	—	—	—	—	G	—	—	—	—	—	—	—	—	—	—	—	—	3.54
H12	1	—	—	—	—	—	—	—	—	—	—	—	—	—	—	T	—	—	—	—	—	—	—	—	—	—	0.88
H13	1	—	—	—	—	—	—	—	—	—	—	—	—	—	A	—	—	—	—	—	—	—	—	—	—	—	0.88
H14	15	—	G	A	G	C	A	—	—	T	—	G	T	—	—	—	—	—	T	T	G	C	—	T	G	C	13.27
H15	6	—	G	—	—	—	—	—	C	T	—	G	T	—	—	—	—	—	T	—	G	C	—	T	G	C	5.31

随后对 12 个双峰驼群体中各群体所包含的单倍型进行了进一步的研究（表 8-16）。其中，在 MG_HNHC 群体中检测到的单倍型最多，有 6 个；MG_WILD、XJ_TLM 和 XJ_ML 双峰驼群体中检测到的单倍型数目最少，均为 2 个。此外，还发现了 7 个独有的单倍型，如 H4 是 NMG_GB 双峰驼群体独有单倍型，H5 是 MG_GLB 双峰驼群体独有单倍型，H7 和 H8 是 MG_HNHC 双峰驼群体独有单倍型，H10 是 QH 双峰驼群体独有单倍型，而 H12 和 H13 是 RS_KM 双峰驼群体独有单倍型。

各单倍型之间的平均碱基差异数（K）为 5.981 0，核苷酸多样性（π）为 0.239 2。另外，共有 6 个单倍型（H1～H3、H6、H14 和 H15），与前人报道的一致（Silbermayr，2009）；同时，新发现了 9 种单倍型并已提交至 NCBI 数据库中（H4、H5、H7～H13，登录号为 KX377598～KX377606）。此外，Tajima'D 检验结果为 0.531 19（$P>0.01$），Fu's 和 Li's D 检验结果为 −0.019 30（$P>0.01$），Fu's 和 Li's F

检验结果为 0.233 76（$P>0.01$），说明双峰驼群体线粒体基因组 D-loop 区序列进化符合中性选择。

从表 8-16 不难发现，家养双峰驼各群体线粒体基因组 D-loop 区序列遗传多样性存在差异。从核苷酸多样性（π）来看，XJ_ZGE 双峰驼群体展现出了最丰富的核酸多样性（$\pi=0.003\ 2$），而 XJ_ML 双峰驼群体为最低（$\pi=0.000\ 7$）。另外，各群 Hd 的分布也不均匀，其变化范围为（0.456 0±0.085 0，NMG_WILD）至（0.900 0±0.161 0，XJ_ZGE）。

表 8-16　12 个双峰驼群体单倍型多样性和核苷酸多样性分析

群体	单倍型数（个）	单倍型多样性（Hd）	核苷酸多样性（π）	平均碱基差异数（k）
阿拉善双峰驼	3	0.511 0±0.164 0	0.001 2	0.955 6
戈壁红驼	4	0.778 0±0.091 0	0.002 1	1.711 1
苏尼特双峰驼	3	0.689 0±0.104 0	0.002 2	1.755 6
青海双峰驼	5	0.667 0±0.163 0	0.001 2	0.955 6
准噶尔双峰驼	4	0.900 0±0.161 0	0.003 2	2.600 0
塔里木双峰驼	2	0.600 0±0.175 0	0.001 5	1.200 0
木垒双峰驼	2	0.600 0±0.175 0	0.000 7	0.600 0
嘎利宾戈壁红驼	4	0.750 0±0.139 0	0.001 8	1.428 6
哈那赫彻棕驼	6	0.889 0±0.075 0	0.002 9	2.333 3
图赫么通拉嘎驼	4	0.711 0±0.117 0	0.002 5	2.000 0
卡尔梅克双峰驼	5	0.722 0±0.159 0	0.001 7	1.333 3
蒙古国野生双峰驼	2	0.456 0±0.085 0	0.001 1	0.912 3

为进一步了解双峰驼不同群体间的关系，将 12 个双峰驼群体按其分布的地理位置进行了划分，分别为中国（NMG_ALS、NMG_GB、NMG_SNT、QH、XJ_ZGE、XJ_TLM、XJ_ML）、蒙古国（MG_GLB、MG_HNHC、MG_TH）和俄罗斯（RS_KM）共 3 个区域。结果发现，不同地理位置双峰驼群体的核酸多样性和单倍型多样性也存在一定的差异。与中国和俄罗斯的双峰驼群体相比，蒙古国双峰驼群体具有较高的单倍型多样性和核苷酸多样性（$Hd=0.796±0.048$ 和 $\pi=0.002\ 55$），而中国 7 个双峰驼群体的单倍型多样性和核苷酸多样性分别为 $Hd=0.719±0.048$ 和 $\pi=0.001\ 85$，俄罗斯卡尔梅克双峰驼群体的分别为 $Hd=0.722\ 0±0.159\ 0$ 和 $\pi=0.001\ 7$。随后对所有家养双峰驼群体线粒体基因组 D-loop 区序列进行了核苷酸多样性和单倍型多样性的计算，并进一步与野生双峰驼群体进行了比较，发现家养双峰驼群体具有更高的遗传多样性（$Hd=0.739±0.03$ 和 $\pi=0.002\ 07$），野生双峰驼群体的单倍型多样性和核苷酸多样性分别为 $Hd=0.429±0.089$ 和 $\pi=0.001\ 06$。

进一步根据 12 个双峰驼群体 113 条线粒体基因组控制区序列的 15 个单倍型序列，

应用 MEGA6.1 软件，基于 Kimura 2-parameter 模型（Bootstrap 数值为 1 000），采用邻接法（Neibour-Joining，NJ）构建了系统发育树，以研究双峰驼 15 个单倍型之间的相互关系。

根据所构建 NJ 系统发育树的结果，可直观地看出 15 个单倍型序列被明显分为 2 个支系，分别为支系 A 和支系 B。支系 A 囊括了所有家养双峰驼单倍型（H1～H13），支系 B 包含了野生双峰驼和 2 个杂交个体的单倍型（H14 和 H15），且 2 个支系之间的距离较远。为了进一步表明家养双峰驼和野生双峰驼的遗传关系，对从 GenBank 数据库下载到的 23 条序列重新构建了 NJ 系统发育树，以单峰驼的序列（GenBank：NC_009849.1）作为外围群。结果表明，即外围群的单峰驼被最先分出来，然后从数据库中下载到的野生和家养双峰驼的序列分别与此处提到的野生和家养双峰驼序列聚为一类。

在 12 个双峰驼群体线粒体 809bp 序列所产生单倍型数据的基础上，加入从 GenBank 数据库下载到的 23 条双峰驼序列，通过 DNASP5.0.1 软件计算单倍型，并采用该单倍型数据应用 Network 5.0 软件，基于 Median-Joning 法构建中介网络图（彩图 21）。

中介网络图的结果表明，野生双峰驼和家养双峰驼依旧能被明显分开，且距离较远。在家养双峰驼群体中，大部分个体集中在单倍型 H1、H2 和 H3 中。通过分析这 3 个单倍型发现，除了 XJ_TLM 双峰驼群体外，其余的 10 个群体在单倍型 H1 和 H2 中均有分布；除了 XJ_TLM、XJ_ML 和 QH 双峰驼群体外，H3 在其余的群体中均有分布。随后将 11 个家养双峰驼群体按照不同地理位置区分（中国 $n=55$、蒙古国 $n=28$、俄罗斯 $n=9$），以分析单倍型的分布情况。结果表明，上述 3 种主要的单倍型（H1、H2 和 H3）在中国、俄罗斯和蒙古国都有分布，但其比例并不均一。与蒙古国和俄罗斯双峰驼群体相比，中国双峰驼群体在 3 个优势单倍型中占有最多的比例。其中，单倍型 H2 所占的比例最高，达到了 64.7%；单倍型 H1 和 H3 占的比例分别为 63.4%和 50%。在单倍型 H1 中，蒙古国和俄罗斯双峰驼群体占的比例分别是 24.4%和 12.2%，在 H2 中分别为 29.4%和 5.9%，在 H3 中分别为 43.7%和 6.3%。此外，还发现了各采样地区特有的单倍型，之和所占比例为 6.2%。

进一步对共计 111 峰双峰驼（7 个中国境内的家养双峰驼群体、3 个蒙古国家养双峰驼群体、1 个蒙古国野生双峰驼群体、1 个俄罗斯境内的卡尔梅克双峰驼群体）的 *Cytb* 基因进行测序，对不同地区双峰驼群体遗传多样性进行了分析，12 个双峰驼群体地理分布见图 8-7。

测序结果显示，11 个家养双峰驼群体和 1 个蒙古国野生双峰驼群体 111 条双峰驼 *Cytb* 全基因长度约为 1 140bp，均以 ATG 为起始密码子、以 AGA 为终止密码子。111 峰双峰驼 *Cytb* 全基因组序列中碱基平均含量分别为 T＝27.79%，C＝28.19%，A＝28.94%和 G＝15.08%。其中，G＋C 的平均含量（43.27%）显著低于 A＋T 的含量（56.73%），且其碱基含量呈 A＞C＞T＞G 关系（表 8-17）。密码子 3 个位点出现频率最高的碱基分别为 A＝28.42%、T＝41.28% 和 A＝38.99%，含量最少的为 G，并且

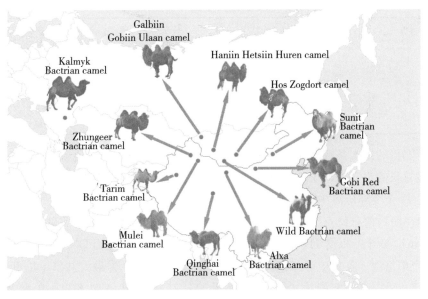

图 8-7 12 个双峰驼群体地理分布

注：Zhungeer Bactrian camel，准格尔双峰驼；Tarim Bactrian camel，塔里木双峰驼；Mulei Bactrian camel，木垒双峰驼；Qinghai Bactrian camel，青海双峰驼；Alxa Bactrian camel，阿拉善双峰驼；Wild Bactrian camel，野生双峰驼；Gobi Red Bactrian camel，戈壁红驼；Sunit Bactrian camel，苏尼特双峰驼；Hos Zogdort camel，图赫么通拉嘎驼；Heniin Hetsiin Huren camel，哈那赫彻棕驼；Galbiin Gobiin Ulaan camel，嘎利宾戈壁红驼；Kalmyk Bactrian camel，卡尔梅克双峰驼。

在密码子第 2、3 位点表现出偏好性，符合哺乳动物线粒体组成的基本比例（G 含量相对较低）（表 8-18）。

表 8-17 群体双峰驼线粒体 *Cytb* 基因序列长度及碱基组成

群体	序列长度（bp）	碱基组成（%）				A+T（%）	G+C（%）
		T	C	A	G		
阿拉善双峰驼	1 140	27.78	28.18	28.96	15.08	56.74	43.26
戈壁红驼	1 140	27.78	28.18	28.95	15.09	56.73	43.27
苏尼特双峰驼	1 140	27.76	28.21	28.95	15.08	56.71	43.29
青海双峰驼	1 140	27.80	28.17	28.95	15.08	56.75	43.25
准噶尔双峰驼	1 140	27.79	28.18	28.95	15.08	56.74	43.26
塔里木双峰驼	1 140	27.90	28.16	28.95	15.08	56.85	43.25
木垒双峰驼	1 140	27.80	28.16	28.95	15.09	56.75	43.25
嘎利宾戈壁红驼	1 140	27.79	28.18	28.94	15.09	56.73	43.27
哈那赫彻棕驼	1 140	27.78	28.18	28.95	15.09	56.73	43.27
图赫么通拉嘎驼	1 140	27.78	28.18	28.95	15.09	56.73	43.27
卡尔梅克双峰驼	1 140	27.75	28.21	28.94	15.09	56.70	43.30
蒙古国野生双峰驼	1 140	27.71	28.25	29.03	15.00	56.75	43.25
平均	1 140	27.79	28.19	28.94	15.08	56.73	43.27

表 8-18　双峰驼线粒体 *Cytb* 基因碱基组成

表 8-18　双峰驼线粒体 *Cytb* 基因碱基组成

碱基	第1位点	第2位点	第3位点
T	23.42	41.28	18.60
C	25.00	25.30	34.29
A	28.42	19.47	38.99
G	23.16	13.95	8.11

在所测得的 111 条双峰驼线粒体 *Cytb* 基因序列中共检出 17 个变异位点，约占所测核苷酸总长的 1.49%，核苷酸的替代主要以转换为主，无插入或缺失。

上述 17 个变异位点中包含转换位点（transition）16 个，颠换位点（transversion）1 个。其中，简约信息位点（parsimony informative sites）11 个，单一信息位点（singleton variable sites）6 个。根据 111 条双峰驼线粒体 *Cytb* 基因序列应用 DNASP5.1.0 软件共定义了 16 个单倍型（表 8-19）。在 16 个单倍型中，单倍型 H1 为最大共享单倍型，单倍型频率为 46.85%，被 52 峰家养双峰驼所共享；其次为单倍型 H14，单倍型频率为 17.12%。值得关注的是，该单倍型中所含双峰驼均为野生双峰驼，并在野生双峰驼群体中仅发现了 1 个单倍型；单倍型 H3 为第三大单倍型，也是家养双峰驼的第二大单倍型，单倍型频率为 12.61%，被 14 峰家养双峰驼共享；单倍型 H4 和 H9 分别被 9 峰和 3 峰家养双峰驼所共享，单倍型频率分别为 8.11% 和 2.70%。此外，还发现了一些独享的单倍型，如 H2、H5、H6、H8、H10～H13，单倍型频率均为 0.90%。

表 8-19　双峰驼群体线粒体 *Cytb* 基因单倍型及多态位点

单倍型	单倍型数（个）	1 2 8	2 1 4	4 6 3	4 7 2	4 9 2	5 2 3	5 5 3	5 7 0	6 1 8	7 0 9	7 1 1	7 1 4	7 2 3	8 3 0	8 1 9	8 2 3	8 3 4	单倍型频率（%）
H1	52	T	G	T	A	T	C	C	G	T	T	A	T	T	C	T	C	C	46.85
H2	1	—	A	—	—	—	—	—	—	—	—	—	—	—	—	—	—	—	0.90
H3	14	C	—	—	—	—	—	—	—	—	—	—	—	—	—	—	—	—	12.61
H4	9	—	—	—	—	—	—	—	—	—	—	—	—	—	C	—	—	—	8.11
H5	1	—	—	—	—	—	—	—	—	—	—	—	—	—	C	—	—	T	0.90
H6	1	—	—	—	—	—	—	—	—	G	—	—	—	—	—	—	—	—	0.90
H7	2	—	—	—	—	—	—	—	—	—	—	—	—	C	—	—	—	—	1.80
H8	1	—	—	—	—	—	—	—	—	—	—	—	—	—	T	—	—	—	0.90
H9	3	—	—	—	—	—	—	C	—	—	—	—	—	—	—	—	—	—	2.70
H10	1	—	—	—	—	—	—	—	—	—	—	—	—	—	—	—	T	—	0.90
H11	1	—	—	—	C	—	—	—	—	—	—	—	—	—	—	—	—	—	0.90
H12	1	—	—	—	—	—	A	—	—	—	—	—	—	—	—	—	—	—	0.90
H13	1	—	—	—	—	—	—	—	—	—	—	—	—	—	C	—	—	—	0.90
H14	19	—	—	—	—	—	T	A	—	—	C	—	—	—	C	—	—	—	17.12
H15	2	—	—	—	C	—	—	—	—	—	—	—	—	—	—	—	—	—	1.80
H16	2	—	—	C	—	—	—	T	—	—	—	—	—	—	—	—	—	—	1.80

12 个双峰驼群体的 *Cytb* 基因遗传多样性存在差异（表 8-20）。其中，蒙古国野生双峰驼群体的单倍型数最少，仅有 1 个。在 11 个家养双峰驼群体中，NMG_SNT 双峰驼群体和 MG_HNHC 双峰驼群体的单倍型数最多（6 个）；NMG_SNT 双峰驼群体单倍型多样性（$Hd = 0.889 \pm 0.075$）、平均碱基差异数（$K = 1.311\ 1$）、核苷酸多样性（$\pi = 0.115 \times 10^{-2}$）均高于其他双峰驼群体；而 XJ_ZGE、XJ_TLM 和 MG_TH 双峰驼群体的单倍型数最少（2 个）；MG_TH 双峰驼群体的单倍型多样性（$Hd = 0.356 \pm 0.159$）、平均碱基差异数（$k = 0.355\ 6$）、核苷酸多样性（$\pi = 0.115 \times 10^{-2}$），均低于其他双峰驼群体。

表 8-20　双峰驼线粒体 *Cytb* 基因单倍型多样性及核苷酸多样性

群体	单倍型数（个）	单倍型多样性（Hd）	核苷酸多样性（π，×10⁻²）	平均碱基差异数（k）
阿拉善双峰驼	4	0.644 ± 0.152	0.066	0.755 6
戈壁红驼	3	0.644 ± 0.152	0.080	0.911 1
苏尼特双峰驼	6	0.889 ± 0.075	0.115	1.311 1
青海双峰驼	4	0.533 ± 0.180	0.053	0.600 0
准噶尔双峰驼	2	0.400 ± 0.237	0.035	0.400 0
塔里木双峰驼	2	0.600 ± 0.175	0.105	1.200 0
木垒双峰驼	3	0.800 ± 0.164	0.105	1.200 0
嘎利宾戈壁红驼	4	0.643 ± 0.184	0.066	0.750 0
哈那赫彻棕驼	6	0.778 ± 0.137	0.088	1.000 0
图赫么通拉嘎驼	2	0.356 ± 0.159	0.031	0.355 6
卡尔梅克双峰驼	3	0.667 ± 0.105	0.068	0.777 8
蒙古国野生双峰驼	1	0	0	0

对中国（NMG_ALS、NMG_GB、NMG_SNT、QH、XJ_ZGE、XJ_TLM 和 XJ_ML）、蒙古国（MG_GLB、MG_HNHC 和 MG_TH）和俄罗斯（RS_KM）家养双峰驼群体进行遗传多样性分析，结果发现，不同国家家养双峰驼群体线粒体 *Cytb* 基因遗传进化存在一定的差异（表 8-21）。在中国双峰驼群体中发现了最多的单倍型（12 个），其次为俄罗斯双峰驼群体（7 个），在蒙古国 3 个双峰驼群体中仅发现了 3 个单倍型。与蒙古国和俄罗斯的双峰驼群体相比，中国的双峰驼群体具有较高的单倍型多样性（$Hd = 0.679 \pm 0.064$）和核苷酸多样性（$\pi = 0.084 \times 10^{-2}$）；俄罗斯卡尔梅克双峰驼群体单倍型多样性和核苷酸多样性分别为 $Hd = 0.667 \pm 0.105$ 和 $\pi = 0.068 \times 10^{-2}$；而蒙古国双峰驼群体的分别为 $Hd = 0.582 \pm 0.105$ 和 $\pi = 0.060 \times 10^{-2}$。进一步对 111 条双峰驼的线粒体 *Cytb* 基因进行的遗传多样性分析发现，其核苷酸多样性 $\pi = 0.163 \times 10^{-2}$，平均碱基差异数 $k = 1.860\ 77$，单倍型多样性 $Hd = 0.733 \pm 0.036$。Tajima's D 中性检验结果为 $-1.176\ 17$（$P > 0.10$），Fu 和 Li'D 检验结果为 $-1.401\ 00$（$P > 0.10$），Fu 和 Li's F 检验结果为 $-1.573\ 49$（$P > 0.10$），表明双峰驼群体线粒体 *Cytb* 基因的进化符合中性选择。

表 8-21　双峰驼线粒体 *Cytb* 基因遗传多样性分析

国家	品种数（个）	样本数（峰）	单倍型数（个）	单倍型多样性（Hd）	核苷酸多样性（π，×10⁻²）	平均碱基差异数（k）
中国	7	55	12	0.679±0.064	0.084	0.954 9
蒙古国	3	28	7	0.582±0.105	0.060	0.687 8
俄罗斯	1	9	3	0.667±0.105	0.068	0.777 8

根据 Network 5.0 构建的 Median-Joining 单倍型网络聚类图显示了 111 峰双峰驼线粒体 *Cytb* 基因的 16 个单倍型间的亲缘关系（彩图 22）。结果发现，16 个单倍型形成了 2 个主要的单倍型类群，即家养双峰驼类群（H1～H13、H15）和野生双峰驼类群（H14）。

所有的家养双峰驼主要聚集在 H1、H3 和 H4 这 3 个单倍型中。由此说明不同地区不同双峰驼群体之间地域差异较小，且品种间存在一定的基因交流。在优势单倍型 H1 中，中国双峰驼群体所占比例最高，为 57.69%；其次为蒙古国双峰驼群体（34.62%），俄罗斯卡尔梅克双峰驼群体所占比例最少（7.69%）。在单倍型 H3 和 H4 中，中国家养双峰驼所占比例仍高于蒙古国（57.14%）和俄罗斯卡尔梅克双峰驼群体（55.56%）。此外，发现了一些具有地区特异性的单倍型，如单倍型 H2、H5、H10～H13、H15 和 H16 仅存在于中国地区双峰驼群体中；单倍型 H6～H8 仅存在于蒙古国双峰驼群体中，但没有发现俄罗斯卡尔梅克双峰驼群体的特异性单倍型。

为了进一步说明家养双峰驼和野生双峰驼群体的遗传关系，应用 MEGA 6.0 软件，根据 16 个线粒体 *Cytb* 基因单倍型序列，采用 UPGMA 构建了系统发育树，以从 GenBank 数据库下载到的单峰驼序列（NO. X56281）作为外围群（图 8-8）。观察系统

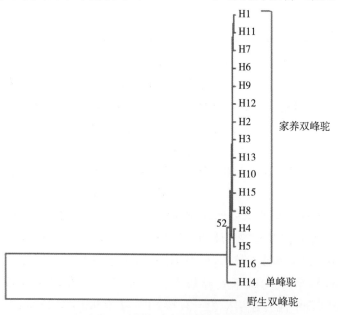

图 8-8　双峰驼线粒体 *Cytb* 基因单倍型系统发育树

（52 为 Boostrap 的值）

发育树发现，系统发育树各支系的分布情况与单倍型网络图的分布情况一致，单峰驼最早与野生双峰驼和家养双峰驼分离，之后野生双峰驼形成一支，单独分支出来，剩下的所有家养双峰驼群体聚集在一起，表明家养双峰驼和野生双峰驼不存在单倍型的交叉。

何晓红（2011）采集了 10 个双峰驼群体样品，每个群体随机选择 13～46 峰个体，共计 205 峰双峰驼个体，进行线粒体 D-loop 区域的测定分析；另外，从 GenBank 上下载了 86 条序列加入分析，同时从 GenBank 上下载野生双峰驼、羊驼的序列作为系统分化分析的对照。结果所有样品的扩增效果都较理想，2％琼脂糖检测凝胶电泳检测的结果显示，产物条带单一、明亮，其中的 Mark 为 Mark V，产物长度为 1 400bp 左右。

用 MEGA 5.0 软件对 205 条序列进行多序列比对，留取 D-loop 区的 2 段序列（1～667bp、961～1 233bp）共 940bp 长的序列作为分析数据。通过碱基成分计算，940bp 的 D-loop 序列的 4 种碱基组成为：A，29.8％；T，24.9％；C，28.2％；G，17.1％。其中，G＋C 含量为 45.4％，A＋T 含量为 54.6％，G＋C 含量低于 A＋T 含量。加入从 GenBank 上下载的 86 条双峰驼线粒体 D-loop 序列，用 MEGA 5.0 软件进行多序列比对，留取 646bp 长的序列作为分析数据，通过碱基成分技术，646bp D-loop 序列的 4 种碱基组成为：A，27.8％；T，27.1％；C，26.4％；G，18.7％。其中，G＋C 含量为 45.1％，A＋T 含量为 54.9％，G＋C 含量低于 A＋T 含量。对 10 个双峰驼群体 205 条 D-loop 序列 940bp 长的片段进行多态性检测，发现共有 17 个变异位点；其中，单态变异位点 8 个，简约信息位点 9 个。有 16 个位点发生 2 次变异，其中单态变异位点 8 个，简约信息位点 8 个。只有 1 个简约信息位点发生 3 次变异。加入 86 条从 GenBank 上下载的双峰驼线粒体 D-loop 区序列，将片段截至 646bp 长后进行多态性检测，发现共有 21 个多态位点；其中，单态变异位点 11 个，简约变异位点 10 个。20 个位点发生 2 次变异，其中单态变异位点 11 个，简约信息位点 9 个。只有 1 个简约信息位点发生 3 次变异。单倍型分析在 10 个双峰驼群体 205 条 D-loop 区序列中共定义了 21 个单倍型，单倍型多样性（Hd）为 0.692±0.028，单倍型多样性变异为 0.000 77，核苷酸多样性 π 为 0.001 04。其中只有 8 个为 2 个以上个体共享单倍型（H2、H3、H4、H5、H8、H10、H13、H20），有 2 个为群体内共享单倍型（H10、H20），剩下 6 个为群体间共享单倍型（H2、H3、H4、H5、H8、H13）。H4 是群体间共享的最多单倍型，被所有 10 个双峰驼群体所共享，该单倍型的个体占总数的 50.2％；单倍型 H3 也被所有 10 个双峰驼群体所共享，该单倍型的个体占到所有个体的 14.6％；单倍型 H5 被阿拉善双峰驼（戈壁型）、阿勒泰双峰驼、甘肃双峰驼、柯尔克孜双峰驼、蒙古国双峰驼、木垒长眉驼、青海双峰驼、甘肃双峰驼和伊犁双峰驼共 9 个群体所共享，该单倍型个体占所有个体的 18.5％；单倍型 H8 被阿拉善双峰驼（沙漠型）、蒙古国双峰驼、青海双峰驼共 3 个群体所共享；单倍型 H3、H4、H5 的个体占所有个体的 83.4％。

加入 86 条从 GenBank 上下载的双峰驼线粒体 D-loop 区序列进行分析，共定义了 21 个单倍型，单倍型多样性（Hd）为 0.668±0.024，核苷酸多样性 π 为 0.001 47，单倍型多样性变异为0.000 56。其中，只有9个为2个以上个体共享单倍型（H1、H2、H4、H5、H6、H7、H8、H11、H20），有2个为群体内共享单倍型（H5、H20），剩下7个为群体间共享单倍型（H1、H2、H4、H6、H7、H8、H11）。H2是最多群体间共享的单倍型，被所有10个双峰驼群体和从GenBank上下载的序列所共享，该单倍型个体占总体的52.5%，从GenBank上下载的序列在该单倍型中占28.1%；单倍型H4也被10个双峰驼群体所共享，该单倍型群体占总体的16.1%，该单倍型中从GenBank上下载的序列占22.4%；单倍型H1被阿拉善双峰驼（戈壁型）、阿勒泰双峰驼、甘肃双峰驼、柯尔克孜双峰驼、蒙古国双峰驼、木垒长眉驼、青海双峰驼、苏尼特双峰驼和伊犁双峰驼共9个群体所共享，该单倍型个体占总体的17.4%，该单倍型中从GenBank上下载的序列占26.4%；单倍型H6被阿拉善双峰驼（沙漠型）、蒙古国双峰驼和苏尼特双峰驼共3个群体所共享，占所有个体的4.6%，3个优势单倍型个体占所有个体的86%。从各群体的单倍型多样性来看，阿拉善双峰驼（戈壁型）和苏尼特双峰驼的最高，分别为0.762 85和0.761 90；柯尔克孜双峰驼和阿勒泰双峰驼的单倍型多样性最低，分别为0.371 43和0.385 62。核苷酸多样性在各群体中的分布也不均衡，为0.000 63~0.001 89，阿拉善双峰驼（戈壁型）和苏尼特双峰驼的核苷酸多样性最高，分别为0.001 65和0.001 89；柯尔克孜双峰驼和阿勒泰双峰驼的核苷酸多样性最低，分别为0.000 80和0.000 63，这一结果与单倍型多样性的结果一致。从GenBank上下载的86条序列中定义了13个单倍型，其核苷酸多样性为0.001 69，仅低于苏尼特双峰驼。单倍型参数分析表明，10个双峰驼群体中各群体包含的单倍型数有3~6个。如果将从GenBank上下载的86条双峰驼序列作为1个群体，其单倍型数为13个；在甘肃双峰驼群体和阿勒泰双峰驼群体中检测到的单倍型数最少，有3个；在青海双峰驼群体、阿拉善双峰驼（戈壁型群体）和蒙古国双峰驼中检测到是单倍型数最多，为6个（表8-22）。

表8-22　10个双峰驼群体及从GenBank下载序列单倍型分析

群体	单倍型数（个）	分歧位点数量（个）	单倍型多样性（Hd）	核苷酸多样性（π）
阿拉善双峰驼（戈壁型群体）	6	5	0.762 85	0.001 65
阿拉善双峰驼（沙漠型群体）	4	4	0.627 45	0.001 46
苏尼特双峰驼	5	5	0.761 90	0.001 89
青海双峰驼	6	4	0.638 30	0.001 22
甘肃双峰驼	3	2	0.592 89	0.001 04
蒙古国双峰驼	6	5	0.660 82	0.001 26
木垒双峰驼	5	4	0.691 18	0.001 33
柯尔克孜双峰驼	4	3	0.371 43	0.000 80
阿勒泰双峰驼	3	2	0.385 62	0.000 63
伊犁双峰驼	4	4	0.676 47	0.001 68
从GenBank下载	13	13	0.686 46	0.001 69

用 10 个双峰驼群体线粒体 DNA D-loop 序列所产生的单倍型数据构建中介网络图，加入从 GenBank 上下载的 86 条家养双峰驼序列，用 Network 软件分析序列产生的单倍型数据并构建中介网络图（图 8-9），选用 3 条野生双峰驼线粒体 DNA D-loop 序列作为外源对照序列。对 10 个双峰驼群体进行网络中介分析表明，野生和家养双峰驼依旧能被明显区分开来，3 峰野生双峰驼距离比较近，所有家养双峰驼聚在一起。大部分的个体主要集中在 3 个单倍型上，即 H3、H4 和 H5。分析 3 个单倍型在各群体的分布发现，这 3 个单倍型在各群体中的分布较广泛，尤其是 H3 和 H4 单倍型在 10 群体中都有分布，单倍型 H5 在 9 个群体中有分布。从每个单倍型中各群体的比例来看，各群体在 3 个单倍型中的比例并不均一。与其他群体相比，青海双峰驼在 3 个优势单倍型中都占有最大的比例，在单倍型 H3 的比例为最高，达到 30%，在单倍型 H4 和 H5 中的比例分别为 24.3% 和 21.1%；在单倍型 H3 中，除青海双峰驼外，甘肃双峰驼和苏尼特双峰驼群体占有相当的比例，分别为 20% 和 13%；在单倍型 H5 中，除青海双峰驼外，阿拉善双峰驼（戈壁型群体）、伊犁双峰驼和苏尼特双峰驼占有较大比例，分别为 21.1%、21.1% 和 15.8%；蒙古国双峰驼在这 3 个单倍型中都有分布，但比例都不高，分别为 3.3%（H3）、8.7%（H4）和 5.3%（H5）。如此集中的单倍型分布表明，包括蒙古国双峰驼在内的 10 个双峰驼群体很可能来自少数母系个体。不管是否加入从 GenBank 上下载的序列，对家养双峰驼的网络中介分析都显示，家养双峰驼只有 1 个分支，且这个分支是以 3 个优势单倍型为中心，周围是呈发散状的低频率单倍型。从 GenBank 上下载的 86 条家养双峰驼在这 3 个单倍型中也占有相当的比例（H1，26.4%；H2，28.1%；H7，22.4%）。虽然从 GenBank 下载的序列也产生新的单倍型，但其频率都较低（1~3），没有产生频率较高的新单倍型。

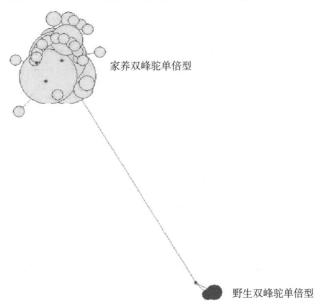

图 8-9　不同群体双峰驼单倍型比例

张成东等（2015）采集 15 峰苏尼特双峰驼（10 峰雄驼和 5 峰雌驼）的血样，提取其 DNA，采用 PCR 方法扩增线粒体 DNA（mtDNA）细胞色素 b（*Cytb*）基因的全序列及 D-loop 的 671bp 序列，进行遗传多样性分析，并结合 GenBank 中已有的双峰驼 mtDNA *Cytb* 基因序列和 D-loop 序列进行系统发育分析。测序得到的 15 条苏尼特家驼 mtDNA *Cytb* 基因序列，经过序列峰值校正并与在 GenBank 检索到的家养双峰驼 mtDNA 全序列同源比对，剪切得到了 1 140bp 的 *Cytb* 基因序列；共发现 10 个变异位点，形成 7 个单倍型（H1、H2、H3、H4、H5、H6、H7，表 8-23），变异位点占分析位点总数的 0.88%，分别位于 *Cytb* 基因的 261bp、472bp、714bp、723bp、819bp、862bp、911bp、960bp、1 000bp 和 1 020bp 处，包括 8 个转换和颠换，无插入/缺失突变；有 6 个简约信息位点；8 个转换位点中 T-C 转换位点有 7 个，共发生 13 次转换；A-G 转换位点 1 个，共发生 2 次转换。2 个颠换位点中，A-C 颠换位点 1 个，共发生 1 次颠换；A-T 颠换位点 1 个，共发生 2 次颠换；转换/颠换为 4.82。*Cytb* 基因 472bp、819bp、1 000bp 处为非同义突变，分别导致 *Cytb* 第 158 个氨基酸由苏氨酸（T）转变为脯氨酸（P）、第 304 个氨基酸由异亮氨酸（I）转变为苏氨酸（T）、第 334 个氨基酸由苏氨酸（T）转变为丙氨酸（A）（表 8-23）。

表 8-23　苏尼特双峰驼 *Cytb* 基因 7 种单倍型的多态位点

单倍型	核苷酸多态位点										氨基酸突变位点			样本数（个）	单倍型频率（%）
	261	472	714	723	819	862	911	960	1 000	1 020	158	304	334		
H1	T	A	T	T	T	C	T	T	A	A	T	I	T	5	33.33
H2	T	A	T	T	C	C	T	T	A	A	T	I	T	1	6.67
H3	C	A	C	T	T	C	T	T	A	A	T	I	T	1	6.67
H4	T	A	T	C	T	C	T	T	A	A	T	I	T	3	20.00
H5	T	C	T	T	C	C	T	T	A	A	P	I	T	1	6.67
H6	T	A	C	T	T	C	T	T	A	A	T	I	T	2	13.33
H7	T	A	T	T	T	T	T	C	G	T	T	I	A	2	13.33

　　碱基组成分析结果（表 8-24）表明，T、C、A、G 的平均含量分别为 27.8%、28.2%、29.0% 和 15.0%。A+T 的平均含量（56.8%）高于 C+G 的平均含量（43.2%）。在 *Cytb* 基因中，碱基的使用在密码子的 3 个位点存在差异，在密码子第 1 位点 4 种碱基平均使用频率中，除 A 碱基（28.9%）含量略高外，其余碱基使用频率较为均衡；密码子第 2 位点和第 3 位点碱基的使用有明显的偏倚性，密码子的第 2 位点 T 碱基平均使用频率高达 41.8%，G 碱基平均使用频率为 13.9%；密码子的第 3 位点 A 碱基平均使用频率为 38.6%，A+C 的平均使用频率高达 73.2%，G 碱基平均使用频率仅为 8.4%。

表 8-24　苏尼特双峰驼 mtDNA *Cytb* 基因的碱基组成（%）

单倍型	T	C	A	G	第 1 位点				第 2 位点				第 3 位点			
					T	C	A	G	T	C	A	G	T	C	A	G
H1	27.8	28.2	29.0	15.0	23.2	25.3	28.9	22.6	41.8	24.7	19.5	13.9	18.4	34.5	38.7	8.4
H2	27.7	28.2	29.0	15.0	23.2	25.3	28.9	22.6	41.8	24.7	19.5	13.9	18.2	34.7	38.7	8.4

骆驼基因与种质资源学

单倍型	T	C	A	G	第1位点				第2位点				第3位点			
					T	C	A	G	T	C	A	G	T	C	A	G
H3	27.6	28.3	29.0	15.0	23.2	25.3	28.9	22.6	41.8	24.7	19.5	13.9	17.9	35.0	38.7	8.4
H4	27.7	28.2	29.0	15.0	23.2	25.3	28.9	22.6	41.8	24.7	19.5	13.9	18.2	34.7	38.7	8.4
H5	27.7	28.3	28.9	15.0	25.5	28.7		22.6	41.6	25.0	19.3	13.9	18.4	34.5	38.7	8.4
H6	27.7	28.2	29.0	15.0	23.2	25.3	28.9	22.6	41.8	24.7	19.5	13.9	18.2	34.7	38.7	8.4
H7	27.9	28.2	28.9	15.1	23.4	25.0	28.7	22.9	41.8	24.7	19.5	13.9	18.2	34.7	38.4	8.4
平均	27.8	28.2	29.0	15.0	23.2	25.2	28.9	22.7	41.8	24.8	19.5	13.9	18.3	34.6	38.6	8.4

在 7 个单倍型中，H1 为优势单倍型，单倍型频率为 33.33%，单倍型多样性为 0.857±0.065，核苷酸多样性为 0.001 94±0.002 70，平均碱基差异数为 2.210。表明苏尼特双峰驼群体的 mtDNA Cytb 基因遗传多样性比较丰富。变异位点的 Tajima's D 值为 −1.071，差异不显著（P＞0.10），说明苏尼特双峰驼 mtDNA Cytb 基因符合中性进化。

家养双峰驼的 D-loop 序列全长 1 225～1 247bp，由于 D-loop 序列中存在连续的 Poly G 和 Poly C 结构，因此造成碱基读取困难，经过序列峰值校正并与 GenBank 所检索到的家养双峰驼 mtDNA 全序列（Ap003423.1）同源比对、剪切后，共获得了 671bp 的可靠序列。对测序的 15 条序列进行分析发现，苏尼特双峰驼 D-loop 部分序列在 6 个变异位点形成了 6 个单倍型（H1、H2、H3、H4、H5、H6），占分析位点总数的 0.89%，变异位点分别位于所研究序列的第 54、112、161、614、663 和 666 位点，包括 5 个转换和 1 个颠换，有 4 个简约信息位点。A-G 转换占位点的 50%，T-C 占 33.33%。所研究序列的核酸组成结果显示，T、C、A、G 碱基的平均含量分别为 26.7%、26.8%、27.9% 和 18.6%，其中 A＋T 的平均含量（54.6%）高于 C＋G 的平均含量（45.4%）。

6 个单倍型中，H1 单倍型为优势单倍型，单倍型频率为 33.33%，单倍型多样性为 0.714±0.116，核苷酸多样性为 0.002 53±0.002 75，平均碱基差异数为 1.695。差异位点的 Tajima's D 值为 −0.284 63，差异不显著，说明苏尼特双峰驼 D-loop 序列符合中性进化。

张勇等（2008）测定 2 峰阿尔金山野生双峰驼个体的线粒体细胞色素 b 基因序列发现，通过 PCR 扩增得到的阿尔金山野生双峰驼 2 个个体的 Cytb 基因全长产物为 1 140bp，测序得到其中 1 074bp 的序列，发现 2 个样品的序列完全相同。将这 2 个序列与 GenBank 已有的 9 个双峰驼序列进行比对发现，Cytb 基因序列对应于 358 个氨基酸，该基因序列中有 36 个位点为变异位点，其中简约信息位点的 29 个碱基替换多发生在密码子第 3 位（25 个）。T、C、A、G 的平均含量分别为 28.1%、28.5%、27.9%、15.5%，其中 T 碱基在密码子第 2 位的含量高达 42%，而 G 碱基的含量相对缺乏，尤其是密码子第 3 位的 G 碱基含量仅为 8.5%，核苷酸的替换以转换为主（平均转换/颠换数为 15.40/1.16）。

程佳（2009）测定了 37 峰家养双峰驼 *Cytb* 基因的部分序列，并结合 GenBank 中已有的家养和野生双峰驼线粒体 *Cytb* 基因序列，对家养双峰驼群体遗传多样性进行了探讨。双峰驼的 *Cytb* 基因全长 1 140bp，共获得了其中的 1 024bp 序列。在测得的 37 条序列中，A、T、C、G 碱基的平均含量分别为 28%、27.9%、28.9% 和 15.2%，说明 G 碱基的含量相对较低；A＋T 的平均含量（55.9%）高于 G＋C 的平均含量（44.1%）。密码子第 2 位和第 3 位均表现出明显的碱基使用偏倚。密码子第 2 位中，T 碱基频率高达 41.0%，而 G 仅为 14.1%；密码子第 3 位中，A 碱基频率达 38.7%，而 G 仅为 7.9%。在所测定的 1 024bp 的位点中，共有 14 个变异位点，占分析位点总数的 1.37%，包括 13 个转换和 1 个颠换。其中，简约信息位点 1 个，无插入或缺失。核苷酸的替代主要以转换为主，转换明显多于颠换，转换/颠换比值为 5.011，其中 T-C 转换明显多于 A-G 转换。由 37 峰家养双峰驼 *Cytb* 基因的部分序列定义了 H1～H11，共 11 种单倍型，单倍型多样性（*Hd*）为（0.820±0.044），核苷酸多样性（π）为（0.002 27±0.001 27），平均碱基差异数（*k*）为 2.327，表明家养双峰驼群体的 *Cytb* 基因遗传多样性比较丰富。11 个单倍型中有 7 个属于品种间特有的单倍型（H2、H3、H4、H6、H7、H9、H10），其余 4 个为品种间或品种内共享的单倍型（H1、H5、H8、H11）（图 8-10）。阿拉善骆驼群体有 7 个单倍型；其次是东疆双峰驼，有 4 个单倍型；而甘肃河西骆驼只有 1 个单倍型（H8）。

单倍型	[3445 56677 8999] [72066 65616 0046] [17681 77636 5333]	样本数（个）	单倍型频率（%）
H1	TCTCT GTCCC CTAA	3	8.11
H2	....T.	1	2.70
H3	C....	1	2.70
H4	...C.	1	2.70
H5	..... .C...	5	13.52
H6	....T.	1	2.70
H7	.T...	2	5.41
H8	....T..	13	35.14
H9	..CT. ..... T...	1	2.70
H10	..... A.... T...	1	2.70
H11	.... TCGT	8	21.62

图 8-10　家养双峰驼 11 个单倍型的多态位点

Chuluunbat（2014）对蒙古国境内的 3 个品种双峰驼 Hos Zogdort（HZ）、Galbiin Gobiin Ulaan（GGU）、Haniin Hetsiin Huren（HHH）和 1 个当地蒙古国品种（MNT）共计 83 峰双峰驼 *Cytb* 基因进行测定分析，共发现了 10 个变异位点（8 个位点属于转换、2 个位点属于颠换），定义了 14 个单倍型；4 个双峰驼群体单倍型多样性（*Hd*）变化范围为 0.600～0.020，核苷酸多样性（π）变化范围为 0.001 1～0.003 2。进一步采用单倍型序列绘制的网络中介图见图 8-11。

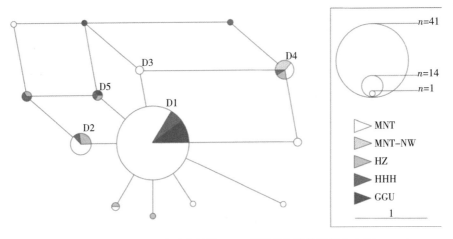

图 8-11　12 个双峰驼线粒体 *Cytb* 基因单倍型的网络中介图

二、羊驼线粒体基因组序列遗传多样性

为充分了解羊驼的遗传多样性和系统发育之间的关系，吕雪峰等（2017）采集了新疆 3 个地区（阿勒泰市青河县、塔城市和新疆天山野生动物园）共 39 只羊驼血液样品，对其线粒体 D-loop 进行了扩增和测序，得到长度为 733bp 的片段序列。3 个地方羊驼群体单倍型多样性（*Hd*）平均为 0.954。其中，塔城地区羊驼的单倍型多样性最高，为 0.974；新疆天山野生动物园羊驼的单倍型多样性最低，为 0.867。各地方羊驼群体平均核苷酸多样性（*π*）为 0.009 10，新疆天山野生动物园双峰驼群体中的核苷酸多样性最高，为 0.011 877。各地方羊驼群体平均碱基差异数（*k*）的平均值为 6.661 3，3 个羊驼群体 Tajima's D 中检测无显著性差异（*P*＞0.05）（表 8-25）。

表 8-25　3 个地方羊驼遗传多样性分析

项目	塔城市 （TC）	阿勒泰市青河县 （QH）	新疆天山野生动物园 （DWY）	平均
样品数（个）	13	16	10	39
单倍型数（个）	11	10	7	25
单倍型多样性（*Hd*）	0.974±0.039	0.917±0.049	0.867±0.107	0.954±0.02
核苷酸多样性（*π*）	0.007 320	0.007 120	0.0118 77	0.009 10
平均碱基差异数（*k*）	5.359	5.208	8.689	6.661
Tajima's D	−1.319 93	−0.869 05	−0.260 41	−1.561 56
P 值	＞0.1	＞0.1	＞0.1	＞0.1

39 条序列共定义了 25 个单倍型，记录为 H1～H25。其中，除了单倍型 H1、H4、H5、H7 和 H18 外，所有的单倍型只有 1 个个体。单倍型数最多的是塔城群体，有 11 个。在所定义的 25 个单倍型中，H7 出现的频率最高（7/39），为 3 个群体的共享单倍型，占所有检测个体的 17.95%，H5 为阿勒泰市青河县群体和塔城市

群体共享（图 8-12）。

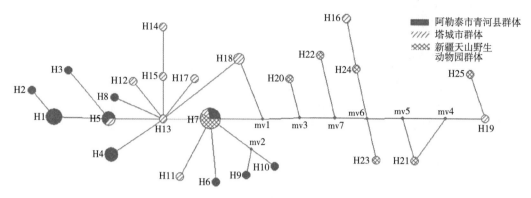

图 8-12 单倍型网络图

用转换和颠换信息对上述 3 个地方羊驼群体与美洲驼、双峰驼、原驼、骆马进行聚类分析发现，3 个地区羊驼基本聚为一大支，而且与美洲驼、骆马、原驼的亲缘关系较近，双峰驼单独聚为一支。进一步对这 3 个地方羊驼群体分子变异进行分析发现，羊驼群体间的遗传变异（11.45%）远小于群体内的遗传变异（88.55%）。说明新疆引进的羊驼遗传变异主要来自群体内，群体间的遗传变异较低，即新疆引进的羊驼遗传多样性非常丰富，群体间遗传分化程度较小，基因交流水平较高，羊驼与美洲驼、原驼和骆马之间的亲缘关系最近，与双峰驼的亲缘关系较远。

高莉（2005）利用 mtDNA 分子标记技术对羊驼 *Cytb* 基因部分序列进行扩增测序，得到了 360bp 大小的片段，并与骆驼科其他物种（美洲驼、原驼、骆马、双峰驼、单峰驼，绵羊作为外群）的 mtDNA *Cytb* 基因进行同源序列比较。结果在骆驼科物种的 *Cytb* 序列中，A、T、C、G 碱基的平均含量为 27.9%、31.4%、24.1% 和 16.6%，碱基组成的百分比中显示出了 G 的相对缺失。在 6 条 347bp 的 *Cytb* 基因部分序列中，其可变核苷酸位点共 92 个，4 种转换的频率比 8 种颠换的频率要高，碱基替代数为 184次，转换 77 次，颠换 15 次，颠换百分比为 16.3%（表 8-26）。

表 8-26 骆驼科物种 *Cytb* 基因的碱基组成频率（%）

物种	T	C	A	G	第1位点				第2位点				第3位点			
					T	C	A	G	T	C	A	G	T	C	A	G
羊驼	30.8	24.7	28.2	16.3	31.3	16.5	27.8	24.3	39.1	22.6	19.1	19.1	21.9	35.1	37.7	5.3
美洲驼	31.1	24.7	28.2	16.0	32.2	16.5	27.8	23.5	39.1	22.6	19.1	19.1	21.9	35.1	37.7	5.3
骆马	30.8	25.0	28.2	16.0	32.2	16.5	27.8	23.5	39.1	22.6	19.1	19.1	21.1	36.0	37.7	5.3
小羊驼	30.8	24.4	28.2	16.6	31.3	17.4	27.8	23.5	39.1	22.6	19.1	19.1	21.9	33.3	37.7	7.0
单峰驼	32.3	23.0	27.3	17.4	34.8	14.8	25.2	25.2	38.3	23.9	19.1	19.1	23.7	30.7	37.7	7.9
双峰驼	32.6	23.0	27.0	17.4	33.0	16.5	26.1	24.3	39.1	22.6	19.1	19.1	25.4	29.8	36.0	8.8
平均值	31.4	24.1	27.9	16.6	32.5	16.4	27.1	24.1	39.0	22.8	19.1	19.1	22.7	33.3	37.4	6.6

在骆驼科物种与外群绵羊的 *Cytb* 基因序列比较中，7 个分类阶元的转换/颠换比平均为（4.985±1.451）；基于测序得到的序列数据与从 GenBank 中下载的序列一起进行

系统发育分析，采用 NJ 法及简约法来构建分子系统树（图 8-13），均以绵羊（*Ovis aries*）作为外群比较。从图中可以看出，2 种不同的分子系统树具有基本相同的拓扑结构，这与系统的形态分类基本一致；由两大支构成，一支是由单峰驼和双峰驼构成的姊妹群，另一支是由羊驼、原驼、美洲驼、骆马构成。

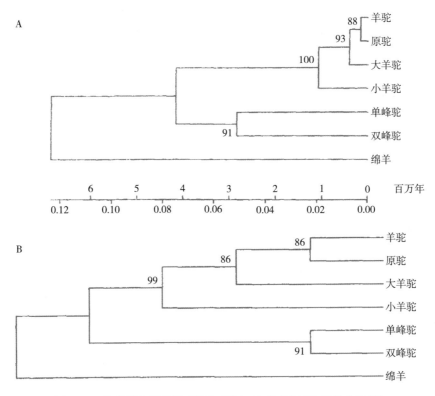

图 8-13　骆驼科物种分子系统发育树（A 为 NJ 树和 B 为 MP 树）

各物种间线粒体基因组序列的变异位点基本是转换的频率大于颠换的频率，*Cytb* 基因序列中碱基替换大都发生在密码子第 3 位点，第 2 位点最少。用 NJ 法和 MP 法对 7 个物种间的 mtDNA *Cytb* 基因序列进行聚类，结果 2 种方法得出的树状图基本相同，羊驼与原驼形成的姊妹群体分化较晚，而骆马是较美洲驼、原驼和羊驼分化早的类型，并推测旧世纪驼属中种的形成发生在 400 万年前。

第五节　全基因组 SNP 位点研究

明亮等（2016）收集了中国、蒙古国、俄罗斯、哈萨克斯坦和伊朗的 13 个家养双峰驼群体，1 个野生双峰驼群体和 1 个伊朗单峰驼群体，共计 128 份个体的耳样或全血样品，双峰驼群体名称、群体编号、样本数量、采集地和样品类型详细内容见表 8-27。中国双峰驼群体包含阿拉善双峰驼（NMG＿ALS）、苏尼特双峰驼（NMG＿SNT）、戈壁红驼（NMG＿GB）、青海双峰驼（QH）、准格尔双峰驼（XJ＿ZGE）、木垒双峰驼

（XJ＿ML）和塔里木双峰驼（XJ＿TLM）。这7个中国地方群体主要分布在内蒙古、青海和新疆地区，也是中国主要的养驼地区。蒙古国双峰驼群体有嘎利宾戈壁红驼（MG＿GLB）、哈那赫彻棕驼（MG＿HNHC）、图赫么通拉嘎驼（MG＿TH）和蒙古国野生双峰驼（MG＿WILD），主要分布在蒙古国前戈壁和我国的阿勒泰地区。俄罗斯双峰驼品种为卡尔梅克双峰驼（RS＿KM），主要分布在俄罗斯阿斯特拉罕市以北地区，此是俄罗斯主要的养驼区域。此外，还采集到哈萨克斯坦（KAZA）和伊朗双峰驼（IRAN＿B）群体的样本。

表 8-27　双峰驼和单峰驼群体名称和样本来源

群体	群体编号	样本数量（峰）	采集地	样品类型
青海双峰驼	QH	10	青海省海西州	血样
阿拉善双峰驼	NMG＿ALS	10	内蒙古阿拉善盟	血样
戈壁红驼	NMG＿GB	10	内蒙古巴彦淖尔	血样
苏尼特双峰驼	NMG＿SNT	10	内蒙古锡林郭勒盟	血样
木垒双峰驼	XJ＿ML	5	新疆昌吉州木垒县	血样
准格尔双峰驼	XJ＿ZGE	5	新疆昌吉州昌吉县	血样
塔里木双峰驼	XJ＿TLM	5	新疆吐鲁番地区	血样
嘎利宾戈壁红驼	MG＿GLB	8	蒙古国罕宝格德	耳样
哈那赫彻棕驼	MG＿HNHC	10	蒙古国曼德拉敖包	耳样
图赫么通拉嘎驼	MG＿TH	10	蒙古国图古日格	耳样
卡尔梅克双峰驼	RS＿KM	10	俄罗斯阿斯特拉罕地区	血样
哈萨克斯坦双峰驼	KAZA	6	哈萨克斯坦南部的奇姆肯特	血样
伊朗双峰驼	IRAN＿B	6	伊朗 Ardabili	DNA样
伊朗单峰驼	IRAN＿D	4	伊朗 Ardabili	DNA样
野生双峰驼	MG＿WILD	19	蒙古国戈壁阿勒泰	耳样

一、骆驼种质资源基础信息

在全世界范围内收集了13个家养双峰驼群体，共计105峰家养种质资源，对其进行全基因组重测序，包括青海双峰驼（QH，$n=10$）、阿拉善双峰驼（NMG＿ALS，$n=10$）、戈壁红驼（NMG＿GB，$n=10$）、苏尼特双峰驼（NMG＿SNT，$n=10$）、准格尔双峰驼（XJ＿ZGE，$n=5$）、木垒双峰驼（XJ＿ML，$n=5$）、塔里木双峰驼（XJ＿TLM，$n=5$）、嘎利宾戈壁红驼（MG＿GBL，$n=8$）、哈那赫彻棕驼（MG＿HNHC，$n=10$）、图赫么通拉嘎驼（MG＿TH，$n=10$）、俄罗斯卡尔梅克双峰驼（RS＿KM，$n=10$）、哈萨克斯坦双峰驼（KAZA，$n=10$）和伊朗双峰驼（IRAN＿B，$n=6$）；另外，还包括蒙古国阿勒泰地区的野生双峰驼（MG＿WILD，$n=19$）和伊朗单峰驼（IRAN_D，$n=4$），共计 128 个种质资源样品。

通过测序共获得了 4.31Tb 原始 Reads 数据，进一步对原始数据进行过滤和质量控制，最后得到了 4.24Tb 高质量数据，占总测序原始数据的 98.38%，即通过过滤去除了总数据量的 1.62%，表明测序质量良好。

128 个种质资源样品总的测序深度高达 1 736×，平均测序深度为 13.56×，最大测序深度达到了 23.07×（表 8-28）；平均测序覆盖度为 96.19%，其变化范围为 80.89%～98.45%（骆驼基因组大小约 2.38Gb）（Jirimutu 等，2012）。

不同双峰驼群体种质资源的全基因组测序深度和基因组覆盖度各不相同，其中准噶尔双峰驼（XJ_ZGE）群体有最高的平均测序深度，为 15.07×；俄罗斯卡尔梅克双峰驼（RS_KM）群体的平均测序深度为最低，为 12.53×。戈壁红驼（NMG_GB）群体基因组平均测序覆盖度达到了最高，为 97.94%；蒙古国图赫么通拉嘎驼棕驼（MG_TH）基因组平均测序覆盖度展示了最低的水平，为 93.42%（表 8-28）。此外，对单峰驼种质资源的分析发现，伊朗 4 个单峰驼的全基因组平均测序深度和基因组平均覆盖度分别是 15.47× 和 94.10%。通过计算 128 个种质资源样品的测序深度和测序覆盖度 2 个指标，再一次证明了测序数据质量良好。

表 8-28　双峰驼和单峰驼群体的全基因组测序深度及覆盖度

群体	测序深度（×）			测序覆盖度（%）		
	平均值	最大值	最小值	平均值	最大值	最小值
QH	13.70	14.92	12.54	95.85	98.45	80.89
NMG_ALS	14.19	15.07	12.97	97.59	98.43	94.59
NMG_GB	14.09	15.62	13.36	97.94	98.42	96.66
NMG_SNT	14.09	15.60	13.05	96.93	98.13	94.64
XJ_ZGE	15.07	16.16	14.28	97.91	98.18	97.75
XJ_ML	13.31	14.01	12.91	95.64	97.34	92.14
XJ_TLM	13.03	13.13	12.96	97.44	97.82	96.76
MG_WILD	12.92	17.52	7.86	97.60	98.34	93.97
MG_GLB	12.86	13.34	12.55	96.05	98.16	92.14
MG_HNHC	13.58	14.96	12.32	94.42	98.17	89.28
MG_TH	12.84	14.04	11.52	93.42	98.41	87.85
RS_KM	12.53	13.30	12.05	94.92	97.97	87.59
KAZA	14.12	14.82	13.10	94.23	98.02	91.15
IRAN_B	13.95	23.07	5.24	97.02	98.24	93.01
IRAN_D	15.47	16.70	13.40	94.10	98.22	87.87

二、SNPs 分型

在所有家养双峰驼和野生双峰驼种质资源测序数据中，共发现了 94 733 592 个高质量的 SNPs 和 12 539 974 个高质量的 Indels 标记。其中，蒙古国野生双峰驼（MG_

WILD）群体包含了较低的 SNPs 和 Indels 标记，分别是 5 317 666 个和640 258个；哈萨克斯坦双峰驼（KAZA）种质资源含有最多的 SNPs 标记（7 603 345 个），在准噶尔双峰驼（XJ _ ZGE）种质资源基因组序列中发掘了最多的 Indels 标记，为1 017 441个（表8-29）。

表 8-29 骆驼群体基因组高质量 SNPs、Ts/Tv 率和 Indels 总数据

群体	SNPs 总数（个）	Ts/Tv 率	Indels 总数（个）
QH	6 751 721	2.496 9	843 029
NMG _ ALS	7 330 126	2.461 9	966 707
NMG _ GB	7 129 592	2.445 5	995 592
NMG _ SNT	7 159 158	2.453 3	990 133
XJ _ ML	6 076 166	2.454 4	841 487
XJ _ TLM	5 947 454	2.426 4	869 796
XJ _ ZGE	6 917 069	2.433 2	1 017 441
MG _ GLB	6 867 371	2.475 6	896 369
MG _ HNHC	6 970 701	2.496 8	876 665
MG _ TH	6 324 828	2.504 4	770 779
MG _ WILD	5 317 666	2.456 8	640 258
RS _ KM	7 536 540	2.492 2	905 485
KAZA	7 603 345	2.490 5	951 231
IRAN _ B	6 801 855	2.488 6	975 002
IRAN _ D	9 236 526	2.531 5	1 072 295

进一步分别计算 15 个双峰驼群体基因组高质量 SNPs 数据的碱基转换和颠换比率（Ts/Tv），其中伊朗单峰驼（IRAN _ D）群体表现出最高的 Ts/Tv 值，为2.531 5；13个家养双峰驼群体中蒙古国图赫么通拉嘎驼棕驼（MG _ TH）群体含有最高的 Ts/Tv 值，为2.504 4；而塔里木双峰驼（XJ _ TLM）群体有最低的 Ts/Tv 值，为 2.426 4；13 个家养双峰驼群体的平均 Ts/Tv 值，为 2.475 6，这与野生双峰驼种质资源的平均数值很接近（2.46）（表 8-30）。另外，在伊朗单峰驼（IRAN _ D）种质资源中共发掘了 9 236 526 个高质量的 SNPs 标记和1 072 295 个高质量的 Indels 标记，其碱基转换和颠换比率为 2.531 9，高出家养和野生双峰驼群体种质资源的平均数值。

表 8-30 骆驼基因组上 SNPs 的分布（个）

种群	基因间区[a]	ncRNA[b]	UTR[c]	内含子	剪切位点	外显子 同义突变	外显子 非同义突变	外显子 终止子
QH	4 632 660	8 509	12 075	2 071 350	224	36 239	26 792	298
NMG _ ALS	5 040 708	9 365	12 966	2 244 200	207	35 703	26 115	279
NMG _ GB	4 928 055	8 851	12 414	2 160 412	198	33 935	25 061	256
NMG _ SNT	4 960 079	8 715	12 393	2 156 881	197	34 744	25 662	267
XJ _ ML	4 204 101	7 301	10 365	1 839 542	173	29 669	21 900	221

种群	基因间区[a]	ncRNA[b]	UTR[c]	内含子	剪切位点	外显子		
						同义突变	非同义突变	终止子
XJ_TLM	4 159 760	7 295	10 079	1 759 335	149	27 395	20 568	210
XJ_ZGE	4 818 261	8 426	11 839	2 060 834	201	32 854	24 079	245
MG_GLB	4 739 629	8 382	12 455	2 084 963	208	34 881	25 693	279
MG_HNHC	4 786 927	8 568	12 367	2 136 540	209	36 511	26 719	283
MG_TH	4 346 646	8 183	11 524	1 934 979	208	33 868	25 185	263
MG_WILD	3 716 514	7 282	9 078	1 569 027	177	27 363	20 902	227
RS_KM	5 178 443	9 363	13 551	2 305 867	216	39 323	28 241	277
KAZA	5 234 965	9 906	13 209	2 318 074	228	38 497	27 617	266
IRAN_B	4 658 445	7 946	11 892	2 100 502	199	33 558	23 582	236
IRAN_D	6 230 659	11 802	17 179	2 919 692	288	49 792	33 147	306

注：[a]包括基因间区、上游和下游；[b]包括 ncRNA 内含子、ncRNA 剪切位点和 ncRNA_UTR；[c]包括非翻译区域。

对 SNP 数据进行 Annovar 注释发现，在不同品种家养双峰驼和野生双峰驼群体的 94 733 592 个高质量的 SNPs 中，65 405 193 个 SNPs 分布于全基因组的基因间隔区域，占整个 SNPs 标记的 69.04%。可见基因间隔区域是双峰驼群体中最容易发生变异的区域，而相对保守的全基因组片段上的基因区域发生变异较少。在家养双峰驼和野生双峰驼群体整个基因组的 UTR 区域中共发现了 166 207 个 SNPs 标记，占整个 SNPs 的 0.18% ［包括 0.04%（38 555 个）SNPs 位于 5′UTR 区域、0.13%（127 652 个）SNPs 位于 3′UTR 区域]；在内含子区域共发现了 28 742 506 个 SNPs 标记，占整个 SNPs 的 30.34%；在整个基因组的编码区域中，474 540 个 SNPs 是同义突变，占总 SNPs 的 0.50%；而 348 116 个 SNPs 是非同义突变，占总 SNPs 的 0.37%，同义突变和非同义突变的比率为 1.35∶1。这些非同异变异在双峰驼基因和保守区域的研究中起着至关重要的作用。

进一步从家养双峰驼种质资源的基因组 SNP 注释信息上来看，不同家养双峰驼群体全基因组基因间隔区域 SNP 所占的比率很相近。其中，塔里木双峰驼（XJ_TLM）群体基因间隔区域 SNP 占的比率最高，为 69.94%；而伊朗双峰驼群体（IRAN_B）的最低，为 68.48%。其内含子区域内的 SNP 所占的比率与之正好相反，即塔里木双峰驼（XJ_TLM）群体最低，为 29.58%；伊朗双峰驼群体（IRAN_B）的最高，为 30.88%。在野生双峰驼群体的 5 317 666 个高质量的 SNPs 中，共检测到了 3 716 514 个基因间隔区域的 SNPs，占整个野生双峰驼群体全基因组 SNPs 标记的 69.89%；在内含子区域共发现了 1 569 027 个 SNPs 标记，占整个 SNPs 的 29.51%；在整个基因组的编码区域中，27 363 个 SNPs 是同义突变，20 902 个 SNPs 是非同义突变（表 8-30）。

三、Indels 分型

进一步，以同样的方法鉴定出了全基因组范围内的 Indels 标记。在家养双峰驼与野生双峰驼群体的12 539 974个Indels数据集中，10 268 718个Indels标记分布在基因间区，占整个Indels的81.89%，这与SNPs变异信息是相似的，即SNPs和Indels标记在整个基因组区域内的基因间区部分占的比率最高；在整个基因组的UTR区域中共发现了37 294个Indels标记，占整个Indels的0.30%〔包括0.05%（5 808个）Indels位于5′UTR区域、0.25%（31 485个）Indels位于3′UTR区域〕。此外，在内含子区域共发现了4 763 259个Indels标记，占整个Indels的37.98%（表8-31）。从家养双峰驼种质资源的基因组Indels注释信息上来看，伊朗双峰驼群体基因间隔区域Indels占的比率达到了85.77%，为最高；新疆地区的3个双峰驼群体（XJ_ZGE、XJ_ML和XJ_TLM）基因间隔区域Indels占的比率较高，都达到了84%以上；在野生双峰驼群体的640 258个高质量Indels中，共检测到了526 726个基因间隔区域的Indels，占整个Indels标记的82.27%；在内含子区域共发现了240 337个Indels标记，占整个Indels标记的37.54%。

表8-31　不同骆驼群体基因组上Indels的分布（个）

群体	基因间区[a]	ncRNA[b]	UTR[c]	内含子	剪切位点	外显子		
						移码突变[d]	非移码突变[e]	终止子
QH	671 573	931	2 569	319 031	67	598	987	21
NMG_ALS	792 543	1 032	2 984	369 196	79	621	1 026	19
NMG_GB	816 086	1 034	3 096	377 714	75	609	993	19
NMG_SNT	815 719	1 060	3 062	373 900	69	609	1 019	21
XJ_ML	712 242	887	2 656	327 398	78	567	854	19
XJ_TLM	731 292	940	2 660	328 046	54	544	824	16
XJ_ZGE	859 790	1 048	3 071	385 671	70	600	934	22
MG_GLB	725 365	954	2 833	336 857	77	628	989	20
MG_HNHC	701 046	968	2 805	331 634	76	627	1 037	22
MG_TH	611 513	862	2 551	291 456	78	628	988	24
MG_WILD	526 726	770	1 994	240 337	53	621	1 026	19
RS_KM	708 890	982	981	336 304	76	636	1 061	24
KAZA	759 627	1 074	2 862	357 147	75	666	1 009	23
IRAN_B	836 306	1 031	3 170	388 568	85	461	965	19
IRAN_D	798 038	1 221	3 392	408 022	90	754	1 074	29

注：[a]包括基因间区、上游和下游；[b]包括ncRNA外显子、ncRNA内含子、ncRN剪切位点和ncRNA_UTR；[c]包括非翻译区域；[d]包括移码缺失、移码插入和移码替换；[e]包括非移码缺失、非移码插入和非移码替换。

四、群体基因组学分析

（一）系统发育树分析

研究利用家养双峰驼、野生双峰驼和单峰驼不同类群遗传图谱鉴定出来的全基因组双等位（bi-allelic）SNP信息来构建无根NJ树（彩图23）。这个系统发育树虽然不能直接揭示双峰驼不同品系之间的系统发生关系，但可以反映各品种之间的关系。彩图 24 的无根系统发育树显示，家养双峰驼、野生双峰驼和单峰驼群体之间被明显地分隔开，即野生双峰驼群体和单峰驼群体分别聚为独立的一支，所有家养双峰驼聚为一支，且新疆的塔里木双峰驼（XJ_TLM）群体在系统发育树上相对较接近于野生双峰驼群体。

进一步采用 13 个家养双峰驼群体的双等位 SNP 数据构建了无根的系统发育树（彩图 24），结果显示，俄罗斯卡尔梅克双峰驼（RS_KM）和蒙古国的图赫么通拉嘎驼棕驼（MG_TH）群体分别聚成 2 个小亚型，其余家养双峰驼品种之间没有明显的地域和品系之分。

（二）主成分分析

主成分分析（PCA）是根据整个群体的数据矩阵，计算每个个体的特征值和特征向量，以空间形式展现出来，是展示不同群体结构、群体间遗传分化程度的一种有效方法。

对 128 峰骆驼进行主成分分析发现，主成分 1 和 2 将单峰驼与双峰驼明显地分开，也将家养双峰驼和野生双峰驼很清晰地分开。说明单峰驼、野生双峰驼和家养双峰驼在遗传结构上是相对独立的，而且三者之间距离较远，表明分化时间较长（彩图 25A）。剔除野生双峰驼群体和单峰驼群体，采用所有家养双峰驼群体数据绘制了 PCA 的图（彩图 25B），发现主成分 1 和 2 将 13 个家养双峰驼群体的 105 峰双峰驼分隔开，然而不同品种的家养双峰驼并没有聚在一起，或者可以说不同地理位置（中国、蒙古国、俄罗斯、哈萨克斯坦和伊朗）的双峰驼群体也没有单独地聚在一起，说明不同群体家养双峰驼在不同地理位置、不同品系之间没有明显区分，此结果与系统发育树聚类方式类似。

进一步采用主成分 3 和 4，对骆驼群体构建了 PCA 图（彩图 25C）发现，主成分 3 将伊朗双峰驼（IRAN_B）群体与其他骆驼群体清晰地分开；主成分 4 可将双峰驼群体（除了伊朗双峰驼）分为几个亚群，其中塔里木（XJ_TLM）和俄罗斯卡尔梅克（RS_KM）双峰驼群体分别单独地聚在一起。在剔除了野生双峰驼和单峰驼群体数据的情况下，根据主成分 3 和 4 绘制的 PCA 图也得到了相似的结果。

（三）群体结构推断

用 frappe 软件对骆驼群体结构进行推断，将祖先群体数 K 选定为 2～5（彩图 26）。当 $K=2$ 时，伊朗单峰驼（IRAN_D）和蒙古国野生双峰驼（MG_WILD）聚在一起，与家养双峰驼明显地分开，所有的家养双峰驼聚为一类。当 $K=3$ 时，伊朗单峰驼（IRAN_D）与蒙古国野生双峰驼（MG_WILD）群体分别聚在一起，而所有的家养双峰驼群体聚在一起，这与主成分分析和系统发育树的结果相一致。当 $K=4$ 时，家养双峰驼之间出现了明显的混杂情况。当 $K=5$ 时，伊朗双峰驼（IRAN_B）和塔里木双峰驼（XJ_TLM）群体从家养双峰驼群体中明显地分开，其余的家养双峰驼群体之间存在明显的混杂情况。

（四）连锁不平衡的分析

连锁不平衡（LD）是指在某一类群中，同一基因片段上不同座位等位基因出现的频率高于预期的随机频率。为了获取每个骆驼群体的连锁不平衡衰退值，采用 Haploview 软件计算了两两 SNP 之间的连锁不平衡度 r^2 和 D 值（两位点间 LD 程度）。图 8-14 所示，相比家养双峰驼和伊朗单峰驼群体，蒙古国野生双峰驼群体（MG_WILD）的连锁不平衡度较低。由于家养双峰驼在繁衍过程中受到了人工选择，且骆驼育种方式比较单一，而野生双峰驼还属于野生种，很少受到人为的干预培育，因此野生双峰驼的 LD 衰减值比较少。家养双峰驼群体中，塔里木（XJ_TLM）、木垒（XJ_ML）和准格尔（XJ_ZGE）双峰驼群体展示出了较高的 LD 衰减值。

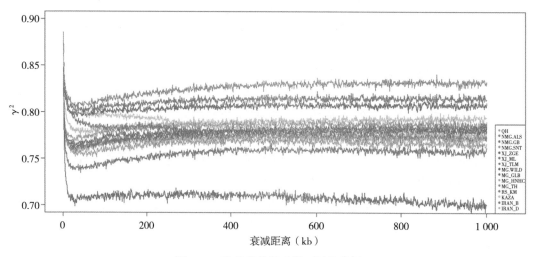

图 8-14　骆驼群体的连锁不平衡分析

（五）遗传多样性分析

一般而言，野生物种的基因组变异数目比较多，引起的遗传多样性比较高；而经过长期自然和人工选择的家养种会丢失一些遗传信息，其遗传多样性比较低。核苷酸多样性 π 值形成物种的多样性，其值越大则该群体的遗传多样性越高，反之越小。用 10kb 的滑动窗口计算不同类群双峰驼核苷酸多样性（π）发现，野生双峰驼（MG_WILD）群体的平均 π 值最小，为 1.43×10^{-3}；伊朗单峰驼（IRAN_D）群体的平均 π 值最大，为 2.16×10^{-3}（图 8-15）。

在不同家养双峰驼群体中，各种群之间也存在一定的差异，然而其按地域分布有一定的规律。我国内蒙古地区的 3 个双峰驼（NMG_ALS、NMG_GB 和 NMG_SNT）群体和青海双峰驼（QH）群体基因组核苷酸多样性很接近，大约在 2.16×10^{-3}；我国新疆地区的 3 个双峰驼（XJ_ZGE、XJ_ML 和 XJ_TLM）群体基因组核苷酸多样性较高，分别是 1.85×10^{-3}、1.81×10^{-3} 和 1.83×10^{-3}。

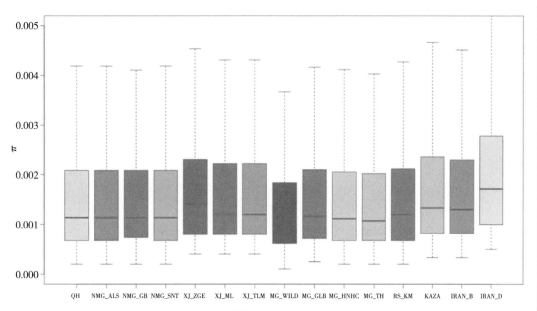

图 8-15　不同骆驼群体全基因组内的核苷酸多样性分布

此外，哈萨克斯坦双峰驼（KAZA）群体基因组的 π 值为 1.83×10^{-3}，伊朗（IRAN_B）和俄罗斯卡尔梅克双峰驼（RS_KM）群体基因组的 π 值分别为 1.79×10^{-3} 和 1.67×10^{-3}。同时，也计算了不同双峰驼群体基因组外显子区域内的核苷酸多样性（图 8-16）。在家养双峰驼群体中，新疆塔里木双峰驼（XJ_TLM）群体基因组的 π 值最高，为 1.21×10^{-3}；而哈那赫彻棕驼双峰驼（MG_HNHC）群体基因组的 π 值为 0.96×10^{-3}；野生双峰驼（MG_WILD）群体的 π 值较低，为 0.97×10^{-3}，这可能与野生双峰驼群体较少的数量有关（现仅存1 000峰左右）。

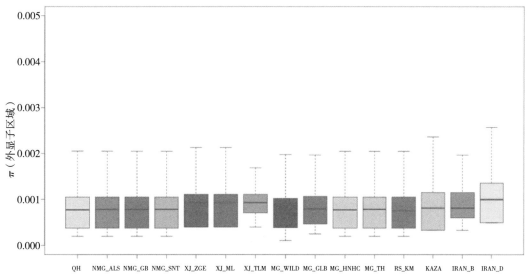

图 8-16　不同骆驼群体全基因组外显子区域内的核苷酸多样性分布

第九章

CHAPTER 9

骆驼基因组数据库的构建

第一节 骆驼数据库数据来源

2012年研究者们完成了世界首例双峰驼基因组图谱的绘制工作（Jirimutu，2012），后期又完成了138峰骆驼的全基因组测序工作。这不仅有助于了解双峰驼群体的起源分化及其在沙漠地区环境中生存的分子机制，同时对人类代谢性疾病的研究具有十分重要的意义。双峰驼基因组中蕴含着大量与经济性状相关的信息，识别的1 700多万SNPs、260多万个Indels，对未来研究骆驼科物种的群体遗传学、深入挖掘骆驼重要生产性状基因，以及促进骆驼分子育种改良等提供了宝贵的基因资源。骆驼基因组草图的完成，对挖掘骆驼功能基因或筛选与其独特生物学特性相关的基因片段提供了良好的基础。但是如何让广大研究人员方便地访问相关信息，从而获得对骆驼基因功能研究和分子育种有用的信息，推动相关领域的研究，让这份资源的价值更好地体现出来，是目前迫切需要解决的问题。

一、数据库所需材料

（一）参考基因组信息

参考双峰驼基因组大小为2.38Gb，共得到120 352个Scaffolds，其中13 544个Scaffolds长度大于1kb，Scaffold N50的长度为2 005 940bp。应用Genescan和AUGUSTUR原理进行从头预测基因。采用Genescan和AUGUSTUR软件对测序得到的基因组序列进行预测，分别得到26 842个和42 677个基因，每个基因的平均外显子数分别为7.0个和7.8个，平均基因长度分别为21 269bp和31 880bp，编码区平均长度为1 144bp和1 212bp（Jirimutu，2012）。数据库的构建是以已公布的骆驼基因序列为参考基因组，通过比对分析筛选出全基因组范围内的突变位点，如SNPs和Indels，然后对其进行注释分析、比较基因组学分析和群体基因组分析，产生数据库的原始数据。

（二）数据来源

138峰骆驼群体名称、样本数量、采集地和样品类型详细内容见表9-1，包括中国、蒙古国、俄罗斯、哈萨克斯坦和伊朗的13个家养双峰驼群体、1个野生双峰驼群体和1个伊朗单峰驼群体（表9-1）。

表9-1　双峰驼和单峰驼群体名称及样本来源

群体	样本数量（峰）	采集地	样品类型
青海双峰驼	10	青海省海西州	血样
阿拉善双峰驼	10	内蒙古阿拉善盟	血样
戈壁红驼	10	内蒙古巴彦淖尔	血样

群体	样本数量（峰）	采集地	样品类型
苏尼特双峰驼	10	内蒙古锡林郭勒盟	血样
木垒双峰驼	5	新疆昌吉州木垒县	血样
准格尔双峰驼	5	新疆昌吉州昌吉县	血样
塔里木双峰驼	5	新疆吐鲁番地区	血样
嘎利宾戈壁红驼	8	蒙古国罕宝格德	耳样
哈那赫彻棕驼	10	蒙古国曼德拉敖包	耳样
图赫么通拉嘎驼	10	蒙古国图古日格	耳样
卡尔梅克双峰驼	10	俄罗斯阿斯特拉罕	血样
哈萨克斯坦双峰驼	6	哈萨克斯坦南部的奇姆肯特	血样
伊朗双峰驼	12	伊朗 Ardabili	DNA 样
伊朗单峰驼	8	伊朗 Ardabili	DNA 样
野生双峰驼	19	蒙古国戈壁阿勒泰	耳样

（三）数据库平台建设

1. 服务器

（1）存储节点

硬件：兼容机（型号），CPU［Intel（R）Xeon（R）CPU E5640 @ 2.67GHz（×16）］，32Gb 内存，2T 硬盘。

软件：操作系统（CentOS 6.8）和其他软件（MongoDB 3.4）。

（2）网页服务器

硬件：兼容机（型号），CPU［Intel（R）Xeon（R）CPU E5-2620 v2 @ 2.10GHz（×2）］，64Gb 内存（虚拟机内存：8Gb），2T 硬盘（虚拟机硬盘：100G）。

软件：操作系统（CentOS 6.8）和其他软件（Tomcat7、JDK 1.7）。

（3）数据库设计　系统数据库采用分布式文件存储的数据库 MongoDB，既能实现系统快速响应，又能实现大数据的存储功能。

MongoDB 是一个介于关系数据库和非关系数据库之间的产品，是非关系数据库当中功能最丰富、最像关系数据库的。它支持的数据结构非常松散，是类似 JSON 的 BSON 格式，因此可以存储比较复杂的数据类型。MongoDB 最大的特点是它支持的查询语言非常强大，其语法有点类似于面向对象的查询语言，不仅几乎可以实现类似关系数据库单表查询的绝大部分功能，而且还支持对数据建立索引。其主要功能特性如下。

（1）面向集合存储，容易存储对象类型的数据。在 MongoDB 中数据被分组存储在集合中，集合类似 RDBMS 中的表，一个集合中可以存储无限多的文档。

（2）模式自由，采用无模式结构存储。在 MongoDB 集合中存储的数据是无模式的文档，采用无模式存储数据是集合区别于 RDBMS 中的一个重要特征。

（3）支持完全索引，可以在任意属性上建立索引，包含内部对象。MongoDB 的索引和 RDBMS 的索引基本一样，可以在指定属性、内部对象上创建索引，以提高查询的速度。除此之外，MongoDB 还提供创建基于地理空间的索引的能力。

（4）支持查询。MongoDB 支持丰富的查询操作，几乎支持 SQL 中的大部分查询。

（5）提供强大的聚合工具。MongoDB 除了提供丰富的查询功能外，还提供强大的聚合工具，如 count、group 等，支持使用 MapReduce 完成复杂的聚合任务。

（6）支持复制和数据恢复。MongoDB 支持主从复制机制，可以实现数据备份、故障恢复、读扩展等功能。而基于副本集的复制机制提供了自动故障恢复的功能，确保了集群数据不会丢失。

（7）使用高效的二进制数据存储，包括大型对象（如视频）。使用二进制格式存储，可以保存任何类型的数据对象。

（8）自动处理分片，以支持云计算层次的扩展。MongoDB 支持集群自动切分数据，对数据进行分片可以使集群存储更多的数据，实现更大的负载，也能保证存储的负载均衡。

（9）支持 Perl、PHP、Java、JavaScript、Ruby、C 和 C++ 语言的驱动程序。MongoDB 提供了当前所有主流开发语言的数据库驱动包，开发人员使用任何一种主流开发语言都可以轻松编程，并访问 MongoDB 数据库。

（10）文件存储格式为 BSON（JSON 的一种扩展）。BSON 是对二进制格式的 JSON 的简称，BSON 支持文档和数组的嵌套。

（11）可以通过网络远程访问 MongoDB 数据库。

二、数据处理

（一）数据处理过程

首先利用新一代测序技术，在已完成的 128 峰骆驼基因组测序数据的基础上又完成了 10 峰骆驼样本的测序工作，测序仪器均采用 Illumina Hiseq SOLEXA 平台。测序完成后对 138 峰骆驼的测序结果整合，并根据 Illumina 平台的标记去除其中低质量的测序片段 reads 和 reads 中包含的引物部分。接着利用 Burrows-Wheeler Aligner（BWA）（Li，2009）将经过上一步质量控制后的 reads 匹配到野生双峰驼的参考基因组上（ftp：//ftp. ncbi. nih. gov/genomes/camelus_ferus/）。为了消除测序时利用 PCR 扩增技术而产生的重复片段，采用 Picard（version：1.87）工具（http：//www. psc. edu/index. php/ user-resources/software/picard）对重复片段进行过滤删除。在做过基因组的拼接及去重之后，利用 GATK 将分布在 Indels 附近的片段重新进行了调整，利用 SAMtools（v0.1.19）进行 SNP calling（Li，2009），并且利用 Vcftools（v0.1.11）工具对 SNP calling 的结果进行打分及过滤，得到最终的突变结果数据（Danecek，2011）。为了探究突变在基因及转录翻译过程中是否引起变化，借助 annovar（Version：2016-02-01）将这些突变注释到基因层面（Wang，2010），从而获得这 138 峰骆驼从突变到基因、转录本、蛋白各层次的数据。

从上述数据处理流程可以了解到，根据二代测序结果，首先对数据进行质量控制，将质量控制后的测序片段匹配到了参考的野生双峰驼基因组中，利用 picard 去除试验产生的重复片段后用 SAMtools 进行 SNP calling，最终得到含有 138 峰骆驼的 camel. filter. final. recode. vcf 文件。

首先利用 seperate _ vcf. sh 命令将 camel. filter. final. recode. vcf 文件中的 138 峰骆驼分离成单个骆驼样本的 vcf. gz 文件，并利用 vcf _ index. sh 中建立的索引命令对这些单独样本的文件建立索引。同时利用 bam2index. sh 将匹配到参考基因组片段的 sam 文件进行压缩构建索引文件，得到 bam 和 bam. bai 文件。利用这些单个样本的从匹配，参考基因组到突变的结果文件，在 JBrowse 中进行相应的配置，并将这些结果在基因组浏览器中进行展示。

接下来利用 pipeline. sh 脚本对 camel. filter. final. recode. vcf 文件中包含的所有138 峰骆驼的突变信息进行注释。为了提高运算效率，首先对 camel. filter. final. recode. vcf 进行压缩件索引，再利用 bcftools 工具对压缩的 vcf 文件进行向左标准化。接下来利用 vcftools 从向左标准化的 vcf 文件中提取到的 SNP 和 INDEL 分别放在 SNP. only 和 INDEL. only 文件中，最后利用 annovar 的 geneanno 对这两个文件进行注释，注释结果为 SNP. only. avoutput. exonic _ variant _ function、SNP. only. avoutput. variant _ function，以及 INDEL. only. avoutput. exonic _ variant _ function、INDEL. only. avoutput. variant _ function。

为了得到突变频率，研究人员还利用 vcftools 的 fill-an-ac 插件得到了样本的 AC 和 AN 信息，然后得到相应的突变概率。为了得到种群概率，首先从含有所有 138 个样本突变的文件中，利用 vcftools，根据原始的样本信息获得了 15 个种群各自的突变结果文件。同样，为了提高计算效率，也首先对这 15 个种群的结果文件进行压缩建索引，然后利用压缩后的 vcf 文件计算 AC 和 AN 信息，从而得到每个突变在种群中的突变频率。

（二）数据库录入逻辑

1. VCF 表　　VCF 表 的 数 据 均 来 源 于 来 自 SNP. only _ AF _ TYPE. vcf 和 INDEL. only _ AF _ TYPE. vcf 文件，以及文件经过 annovar 注释得到的结果文件。

Variant ID：根据规则生成 ID，ID 编号从 Ca _ Vr：000000000001 开始。

Scaffold：SNP. only _ AF _ TYPE. vcf 和 INDEL. only _ AF _ TYPE. vcf 文件的 CHROM 列。

Position in scaffold：SNP. only _ AF _ TYPE. vcf 和 INDEL. only _ AF _ TYPE. vcf 文件中 POS 列。

Reference：SNP. only _ AF _ TYPE. vcf 和 INDEL. only _ AF _ TYPE. vcf 文件中的 REF 列。

Allele：SNP. only _ AF _ TYPE. vcf 和 INDEL. only _ AF _ TYPE. vcf 文件中的 ALT 列。

Variant type：从 SNP. only _ AF _ TYPE. vcf 和 INDEL. only _ AF _ TYPE. vcf 文件中获得。

Genotype：依据 SNP. only _ AF _ TYPE. vcf 和 INDEL. only _ AF _ TYPE. vcf 文件在 annovar 注释结果文件中查找获得。

Depth：从 SNP. only _ AF _ TYPE. vcf 和 INDEL. only _ AF _ TYPE. vcf 文件中得到各个样本的 depth 后相加得到总的 depth。

Frequency：从 SNP. only _ AF _ TYPE. vcf 和 INDEL. only _ AF _ TYPE. vcf 文件中根据 AC/AN 计算获得。

Flank sequence：SNP. only _ AF _ TYPE. vcf 和 INDEL. only _ AF _ TYPE. vcf 文件中给出变异的碱基，根据 Position in scaffold 在 scaffold 序列中的定位并获得前后 30bp 长度的碱基序列，组合变异的碱基形成，Scaffold 序列来自参考基因组文件。

Create time：数据的录入时间。

Last update：数据的更新时间。

Gene ID：根据 Scaffold 和 Position in scaffold 定位到 annovar 注释结果文件，通过该结果文件的第三列得到对应的基因编号，再根据 ref _ CB1 _ top _ level. gff3 文件找到相应的 Gene ID。

Gene name：根据以上的 Gene ID 结果可以在参考基因组的 gff3 文件（ref _ CB1 _ top _ level. gff3）中找到 Gene Name。

Strands：从 ref _ CB1 _ top _ level. gff3 文件中获得。

Gene allele：从 annovar 注释的结果文件中获得。

2. Transcrip 列表

Transcript ID：annovar 注释的结果文件中 transcript _ id 字段。

SNP in transcript：从 annovar 注释的结果文件中注释到转录本部分的结果中获得。

3. Protein 列表

Accession：蛋白编号是由 annovar 注释结果文件和野生双峰驼参考基因组的 gff3 注释文件获得的。

Protein name：从参考基因组的注释文件 gff3 中获得蛋白名称。

Protein description：从参考基因组的 gff3 文件中获得蛋白的描述信息。

Position in protein：从 annovar 注释结果文件中注释到蛋白层面的信息或获得。

4. 种群突变列表

Variety：SNP. only _ AF _ TYPE. vcf 和 INDEL. only _ AF _ TYPE. vcf 文件。

Probability：从 SNP. only _ AF _ TYPE. vcf 和 INDEL. only _ AF _ TYPE. vcf 文件中根据 AC/AN 计算获得。

5. Gene 表

Gene ID：从参考基因组的 gff3 文件中获得。

Gene name：从参考基因组的 gff3 文件中获得。

Gene type：结合 NCBI 中骆驼物种的 gene _ info 表和骆驼参考基因组的 gff3 文件

中获得。

Descrition：结合 NCBI 中的骆驼物种的 gene＿info 表和骆驼参考基因组的 gff3 文件中获得。

Scaffold ID：从参考基因组的 gff3 文件中获得。

Scaffold start：从参考基因组的 gff3 文件中获得。

Scaffold end：从参考基因组的 gff3 文件中获得。

6. KEGG 表 利用 KEGG2gene. sh 脚本，将功注释的结果文件和相应的基因蛋白信息联系起来，获得结果文件 Camel＿gene＿KEGG. txt。

Gene ID：从 Camel＿gene＿KEGG. txt 文件中获得。

Gene name：从 Camel＿gene＿KEGG. txt 文件中获得。

Definition：根据注释结果中的 KO 编号在 KEGG 数据库中获得。

Pathway ID：从 Camel＿gene＿KEGG. txt 文件中获得。

Pathway name：根据注释结果中的 KO 编号从 KEGG 数据库中获得。

7. GO 表 与 Gene KEGG 表类似，利用脚本 GO2Gene. sh，将功注释的结果文件和相应的基因蛋白信息联系起来，得到文件 Camel＿gene＿GO. txt，再根据 GO2name. sh 文件得到结果 GO＿name＿0522. txt 文件。

Gene ID：从 GO＿name＿0522. txt 文件中获得。

GO ID：从 GO＿name＿0522. txt 文件中获得。

GO name：从 GO＿name＿0522. txt 文件中获得。

Ontology：从 GO＿name＿0522. txt 文件中获得。

Definition：从 GO＿name＿0522. txt 文件中获得。

8. Scaffold 表

Scaffold ID：从 wild. camel. fa 文件中获得。

Length：从 wild. camel. fa 文件中获得。

Resource：从 wild. camel. fa 文件中获得。

Description：从 wild. camel. fa 文件中获得。

Scaffold＿seq：从 wild. camel. fa 文件中获得。

第二节 骆驼基因组数据库特点分析

一、数据库网页构建

B/S（Brower/Server，浏览器/服务器）模式又称 B/S 结构，是 Web 兴起后的一种网络结构模式（Web 浏览器是客户端最主要的应用软件）。这种模式统一了客户端，将系统功能实现的核心部分集中到服务器上，简化了系统的开发、维护和使用流程。

B/S 结构有其自身的特点与优劣势：

（1）维护和升级方式简单。用户只需要打开浏览器输入地址栏就可访问数据库，不需要额外维护工作。

（2）成本降低，选择更多。

二、分层体系

1. 表示层　表示层（presentation layer）在上下都有服务功能，分别是应用层服务和接受来自会话层的服务。简而言之，表示层为在应用过程之间传送的信息提供表示方法的服务，它只关心信息发出的语法和语义。它主要的责任是向请求的用户展现所需的信息及处理新用户的新请求，如内容关键词的输入、简单的鼠标点击、复杂的HTTP请求等。

2. 业务逻辑层　业务逻辑层（business logic layer），又叫领域逻辑层，是系统架构中的核心部分。其主要任务是对表示层传过来的数据进行校验，通过表示层提交的命令来执行相应的业务逻辑。

3. 数据持久层　逻辑持久层（data persistence）通常利用数据持久层来存储业务状态数据。数据持久层需要通过其他系统通信进行应用的调用。通常情况下，数据持久层最基本的功能就是将持久化数据存储到数据库中。

三、技术框架

Spring MVC 属于 Spring Frame Work 的后续产品，已经融合在 Spring Web Flow 里面。Spring 框架为 Web 应用程序提供了全功能 MVC 模块。在使用 Spring 进行 WEB 开发过程中，可选择性地使用 Spring 的 Spring MVC 框架或集成其他 MVC 开发框架。

通过策略接口，Spring 框架是高度可配置的，而且包含多种视图技术，如 Java Server Pages（JSP）技术、Velocity、Tiles、iText 和 POI。

第三节　骆驼基因组数据库的使用

一、数据库数据

通过高通量测序得到的原始 reads 数据大小为 4.31Tb，进一步对原始数据进行过滤和质量控制，最后得到 4.24Tb 高质量的数据（clean data），占总测序原始数据的 98.38%，即过滤剔除了总数据量的 1.62%，表明测序数据质量良好。对 138 峰骆驼高质量的 reads 数据进行 call SNP 和 Indels 共获得 17 133 230 个 SNPs 突变位点，2 641 245 个插入缺失位点（表 9-2）。

表 9-2　样本测序基本信息

样本数	Scaffold 数量 （个）	总基因数量 （个）	SNPs 数量 （个）	Indels 数量 （个）
138	13 334	21 211	17 133 230	2 641 245

二、数据库网页

骆驼基因组数据可以通过网页进行访问，由于数据库数据还在进一步的分析中，因此暂不公开网页。

三、CamelGVD 数据库的使用

CamelGVD 为用户提供了简单、便捷的访问界面，包括工具栏、搜索框（search）、品种介绍（camel show）及样本采集地点的定位信息（sample location）（彩图 27）。数据库工具栏提供的功能包含：数据（Data）、描述（Story）、浏览（Browser）、关于（About）、下载（Download）及比对（Blast）6 个接口，下面将逐一对每一个接口的功能和使用方法进行介绍。

（一）数据（Data）接口

数据（Data）接口包含基因（Gene）、Scaffold、变异数据（Variant）3 个维度的数据供用户浏览查看。

1. Data→Gene 页面　用户在 Data 接口下拉菜单中选择 Gene 后，页面跳转至"骆驼基因层面"的"概况页面"。在这个页面中用户可以看到骆驼基因组的整体情况，每个 Gene 的展示框中都提供了该基因的 Gene Name、Gene ID 及基因在对应 Scaffold 上的位置信息。用户单击 Gene Name 后跳转到 Gene 详情页面，单击 Scaffold 后跳转至该基因对应的 Scaffold 详情页，单击 JBrowse 后则跳转至基因组可视化浏览器页面中，并在此查看目的基因在各个样本中匹配到的 reads 的情况及突变情况。此外，用户还可在搜索框中输入 Gene Name 或者 Gene ID 直接检索感兴趣的基因。

当点击基因详情页面时，可以看到基因的基本信息、变异数据信息、编码蛋白信息、转录本信息及功能注释信息 5 个文本表格格式的信息。基因的基本信息提供了该基因的 ID、Name、类型、对应 Scaffold 上的位置，以及描述信息；变异数据信息文本表格主要提供了在该基因上能检测到的变异信息列表，包含变异位点在该基因上的位置及在对应 Scaffold 上的位置、变异类型、变异位点基因型、参考等位基因、突变等位基因、变异 3′ 和 5′ 端的 30bp 的侧翼序列；在 Protein 和 mRNA list 中，分别提供了该基因编码的所有蛋白和转录本信息，并且通过单击 Download 即可下载完整序列；在 Function analysis 表则提供了该基因 KEGG 和 GO 功能注释信息，用户通过点击 KEGGPathway 和 GO 的 Accession 可以查看对应网站中具体的功能情况。

2. Data→Scaffold 页面　在 Scaffold 概况页面，用户可以看到双峰驼所有的 Scaffold 相关信息，每个 Scaffold 展示框中均包含 Scaffold ID 和 Scaffold 长度信息（Scaffold length）。用户单击 Scaffold ID 号即可跳转到 Scaffold 详情页，单击 JBrowse 则在基因组可视化浏览器中查看 Scaffold 在各个样本中匹配到的 reads 的情况及突变的情况。另外，用户还可以通过 Scaffold ID 进行查找，即将已知的 Scaffold ID 号输入到搜索框中点击查询即可。

在 Scaffold 详情页面中，用户除了可以查看到 Scaffold 的基本信息外，还可以获得该 Scaffold 对应的基因、变异的列表，点击相应的 Gene ID 和 Variant ID 可以跳转到基因和变异的详情页面。在这个页面中，用户还可以看到该 Scaffold 中检测到的所有变异对应基因型的统计情况。

3. Data→Variant 页面　在 Variant 的总览页面，用户可以查到所有的变异情况。一般而言，在全基因组范围内的变异信息中，非同义突变 SNP 和移码突变 Indels 时常是研究人员关注的重点。为了方便用户检索这些影响基因的变异信息，本页面检索功能中添加了 2 个二级查询入口：同义突变 SNP（synonymous SNP）和非同义突变 SNP（non-synonymous SNP）、移码突变 Indel（frameshift mutation Indel）和非移码突变 Indel（non-frameshift Indel）。每个 Variant 简介框中包含了变异的 ID，变异在 Scaffold 上的位置、Variant 类型，以及 Variant 的 Flank Sequence。GACA 表示删除突变（deletion），TC 表示插入突变（insertion），A→G 表示 SNP。点击变异的 ID 即可跳转到变异的详情页。同时可以点击 JBrowse，在基因组可视化浏览器中查看变异在各个样本中匹配到的 reads 的情况及突变情况。

Variant 详情页面共展示了变异基本信息、基因、转录本列表及群体多样性四部分信息。在第一部分变异基本信息文本表格中，包含变异 ID、所在 Scaffold ID、Scaffold 上的位置、变异的参考序列（Reference）和等位基因（Allele）、变异类型（SNP 或 Indel）、变异在基因组上注释的类型（Genotype）、测序深度（Depth）、变异 3′和 5′端侧翼序列 30bp，该变异在 138 峰骆驼样本中的频率。在 Gene 列表中，主要包含该变异所在基因的信息，包含基因 ID、基因名、该变异在基因上的位置，单击 Gene ID 后即可跳转至该基因的详情页。在 mRNA 列表为发生该变异的 mRNA 信息，主要包含 mRNA ID 和该变异在 mRNA 上的位置信息。值得关注的是，用户在变异的详情页中的群体变异列表中可查看该变异在 15 个骆驼种群中的变异频率，并且单击群体名称可跳转至群体介绍页面查看该群体的外形特征、生产性能等信息。

（二）描述（Story）接口

本数据最具有特点的即为 Story 接口。Story 接口是根据已发表文章中标明的与骆驼沙漠适应、生物学特征及遗传相关的基因进行整合归纳的页面。目前，共展示了细胞色素 P450 家族（Cytochrome P450，CYP450）、重链抗体（Heavy-chain antibodies，HCAbs）、线粒体基因组（Mitochondrial DNA，mtDNA）、血糖代谢相关快速净化基因（Blood glucose）共 4 个方面的基因信息，用户通关点击相应图片或文字部分，即可跳转至相应的基因信息页面。Story 页面是本数据库中的一个亮点，该页面的设置在检索方面给用户带来了便捷，用户可更快地搜索到目的基因。

1. Story→Cytochrome P450（CYP450） 双峰驼生活的戈壁荒漠地区降水量低而蒸发量又高，从而导致地下水及土壤中盐分含量较高，旱生盐生植物较多。这些植物的含盐量鲜重时能达到 10%，有的甚至高达 30%。对于这样含盐量高的植物，一般动物如牛、羊都是难以忍受的，或少量、短时间可以食用，而骆驼则是特别喜食，而且长期食用不会产生不适症状。此外，在广阔荒漠戈壁地区还有一些植物自带毒性，如骆驼蓬、锁阳、牛心朴子、狼毒草和蒙古扁桃等，一般家畜如牛、羊和马都可本能地避开这些植物。骆驼凭借其独特的抗逆特性，采食后中毒率和死亡率均较低，有的甚至可以正常采食。以上骆驼采食习性及其他方面的研究表明，比起其他大型家畜，骆驼对盐分的需求量和耐受能力都较强，自身解毒能力更强。这些独特的生物学特性展现出了骆驼适应恶劣环境的能力。对双峰驼全基因组测序结果发现，骆驼独特的解毒能力与其自身的细胞色素 *P450* 基因代谢途径有关。笔者采用与参考基因组比对的方法从 138 峰骆驼的基因组中筛选出细胞色素 *P450* 基因家族的成员，单独列出一个连接，方便研究者们针对性地查找感兴趣的部分。

2. Story→Heavy-chain antibody（HCAbs） 恶劣的生存环境不仅使骆驼外表独特，同时也赋予了其独特的免疫系统。与其他哺乳动物免疫系统的最大差别在于骆驼体内含有比其他哺乳动物免疫体小得多且结构简单的抗体，它们能进入机体组织和细胞的更深层，在骆驼体液免疫中起到关键作用。研究发现，骆驼血清中存在大量天然缺失轻链的抗体，即重链抗体（HCAbs）。这些 HCAbs 缺失了 2 条轻链和 CH1（恒定区），仅由 CH2 和 CH3 两个恒定区和一个可变区组成具有高效功能的抗体重链。骆驼是体内含有 HCAbs 的唯一一种哺乳动物，此外研究者们在一种软骨鱼类中也发现了类似的抗体。骆驼体内 HCAbs 结构的特殊性使其在抗原识别上具有一些常规抗体没有的特点，这些性质使 HCAbs 在基础研究、药物诊疗等领域具有长足的优越性和广阔的应用前景。

3. Story→Mitochondrial（mtDNA） 线粒体基因组（Mitochondrial，mtDNA）作为母系起源的遗传标记之一，其进化速率高、无组织特异性等特点，自 20 世纪 80 年代以来已经成为群体遗传分化和追溯母系起源的良好标记，并在很多家养动物研究中取得了显著的成果。双峰驼的研究也不例外，近年来人们采用 mtDNA 研究骆驼的起源、进化及群体遗传、系统分化等问题。笔者采用参考基因组比对的方法从测序的 138 峰骆驼全基因组中注释出线粒体序列片段，并单独设立一个链接，以方便研究感兴趣的片段。

4. Story→Blood glucose 据研究结果表明，骆驼的血糖水平是其他反刍动物的 2 倍还多。正常状态下骆驼的血糖水平为（7.1±0.3）mmol/L，高于反刍动物（2.5～3.5mmol/L）和单胃动物（3.5～5.0mmol/L）。与羊［（12±2）μU/mL］和马［7±1）μU/mL］血液中胰岛素的含量相比，骆驼的更低［（5±1）μU/mL］。且通过静脉葡萄糖耐量试验发现，骆驼血液中葡萄糖的下降速率比羊和马慢，说明骆驼对胰岛素不敏感。骆驼的血糖浓度高、胰岛素不敏感和胰岛素含量低等现象与Ⅱ型糖尿病类似（Elmahdi，1997；Duehlmeier，2007）。在生存条件极度恶劣或食物来源缺乏的情况下，骆驼这种高血糖的情况可能有利于它们在恶劣情况下的生存。

（三）浏览（Browser）接口

在 Browser 页面，用户可以通过点击左侧的选择框，以样本或者种群的维度查看各种群或者样本的变异信息，同时也可以通过 Data 页面的 Gene、Scaffold 及 Variant 页面的 Jbrowse 按钮跳转到 Browser 页面，查看对应的浏览信息。点击该样本标签右键可以查看该样本的详细信息，如样本的采样地、品种等。同时用户选中每条 read 或者每个变异，点击右键即可以查看相应的 read 或者变异的详细信息。

（四）关于（About）接口

About 接口提供了一系列数据库及数据库使用所需的辅助信息，包含数据库用户指南、数据处理流程简介、数据统计、骆驼种群介绍及联系方式。

（五）下载（Download）接口

CamelGVD 的下载页面是直接跳转到 NODE 数据库 http：//www.biosino.org/node/index 进行下载，用户可以通过点击项目名字，进入项目详情页面。项目详情页中包含了整个骆驼变异项目的详细信息、138 个样本的信息及测序平台仪器等，通过点击样本、试验、RUNS、ANALYSIS 会跳转到相应的详情页面，在 ANALYSIS 详情页面中用户可以下载感兴趣的数据。

（六）比对（Blast）接口

除了上述查询功能外，CamelGVD 还提供了 Blast 序列比对功能。考虑到进行长序列比对时需花费较长时间而给用户带来不便，因此在该页面添加了 E-mail 输入窗口，当后台运算完毕后可将结果链接发至用户邮箱，用户通过链接即可随时查看比对结果。

一、转录组技术概述

随着基因组计划的完成，人类进入了后基因组时代，也就是功能基因组时代。传统的测序方法已经不能满足深度测序和重复测序等大规模基因组测序的要求，于是促使了新一代 DNA 测序技术的诞生。新一代测序技术（next generation sequencing，NGS）也称为第二代测序技术，其最显著的特征就是高通量及低成本，一次能对几十万到几百万条 DNA 分子进行测序，使得对一个特种的转录组测序或基因组深度测序变得方便易行，为寻找复杂数量性状的数量性状基因座（quantitative trait locus，QTL）和深入挖掘其相应潜在的分子遗传机理提供了基础和保证。随着各种新一代分子生物学技术，如基因芯片、高通量测序技术、转录组测序技术及表观遗传组等的产生，促进了双峰驼、单峰驼及羊驼等重要畜禽全基因组测序的顺利完成。结合各种新一代分子生物学技术的研究策略，为系统、全面地开展畜牧业的发展提供了新思路，目前二代测序技术在畜禽中的研究已经取得了飞速进展。对于二代测序后分析及挖掘影响骆驼性状的关键候选基因成为骆驼分子育种的技术策略手段，也是从基因组水平改良骆驼性状的有效工具，以及成为加快我国奶分子育种进程、缩短与发达国家差距的关键途径。遗传学中心法则表明，遗传信息在精密的调控下通过信使 RNA（mRNA）从 DNA 传递到蛋白质。因此，mRNA 被认为是 DNA 与蛋白质之间生物信息传递的一个"桥梁"，而所有表达基因的身份及其转录水平，综合起来被称作转录组（transcriptome）。转录组是特定组织或细胞在某一发育阶段或功能状态下转录出来的所有 RNA 的总和，主要包括 mRNA 和非编码 RNA（non-coding RNA，ncRNA）。

转录组研究是基因功能及结构研究的基础和出发点，了解转录组是解读基因组功能元件和揭示细胞及组织中分子组成所必需的，并且对理解机体发育和疾病具有重要作用（祁云霞等，2011）。整个转录组分析的主要目标是：对所有的转录产物进行分类；确定基因的转录结构，如其起始位点、5′和3′末端、剪接模式和其他转录后修饰；并量化各转录本在发育过程中和不同条件下（如生理/病理）表达水平的变化。杂交技术的发展及以标签序列为基础的方法的应用，第一次使研究人员对这一领域有了深入的了解。但随着新一代测序平台的市场化，RNA-Seq（RNA sequencing）技术的应用已经彻底改变了转录组学的思维方式。RNA-Seq，即 RNA 测序，又称转录组测序，是新发展起来的利用深度测序技术进行转录组分析的技术，能够在单核苷酸水平对任意物种的整体转录活动进行检测，在分析转录本结构和表达水平的同时，还能发现未知转录本和稀有转录本，精确识别可变剪切位点及 cSNP（编码序列单核苷酸多态性），提供更为全面的转录组信息。相对于传统的芯片杂交平台，RNA-Seq 无需预先针对已知序列设计探针，即可对任意物种的整体转录活动进行检测，提供了更精确的数字化信号、更高的检测通量及更广泛的检测范围，是目前深入研究转录组复杂性的强大工具，已广泛应用于生物学研究、医学研究、临床研究和药物研发等。

二、转录组学在骆驼科物种中的应用

(一)双峰驼转录组学研究

双峰驼的耐渴能力举世皆知,在夏季,一次可以饮水 50～80L;而在严重饥渴的情况下,10h 内可以饮水 114L,相当于体重的 1/3,饮水 48h 后全身的细胞、体液都会恢复正常的含水量。一般情况下,动物脱水达到体重的 10% 就会出现生理障碍,而骆驼脱水达到体重 30% 时还能维持体内正常的基础代谢,且不会影响食欲。转录组学通过揭示对照试验的不同转录本,可确定骆驼这个显著变化的基因,从而进一步确定起关键作用的影响因素。

研究人员将饮水限制 24d 和正常饮水骆驼的肾髓质及肾皮质组织进行对照试验,通过高通量测序对样本的转录本进行比对分析,在这些组织中发现了一些重要的上调和下调表达的基因,并对这些基因进行 GO 富集分析。在肾皮质的上调表达基因中发现,与金属离子结合(GO:0046872;$P=1.53\times10^{-23}$)及调节体液平衡(GO:0050878;$P=1.37\times10^{-6}$)的范畴比例较高。肾髓质上调表达的 GO 范畴有:葡萄糖代谢过程(GO:0006006;$P=4.11\times10^{-6}$)、糖质新生(GO:006094;$P=0.002\,6$)、线粒体(GO:005739;$P=2.13\times10^{-5}$)、前体代谢物(GO:0006091;$P=0.007\,7$)、对营养水平的反应(GO:0031667;$P=0.006\,4$)和对压力的反应(GO:0006950;$P=0.009\,4$)。比较分析所富集到的基因,进一步揭示了骆驼耐渴的分子机制,为后续深入研究骆驼的耐渴机制提供了可行性途径。

(二)单峰驼转录组学研究

2015 年,Sadder 等利用转录学方法研究热休克蛋白在细胞中的表达情况,从而获得了其在单峰驼热耐受能力中的潜在作用。研究者首先对 4 峰雄性单峰驼在受控气候室进行耐受试验,在暴露于热应激之前通过颈静脉血管收集血样(无热应激对照,29.5℃)。此后,将骆驼单独放置在受控气候室(43.0℃)中,并在热暴露后 3h、6h 和 24h 将收集的新鲜血液样品放在 EDTA 真空采血管中,置于冰上后立即送至实验室。接下来从 NCBI 公共数据库中检索 HSP 家族的序列和热应激上调基因,将它们从混合 EST 文库产生的骆驼特异性序列上进行 Blast,以通过成对比对找到同源序列。使用 VectroNTI 设计用于定量实时 PCR(qPCR)的正向和反向引物(表 10-1)。

表 10-1　用于骆驼热休克应答基因的实时 PCR 引物设计

基因名称	序列(5′-3′)	温度(Tm)	长度(bp)
Actin	F:TTACAATGAGCTGCGTGTGGCC	59.6	189
	R:ATCACGATGCCAGTGGTGCG	59	
HSPA6	F:GCTTTGAGCTCAGTGGCATCCC	59.7	199
	R:TGCTCAGCCTCATGAACCATCC	58.6	

基因名称		序列（5′-3′）	温度（Tm）	长度（bp）
CaHS	F：CTGCAAATGCTTCTGTCGGTCC		58.4	165
	R：AGCTTCTCGTTCTTGGGCGG		58.1	
HSP105	F：CAATGCAGATGAAGCAGTGGCC		59.2	164
	R：TAAAGACCTCGTGGACGCCCTC		59.1	
HSP60	F：TTGAAGGCATGAAGTTTGATAGAGG		55.7	208
	R：GAGCTTCTCCATCCACATTTTCAGC		59.2	
HSP70	F：GAGATCATCGCCAACGATCAGG		58.1	161
	R：TTCCACGTCCGACCAATGAGC		59.4	
HSP90	F：TGGCAGCAAAGAAGCACCTGG		59.8	181
	R：ATCCTGTTGGCATGTGTCTGGG		58.3	
HSPFB	F：TGTGCAGGATCTCACCTCTGTGG		58.7	172
	R：TTCCACTTCTTCCACCCCGG		58.3	
HSPA1L	F：TTCAATGACTCTCAGCGCCAGG		59	174
	R：CACATCAAATGTGCCTCCACCC		58.7	

进一步从骆驼血样中分离 RNA，每个试验一式三份地进行。红细胞用 EL 缓冲液（Qiagen，USA）裂解。第一条链 DNA 使用 RT 试剂盒（Promega，USA）产生。为了量化特定的相对表达谱基因，在产生的 cDNA 上进行 qPCR。试验期间骆驼接受几周进入和退出未操作气候室的训练，气候数据环境温度（Ta）和温湿度指数（THI）见图 10-1。

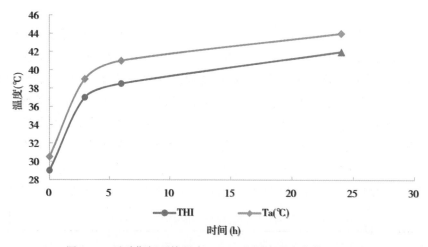

图 10-1　试验期间环境温度（Ta）和温度湿度指数（THI）

由上图可见，在暴露于热应激（对照，0：00）之前，室外的环境温度和 THI 分别为 29.5℃和 25.7 个单位。将骆驼转移到预热的气候室引起了 Ta 的下降。记录的 3h 环境温度为 37.4℃，持续升高直到 24h 后达到 43.4℃。同样，热应力 3h 后 THI 为 39.6 个单位，试验结束时达到 45.0 个单位。

对产生的第一链 cDNA 样品的混合物用常规 PCR 筛选设计引物,所有引物都能成功扩增正确大小的预期片段。使用相同的混合物通过 qPCR 进行另一次筛选,所有基因都能被成功检测到,并且解链曲线显示出了它们的独特性,其中具有相似大小的不同基因的扩增子具有可区分的解链曲线。

在所有热应激暴露期(0、3h、6h 和 24h)产生的 cDNA 的单个样品上筛选热休克应答基因的表达。qPCR 在 3h 后对 5 个主要基因(*HSP60*、*HSPA6*、*HSP105*、*HSPA1L* 和 *HSP70*)显示出显著的响应。*HSP60* 基因的相对表达量最高,与对照组相比增加了 10 倍(未受抑制),而 *HSPA6*、*HSP105*、*HSPA1L* 和 *HSP70* 基因的表达量分别增加 7 倍、6 倍、4 倍和 1 倍,*HSPFB* 和 *CaHS* 基因的表达量在 3h 后下调(图 10-2)。

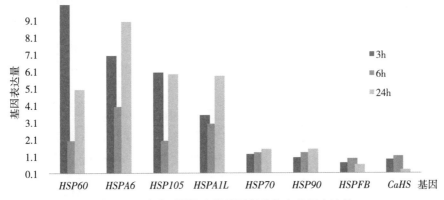

图 10-2　骆驼不同热应激暴露期热休克基因表达量
注:Y 轴以 $\log_{10}$ 的比例显示。

与 3h 后的显著表达相比,6h 后 *HSP60*、*HSPA6*、*HSP105* 和 *HSPA1L* 基因的表达量急剧降低;然而与对照组相比仍然表现出更高的表达量,分别增加 2 倍、3 倍、2 倍和 2 倍。与对照组相比,*HSP60*、*HSPA6*、*HSP105* 和 *HSPA1L* 基因的表达水平在 24h 后分别增加 4 倍、10 倍、6 倍和 6 倍。另外,在应激期(3h、6h 和 24h),*HSP70* 和 *HSP90* 基因的表达量增加相对较低;相比 3h 和 6h 的应激时间,当应激时间达到 24h 时,*HSPFB* 和 *CaHS* 基因的表达急剧下降。

在受控气候室内,环境温度和 THI 在热暴露期间分别表现出 37.4～43.4℃ 和 39.6～45.0 个单位的范围。表明根据 LPHSI 热应激指数,骆驼遭受了严重的热应激。动物适应分为涉及改变细胞信号传导途径的短期热适应(STHA)和涉及热适应表型的长期热适应(LTHA)。研究表明,热休克蛋白与热应激紧密相关,这可能与短期热适应有关。然而根据其他研究发现,一些其他基因的表达受到所施加的热应激的轻微影响。许多因素可影响 HSPs 的表达,如年龄是影响热休克蛋白和其他热应激基因表达的重要因素且不仅年轻动物和老年动物的表达水平不同,而且可以逆转某些基因从上调至下调,反之亦然。

单峰驼 *HSP73*、*HSP60*、*HSP105* 和 *HSPA1L* 基因在暴露于高温下 3h 内过表达。因此,高温下的热应激研究可以模拟自然热应激情况,并提供更合理的结果,表

明不同骆驼品种中 *HSP* 基因的表达与热应激存在显著关联。

（三）羊驼转录组学研究

2013 年，田雪等以毛色丰富的羊驼作为研究对象，应用下一代深度测序技术对不同被毛颜色羊驼皮肤 miRNAs 的表达谱进行全基因组分析，筛选出一组有可能参与毛色形成，以及利用生物信息学方法和报告载体验证参与毛色调控 miRNAs 的靶基因，构建 miRNAs 过表达载体，转染羊驼黑色素细胞，以分析 miRNAs 靶基因、毛色形成主效基因 mRNAs 和蛋白量的变化及色素含量的变化，揭示了 miRNAs 在羊驼毛色形成中的作用机制。研究人员首先利用下一代深度测序技术分析白色和棕色羊驼皮肤 miRNAs 的表达谱，在白色和棕色羊驼皮肤中分别发现 272 个和 267 个保守性成熟 miRNAs；进一步分析不同被毛颜色羊驼皮肤中已知 miRNAs 的表达差异，获得 48 个存在显著差异的 miRNAs；利用 Gene Ontology 和 KEGG 数据库对 miRNAs 靶基因进行分类，发现了 257 个调控通路，其中包括色素形成通路；与羊基因组、牛基因组和数据库中所有已知动物 miRNAs 进行比对，在白色和棕色羊驼皮肤中分别获得 55 个和 64 个羊驼皮肤所特有的新 miRNAs。

MiR-211 在棕色羊驼皮肤中的表达量最高，是白色羊驼的 17 倍。田雪等（2013）通过 miRanda、PIAT 和 miReap 3 种不同的生物信息学软件对 *MiR-211* 靶基因进行预测，并用 RNAhybrid 软件对 *MiR-211* 和靶基因的结合位点进行验证，获得了很好的结合效果；构建靶基因 *KIT* 3′-UTR 双荧光报告载体和 *MiR-211* 过表达载体，共转染细胞验证 miRNAs 和 *KIT* 的互作关系；同时利用 RT-PCR 对黑色素形成通路上主要毛色调控基因 *KIT*、*TYR*、*MITF*、*TYRP-1*、*TYRP-2* 进行内源性检测。

KIT 是毛色形成通路上的调控基因，因此推测 MiR-211 可以通过调节 *KIT* 基因参与毛色形成。在羊驼黑色素细胞中转染 *MiR-211*，分析转染后 *MiR-211*、*KIT* 和 *MITF* 等基因及色素的变化，可以确定 MiR-211 对色素形成的影响。田雪等（2013）的研究结果显示，MiR-211 转染组 *KIT* 基因 mRNA 水平低于阴性对照组，但并不存在显著差异。*MITF*、*TYR* 和 *TYRP-1* 的表达量显著高于阴性对照组，*TYRP-2* mRNA 在转染组和阴性对照组之间没有显著差异；MiR-211 转染组 KIT 蛋白水平显著低于阴性对照组，但是 MITF、TYR 和 TYRP-1 蛋白水平相对升高；MiR-211 转染组色素含量明显高于对照组。表明 *MiR-211* 可能参与羊驼毛色形成的调控。

田雪等（2013）对不同毛色羊驼皮肤 miRNAs 的表达谱进行全基因组分析，发现了一组可能参与毛色形成的 miRNAs，并对在棕色被毛羊驼皮肤中最显著表达的 *MiR-211* 进行功能分析，通过靶基因预测、筛选，荧光报告载体验证 *KIT* 为其候选靶基因；构建 *MiR-211* 真核表达载体转染羊驼黑色素细胞，发现 *MiR-211* 可以抑制 KIT 蛋白的表达，影响 MITF mRNA 和蛋白表达，使色素合成关键基因 TYR、TYRP-1 和 TYRP-2 mRNA 和蛋白表达量得到了不同程度的提高，最后使色素的合成量显著增加。这一研究为将来大批量开展 miRNAs 调控毛色形成提供了试验模式，也为 miRNAs 参与毛色形成机制提供了有力的证据。

2015 年，张秋月等将羊驼 *MC1R* 基因和慢病毒载体连接，构建一个转基因表达载体。其首先根据 NCBI 上羊驼 *MC1R*（GenBank：FJ517582.2）基因序列，设计带有酶切位点的特异性引物，扩增到片段大小为 1 069bp 的完整羊驼 *MC1R* CDS 区。该序列与其他物种 *MC1R* 的相似度达 99%，可用于下一步连接载体。*MC1R* 基因经限制性内切酶 *Sal* I 和 *Xba* I 酶切后，与同样经 *Sal* I 和 *Xba* I 酶切后的慢病毒载体通过 T4 DNA 连接酶连接（测序鉴定正确）。用重组质粒转染绵羊黑色素细胞，36h 后于荧光显微镜下观察到了绿色荧光。48h 后提取细胞 RNA 和总蛋白质，运用荧光定量 PCR 分析 *MC1R*、*MITF*、*TYR* 和 *YRP2* 在试验组（转染重组质粒）、Negtive Control 组（转染慢病毒空载体质粒）和空白对照组（不进行转染）的 mRNA 表达量。结果显示，试验组 *MC1R*、*MITF*、*TYR* 和 *YRP2* 基因的 mRNA 表达量分别为空白对照组的 3.193 倍、2.021 倍、3.128 倍和 3.104 倍，且差异显著。进一步运用蛋白免疫印迹（western blotting）技术检测 *MITF*、*TYR* 和 *YYRP2* 在试验组、转染 Negtive Control 组和空白细胞组的平均蛋白含量。结果转染表达载体的试验组 *MITF*、*TYR*、*TYRP2* 的表达量是空白对照组的 1.852 倍、3.357 倍、2.045 倍，且差异均显著。总体来说，将载体转入绵羊黑色素细胞中，使其在绵羊黑色素细胞中特异性表达，从基因和蛋白水平鉴定了转基因表达载体的活性和效果，为生产表达羊驼 *MC1R* 基因的转基因绵羊奠定了基础。

黑色素皮质素 1 受体（melanocortin 1 receptor，MC1R）定位于成熟黑色素细胞表面，被视为动物黑色素合成及类型转变相关基因的主效基因之一。经预测筛选，miR-324-3p 能靶向调控 *MC1R* 基因的表达。为了研究 miR-324-3p 对羊驼 *MC1R* 基因功能的影响，2016 年，曾庆宝等通过双荧光素酶报告载体进行验证，向体外培养的羊驼皮肤黑色素细胞内转染 miR-324-3p 过表达载体，应用实时荧光定量 PCR、蛋白免疫印迹方法对 *MC1R* 及其下游调控的毛色相关基因在 mRNA 及蛋白水平的表达量进行分析，并采用醇标仪测定黑色素产量。其试验方法及主要研究结果为：①应用 qRT-PCR 分析 miR-324-3p 在白色与棕色羊驼皮肤黑色素细胞中的表达差异性，结果 miR-324-3p 在棕色羊驼皮肤黑色素细胞中的表达量极显著高于在白色羊驼中的表达量（$P<0.01$），且在棕色羊驼皮肤黑色素细胞中的相对表达量是白色羊驼的 1.64 倍。②应用双巧光素酶报告基因验证 miR-324-3p 与 *MC1R* 基因间的靶向关系，将体外培养的 293T 细胞分为 3 个组，分别为 A 组（只转染 pmirGLO-*MC1R*-3′UTR 载体）、B 组（同时转染 miR-NC 与 pmirGLO-*MC1R*-3′UTR 载体）、C 组（同时转染 pmirGLO-*MC1R*-3′UTR 与 miR-324-3p 过表达载体）。结果显示，含 miR-324-3p 过表达载体组的巧光素酶活性是对照组的 0.69 倍。③应用 Qrt-PCR 测定 *MC1R*、*Mitf*、*Tyr* 及 *Tyrp2* 基因在转录水平的表达量。将体外培养的羊驼皮肤黑色素细胞分为 3 个组，分别为试验处理组（miR组，转染 miR-324-3p 过表达载体）、Negtive Control 组（NC 组，只转染 miR 空载体）、空白对照组（KB 组，不做载体转染）。结果显示，miR 组 *MC1R*、*Mitf*、*Tyr* 及 *Tyrp2* 基因在转录水平的表达量分别是 NC 组的 0.194 倍、0.473 倍、0.550 倍及 0.920 倍，其中 *MC1R*、*Mitf*、*Tyr* 的表达量较 NC 组差异均极显著（$P<0.01$），

Tyrp2 的表达量较 NC 组差异显著（$P<0.05$）；miR 组 *MC1R*、*Mitf*、*Tyr* 及 *Tyrp2* 基因在转录水平的表达量分别是 KB 组的 0.019 倍、0.281 倍、0.321 倍及 0.347 倍，miR 组中 *MC1R*、*Mitf*、*Tyr* 和 *Ttrp2* 的表达量较 KB 组差异均极显著（$P<0.01$）。④应用 western blotting 测定各试验组中 *MC1R*、*Mitf*、*Tyr* 及 *Tyrp2* 基因在蛋白水平的表达量，结果显示，miR 组 *MC1R*、*Mitf*、*Tyr* 及 *Tyrp2* 基因在蛋白水平的表达量分别是 NC 组的 0.815 倍、0.389 倍、0.903 倍、0.808 倍，分别是 KB 组的 0.811 倍、0.382 倍、0.889 倍、0.733 倍，miR 组中的 4 个基因在蛋白水平的表达量较 NC 与 KB 组差异均极显著（$P<0.01$）。⑤应用酶标仪分别测定 3 组黑色素细胞中黑色素的 A475 吸光值，用各处理组黑色素的 A475 吸光值占空白组的比值表示各组黑色素的相对产量。结果显示，miR 组黑色素相对产量是 0.4987 ± 0.01，NC 组黑色素相对产量是 0.8789 ± 0.0202，KB 组黑色素相对产量是 1.0000 ± 0.0342，miR 组黑色素相对产量较 NC 与 KB 组差异均显著（$P<0.01$）。曾庆宝等（2016）的研究表明，羊驼皮肤黑色素细胞中表达的 miR-324-3p 可把向调控 *MC1R* 基因的表达，进而影响 *MC1R* 下游调控的黑色素形成相关基因的表达，影响黑色素的细胞合成，为研究 miR-324-3p、*MC1R* 基因与羊驼毛色形成机制提供了理论依据。

　　MicroRNAs（miRNAs）是真核生物中一类内源性分布广泛的具有调控功能的非编码 RNA，参与调控发育、生理机能和疾病等多个过程，包括毛用动物毛发生长和毛色形成等，在哺乳动物整个基因组中占 $1\%\sim3\%$。现已在哺乳动物皮肤中发现多个 miRNAs，其中新的 lpa-miR-nov-66 在调控羊驼皮肤黑色素细胞产生黑色素颗粒过程中起重要作用。为了更好地揭示 miRNAs 在羊驼毛色相关基因转录后调节中的作用，通过对白色和棕色羊驼皮肤的深度测序分析，得到了新的表达差异的 miRNAs，将其中一个命名为 lpa-miR-nov-66。前期对 lpa-miR-nov-66 在羊驼黑色素细胞中的功能进行研究时发现，lpa-miR-nov-66 的靶基因之一为可溶性鸟氨酸环化酶（solubleguanylatecyclase，sGC）。sGC 是一个异二聚体酶，其主要激活因子是 NO，lpa-miR-nov-66 作用于靶基因 sGC，通过 cAMP 路径可下调黑色素的生成，MC1R 在黑色素细胞中信号传导通路腺苷酸环化酶（cAMPase）路径中起关键作用。MC1R 与兴奋剂 α-MSH 结合可促进腺苷酸环化酶活化，提高 cAMPase 水平，使黑色素细胞的活性增强，产生真黑色素，从而导致哺乳动物皮毛颜色差异。α-MSH 与 lpa-miR-nov-66 均对黑色素细胞的 cAMP 信号路径有调节作用，但关于 α-MSH 与 lpa-miR-nov-66 对黑色素细胞的共同作用尚未见报道。研究 α-MSH 和 lpa-miR-nov-66 对黑色素细胞内黑色素形成路径及黑色素产量的影响，可揭示二者在黑色素形成通路中的调控关系。

　　姬凯元等（2014）将保存的第 4 代羊驼黑色素细胞用 PBS 冲洗 3 遍，提取细胞总 RNA，并对 RNA 进行反转录产生 cDNA，结果在不同毛色的绵羊皮肤转录组中 sGC 的表达存在差异性。在体外培养的羊驼黑色素细胞中，也发现 lpa-miR-nov-66 与靶基因 sGC 结合，通过 cAMP 路径调控羊驼黑色素的生成。在未引起细胞增殖差异的前提下，添加 α-MSH 明显地可以诱导 cAMP 上调，cGMP 下调，*MITF*、*TYR* 和 *TYRP2* 表达水平及黑色素产量被上调。说明 α-MSH 作用于黑色素后，内源性的 lpa-miR-nov-

66 受到调控，cAMP 路径受到影响，从而引起黑色素的生成。这可能是 α-MSH 调控黑色素细胞产生黑色素的一个路径。在黑色素生成途径中，*TYR*、*TYRP1* 和 *TYRP2* 对酶促反应速率和特异性进行调控，而 *TYRP2* 不仅可以稳定酪氨酸酶的活性，其对黑色素细胞的存活还具有一定的支持作用。研究结果显示，α-MSH 和 lpa-miR-nov-66 没有引起黑色素细胞增殖，可能是由 *TYRP2* 持续表达所致。转染 lpa-miR-nov-66 后，cAMP 信号路径中下游分子 *MITF*、*TYR* 和 *TYRP2* 的表达水平及 cAMP/cGMP、黑色素的生成均低于正常细胞；但经添加 α-MSH 后，cAMP 信号路径中下游分子 *MITF*、*TYR* 和 *TYRP2* 的表达水平，以及 cAMP/cGMP、黑色素的生成量在转染的基础上有所增加，但未超过只添加 α-MSH 所引起的相应的变化。因此，lpa-miR-nov-66 有抑制 α-MSH 对黑色素生成的促进作用。

第十一章

CHAPTER 11

蛋白质组学与代谢组学在骆驼科物种中的应用

一、在驼泪研究中的应用

灰沙等异物进入骆驼眼睛中，泪腺会分泌大量眼泪，起到消除异物和消毒的功效，对骆驼眼泪的代谢组及元素分析有助于了解沙漠干旱环境下的眼睛保护机制。

2011年，Ziyan等就夏季和冬季骆驼眼泪中蛋白质组的变化进行了研究。其首先在6—7月和12月至翌年1月分别采集50峰正常单峰驼的双眼泪水，进一步通过SDS-PAGE和双向凝胶电泳（2-DE）分离来自两个季节的泪液蛋白样品。切除两个季节凝胶中差异表达的蛋白质点，并通过基质辅助激光解吸/电离飞行时间/飞行时间质谱（MALDI-TOF/TOF-MS）分析，进行凝胶内消化与鉴定。通过western blotting得到2种差异表达蛋白，即蛋白质乳铁蛋白（LF）和卵黄膜外层蛋白1（VMO1同系物）。

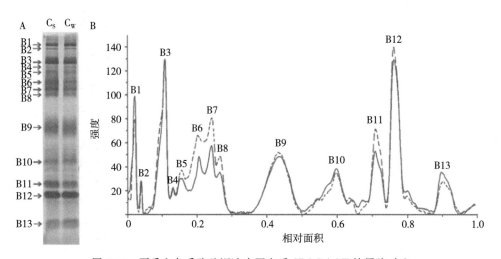

图11-1 夏季和冬季骆驼泪液中蛋白质SDS-PAGE的凝胶对比

注：A，夏季（泳道C_S）和冬季（泳道C_W）骆驼眼泪蛋白在13%凝胶上分离，每个样品中含有等量的总泪液蛋白，在2条泳道中共检测到13条分辨率良好的条带。B，夏季（虚线）和冬季（实线）骆驼眼泪蛋白比较。两图中的蛋白编码相对应。

在夏季和冬季骆驼眼泪SDS-PAGE凝胶中共检测到13条分辨良好的条带。通过带密度测量，与冬季组相比，在夏季组中观察到6、7、11条带的强度显著更高，13条带的强度更低（图11-1A）。在骆驼眼泪的2-DE图谱中，发现4个蛋白质点在两个季节中差异表达。通过MALDI-TOF/TOF-MS进一步鉴定蛋白质并通过蛋白质印迹证实，与冬季相比，夏季泪液中LF显著减少（$P=0.002$）和VMO1同系物（$P=0.042$）增加。在蛋白质组成中发现了骆驼泪液的季节变化，包括LF和VMO1同系物。这一结果扩大了我们对泪液生理特征的了解，并为骆驼眼表疾病的机理研究和临床实践奠定基础。

2016年，Syed等将骆驼眼泪作为人造眼泪用于评估眼睛干燥度。通过气相色谱-质谱联用仪（GC-MS）和电感耦合等离子体光谱学（ICP-MS）来分析骆驼的眼睛生物标志物。GC-MS检测结果是，骆驼眼泪中的主要化合物是缬氨酸、亮氨酸、甘氨酸、尸胺、尿素等（表11-1）。用GC-MS分析，也发现了骆驼眼泪中的几种代谢产物及其相关代谢参与者。ICP-MS 分析表明，在骆驼眼泪中存在不同浓度的元素组成（表 11-2）。

表 11-1　骆驼眼泪气质联用分析结果

项目	RT	面积（%）	N 面积（%）
缬氨酸	8.80	8.69	23.90
乳酸	12.06	1.27	3.51
丙氨酸	12.88	1.52	4.18
苯丙酸	13.74	3.27	9.00
亮氨酸	14.88	7.58	20.84
戊氨酸	15.32	4.55	12.53
乙酰胺	15.46	0.62	1.72
（Z）-3-（2-乙氧基乙烯基）苯基乙酯	15.68	0.59	1.63
正戊酸	17.10	0.75	2.07
尿素	17.56	36.34	100.00
丝氨酸	17.72	0.25	0.68
β-羧基咪唑	18.52	0.50	1.38
苏氨酸	18.72	0.32	0.89
甘氨酸	18.98	5.92	16.30
3,5-二甲氧基扁桃酸	20.20	0.82	2.27
丙-2-醇	20.58	0.41	1.12
乙酸	21.56	0.47	1.28
乙烷二酸	21.80	0.16	0.45
丙氨酸	22.12	0.22	0.60
脯氨酸	24.42	1.62	4.45
2-哌啶羧酸	24.78	0.76	2.09
丙氨酸	25.02	1.09	2.99
苯甲酸	26.94	0.11	0.31
D-葡萄糖醛二酮糖	28.10	0.40	1.10
尸胺	31.68	4.07	11.20
吡喃葡萄糖	31.84	0.93	2.55
1,2-丁二烯	32.34	0.27	0.75
阿洛糖	32.70	1.14	3.13
棕榈酸	35.70	1.00	2.74
肌醇	36.58	0.23	0.62
癸二酸	38.54	0.11	0.29
反式十八烷酸	39.50	0.41	1.12
1H-吲哚乙酸	39.68	0.19	0.53
十八烷酸	40.10	0.82	2.26
核糖醇	42.56	0.42	1.15
1,2-苯二羧酸	45.22	0.70	1.93

项目	RT	面积（%）	N 面积（%）
木糖醇	45.98	0.69	1.89
松二糖	46.76	0.49	1.35
阿尔法 D-半乳糖苷	47.92	0.44	1.22
阿尔法 D-吡喃葡萄糖苷	50.50	0.17	0.47
辛酸	51.24	0.49	1.35

表 11-2　骆驼眼泪 ICP-MS 法分析结果

元素	原子质量	浓度（ng/g）
Al	27	0.001
As	75	0.002
Ba	138	0.001
Be	9	0.001
Co	59	0.001
Cu	63	0.002
Pb	208	0.001
Mn	55	0.002
Ni	60	0.001
V	51	0.001
Zn	66	0.006
Ca	43	0.021
Fe	57	0.010
Mg	24	0.250
K	39	2.176
Na	23	2.389
Mo	98	0.100
Sn	118	0.001

二、在驼肉研究中的应用

2016 年，Younes 等对雄性和雌性伊朗单峰驼的股二头肌和背最长肌胸肌在冷藏 14d 过程中的物理化学及质量特征进行了分析研究。方差分析结果表明，只有剪切力和温度受性别影响（$P < 0.05$）。除了滴水损失外，解剖位置影响了肉的特性（$P < 0.05$）。另外，除烹饪损失外，老化可影响驼肉的物理、化学和质量特性；在 14d 的贮存期间，蛋白水解导致 $L*$ 和 $b*$ 值增加，滴水损失和肌原纤维断裂指数增加，$a*$ 值降低，剪切力和肌节长度增加。凝胶分析显示，在死后 24h、72h 和 168h，19 个蛋白质斑点发生了显著变化。相关分析揭示，肌动蛋白、肌钙蛋白 T、热休克蛋白（HSP）与肉的物理、化学、质量特性显著相关（$P < 0.05$）。肌动蛋白可能是驼肉色素、嫩度和持水能力的潜在蛋白质标记物，HSP27 是调节驼肉颜色的良好候选标记物。

三、在骆驼精浆研究中的应用

精浆中含有大量的蛋白质成分，与其后期精子功能发挥有关。因此，对于精浆的研究有利于提高动物的繁殖育种技术。

2012 年，Sanjay 等对骆驼精液蛋白质组学进行了分析。研究表明，骆驼精浆中含有多种组分，包括脂质、碳水化合物、肽、离子和蛋白质。这些对维持正常的精子生理至关重要，并且主要由生殖系统的前列腺、附睾和尿道腺分泌。通过二维凝胶电泳（2D-PAGE）解析骆驼精浆的蛋白质谱见图 11-2。

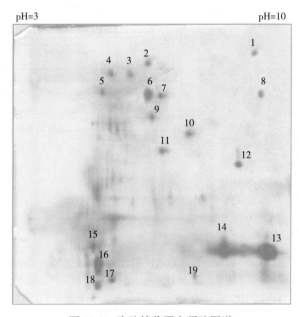

图 11-2　骆驼精浆蛋白凝胶图谱

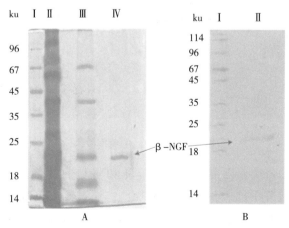

图 11-3　各组分 12％ SDS-PAGE 电泳图（A）和峰 b 洗脱纯化蛋白 12％ SDS-PAGE 电泳图（B）

注：Ⅰ，标记蛋白；Ⅱ，粗精浆；Ⅲ，峰 c 纯化蛋白；Ⅳ，峰 b 纯化蛋白。

2013 年，Druart 等进一步对公牛、公马、公羊、巴克、公猪、骆驼和羊驼的精浆蛋白质组进行了特征化和比较（图 11-4）。其用 2D-LC-MS/MS 进行 GeLC-MS/MS 和鸟枪蛋白质组学分析，鉴定出了所选哺乳动物精浆中的 302 种蛋白质。Nucleobindin 1 和 RSVP14 是 BSP（精子蛋白结合剂）家族的成员，在所有物种中都被鉴定了出来。

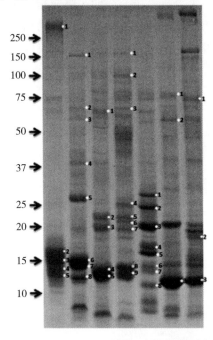

条带	公猪	公牛	巴克	公羊	公马	羊驼	骆驼
1	FN1	CFH	Alb	A2M	KLK1E2	LTF	LTF
2	AQN-3	Alb	BSPS	HK1 MANBA	CRISP3	QSOX1	PEBP1
3	PSP I PSP II	PLA2G7 NUCB1	TIMP2	Alb	BSP1	NGFB	NGFB
4	AWN	CLU	RSVP14	BSPS	HSP-1-like		
5	AQN-1	BSPS	Bdh2	PGDS	hyp.protein LOC100630613		
6		BSP1		GPXS	KLK1E2		
7		BSP3		TIMP2	KLK1E2		
8		SPADH1		RSVP14	BSP3		
9				Bdh-2			

图 11-4　精浆蛋白质组电泳图（A）和基因名称（B）

注：A，精浆蛋白的 SDS-PAGE 图。在 6%～16%丙烯酰胺凝胶上分离相同量（100μg）来自公猪、公牛、巴克、公羊、公马、羊驼和骆驼的精浆蛋白并用考马斯亮蓝染色。B，在凝胶带中鉴定的主要蛋白质基因名称。对于每个物种，切割一系列条带并通过 MS 进行鉴定；对于每个条带，都指出了最主要的蛋白质基因名称。

在羊驼和骆驼（诱导排卵）、公牛、公羊和公马（自发性排卵）精浆中鉴定了 β-NGF（图 11-5），其在以前被确定为羊驼和美洲驼的排卵诱导因子。

图 11-5　β-NGF 的免疫检测

将公猪、公牛、公羊、巴克、公马、羊驼和骆驼的精浆蛋白上样到 6%～16% SDS-PAGE 上，印迹并用抗人 β-NGF 抗体探测。通过 2D-LC-MS/MS 在公牛、公羊、公马、羊驼和骆驼的精浆中检测到 β-NGF。在羊驼、骆驼和公牛精浆中观察到约 13ku 的强免疫反应（使用重组人 β-NGF 作为阳性对照）。

上述发现表明，虽然研究的哺乳动物物种是具有共同的先天性有蹄类动物，但它们的精浆在蛋白质组成上是不同的，这可能解释了繁殖能力和功能的变化。对精浆中主要特定蛋白的鉴定有利于未来研究每种蛋白在哺乳动物繁殖中的作用。

四、在骆驼器官研究中的应用

生命受生物系统结构功能的完整性及外部环境的双重影响，要理解这种作用，研究动物与恶劣环境竞争的模式是很好的方法，骆驼就是恶劣环境下良好的研究动物模型。2014 年，Mohamad 等通过研究单峰驼器官的蛋白质组学，进一步揭示了生物与干旱相关的细胞奥秘。骆驼器官的蛋白质组分析表明，促进细胞内运输和通信的各种细胞骨架蛋白的表达显著增加。与大鼠心脏相比，单峰驼心脏 α-辅肌动蛋白相对过表达。提示骆驼通过保持血液浓缩与稀释的平衡能更加适应干旱环境。

此外，小热休克蛋白（一种 β-晶体蛋白）的表达增加，提高了单峰驼心脏中的蛋白质折叠和细胞再生能力。所观察到的不同能量相关的依赖性线粒体酶的不平衡表达表明，线粒体在该物种的心脏中存在解偶联的可能性。

骆驼脑中 H^+-ATPase 亚基表达增加保证了快速可用的能量供应。有趣的是，骆驼肝中的胍基乙酸甲基转移酶对高能磷酸盐具有修复作用，会使离子趋于稳态。

五、在骆驼尿液研究中的应用

2015 年，Syed 等对骆驼和牛的尿液进行了代谢组学分析，研究支持了以往骆驼尿抗癌和抗血小板活性研究的结果。表明骆驼尿中的代谢物如刀豆素也在牛、绵羊和山羊中排泄，但与骆驼相比，其占比较低。刀豆氨酸是氨基酸和尿素代谢的副产物，它是精氨酸类似物，显示出对肿瘤细胞有效的活性。此外，苯丙酸可能有助于骆驼尿液的抗血小板活性。除钠、钾、铁、镁和铬以外，骆驼和牛尿液中的无机元素几乎相同。代谢组学领域需要在不久的将来进一步探索，以了解骆驼尿液的其他药理作用。

第十二章

CHAPTER 12

骆驼宏基因组学

肠道微生物由不同种类的原核生物和真核生物组成，其中厚壁菌门（Firmicutes）、拟杆菌门（Bacteroidetes）、变形菌门（Proteobacteria）、梭状芽孢杆菌门（Fusobacteria）、疣孢菌门（Verrucomicrobia）、蓝藻门（Cyanobacteria）和放线菌门（Actinobacteria）是构成大部分哺乳动物肠道微生物菌群的七大门。这些肠道微生物菌群与宿主互利共生，形成了相互依赖、相互作用的一个整体。它们不仅在机体消化食物、吸收营养物质方面发挥作用，同时更发挥着维持机体健康的重要作用。目前大量研究表明，肠道内的微生物群落与宿主的生理、免疫和营养状况息息相关。宿主与肠道内的微生物往往通过相互协调、共同作用于机体的免疫、营养和代谢过程，从而保证机体的健康。一旦机体肠道菌群结构发生紊乱，就会导致各种疾病的发生，特别是肥胖病、糖尿病、冠心病、结肠癌等疾病。研究显示，肠道微生物对中枢神经系统和脑功能也起着重要的调控作用，可能参与调控认知功能和行为。

自 20 世纪 90 年代以来，随着分子生物学技术在肠道微生物领域的飞速发展，人们不断地改变对肠道菌群的认识。在肠道微生物研究的过程中，国内外的研究者先后采用变性梯度凝胶电泳（denaturing gradient gel electrophoresis，DGGE）、末端限制性片段长度多态性（terminal-restriction fragment length polymorphism，T-RFLP）技术、荧光原位杂交（fluorescence *in situ* hybridization，FISH）、基因芯片（DNA microarrays）和 16S rRNA 扩增子测序（16S rRNA gene sequencing）等技术手段，阐明了肠道菌群的微生物多样性、细菌的定性和定量及肠道微生物与疾病等问题。目前，随着高通量测序技术组学时代的到来，大量的研究已采用了宏基因组技术，以研究不同物种肠道菌群的结构和功能，胃肠道微生物的特点也得到了进一步的诠释。

一、宏基因组学概述

宏基因组学是对环境中的样品，如肠道、土壤、水资源等的 DNA 进行直接提取研究的过程。在该研究中，通过大规模测序，结合生物信息学工具，能够发现大量过去无法获得的未知微生物新基因，使人们能更全面认识微生物的功能和生态特征。该技术对了解复杂环境中的微生物群落组成及其代谢功能，挖掘具有应用潜力的新基因具有重要意义。据报道，人类的肠道微生物包含 200 多种常见的细菌和大约 1 000 种不常见的菌种。1990 年，Giovannoni 等首先采用 16S rRNA 测序的方法分析了马尾藻海面上浮游的微生物多样性，与传统的培养方法比较，该方法更全面地揭示了前所未知的微生物多样性，为研究人员开启了探索未知微生物的大门。目前，我们主要采用两种不同的研究方法研究肠道微生物，一种方法是采用描述性的宏基因组学，基于不同的生理和环境条件分析肠道中菌群的组成结构和微生物的多样性。另一方法是采取功能性的宏基因研究，预测宿主与微生物、微生物与微生物对动态生态环境的作用。

"Metagenome"最早是 1998 年由 Handelsman 等提出的，其定义为"the collective genomes of soil microflora"，即生境中全部微小生物遗传物质的总和，既包含了可培养

的又包含了不可培养的微生物基因，可翻译为宏基因组、元基因组或环境基因组等。宏基因组学的研究通常有以下 3 种策略。

（1）利用引物 PCR 扩增 16S rDNA（特别是 V6 区）或其他遗传标记，然后对扩增产物测序；

（2）构建宏基因组文库；

（3）直接进行 Shotgun 测序。

宏基因组学（metagenomics）以微生物生态群落中所有微生物的基因组为研究对象，通过研究群落中的物种组成和功能组成，同一个群体内不同微生物的相互作用，以及微生物群落和宿主之间的相互作用，并进行不同表型样品的比较分析来解释生物学现象。宏基因组学的研究策略是将环境中全部微生物的遗传信息看作一个整体，摒弃了对单个微生物分离培养的步骤，克服了复杂环境中微生物难以培养的困难，直接对环境中的所有微生物进行研究，并接合生物信息学和系统生物学的方法，自上而下地研究微生物群落结构与环境或生物体之间的关系，以全面认识微生物的功能和生态特征（叶雷等，2016）。

二、宏基因组学研究的平台

高通量测序技术是目前基因组学研究中应用最广泛的测序技术，而 16S rRNA 扩增子测序或全宏基因组测序是目前宏基因组学研究的主流手段。其中，16S rRNA 测序主要广泛应用于系统发育树的重建，基于核酸检测和微生物多样性研究。目前我们大多数是针对可变区进行高覆盖度测序，来了解环境样品（土壤、肠道、海洋）中细菌的种类和丰度。对于扩增子测序的肠道微生物，具有成本低、样品制备方法简单、生物信息学工具广泛可用等优点。全宏基因组鸟枪法测序是直接对样品中所有微生物基因组的 DNA 提取、剪切成短片段后进行测序，用于全面揭示微生物的物种、基因组成和功能。

以往人们对肠道微生物的研究主要依赖于传统微生物分离纯培养技术，该方法在实验室复原微生物区系时，对厌氧微生物获得的信息量是有限的。过去一段时间，研究者在肠道微生物群落多样性研究中，主要采用荧光原位杂交技术、末端限制性片段长度多态性技术、变性梯度凝胶电泳及基因芯片分子生物学方法，然而这些方法都存在一定的缺陷。例如，变性梯度凝胶电泳只能检测到肠道中的优势菌，对痕量微生物却束手无策，灵敏度较低；荧光原位杂交技术必须依赖寡核苷酸探针的特异性，只能检出已知菌而不能用于鉴定未知微生物；基因芯片则通过固定在芯片上的探针来获得微生物多样性的信息，只能验证已知，却无法探索未知，并且在判断微生物的丰度方面也存在缺陷。高通量测序技术以其数据量大、成本低、速度快的特点，使肠道微生物宏基因组学研究产生了质的飞跃，能够更加准确、深入地分析肠道微生物生态系统的微生物结构组成、基因功能、代谢途径，以及膳食和营养对肠道微生物的影响作用（表 12-1）。

表 12-1　肠道微生物检测技术

技术	描述	优点	缺点
培养	采用培养基分离培养细菌	费用低，半定量	工作量大，目前有不到30%肠道微生物可被培养
定量 PCR	扩增和定量 16S rRNA，反应混合物中含有与双链 DNA 结合的荧光化合物	系统发育鉴定，定量，快速	PCR 结果有偏差，无法识别未知种类
变性梯度凝胶电泳	用变性剂/温度凝胶分离得到 16S rRNA 扩增子	快速，半定量，突变分子完全被分开用于进一步的分析	不能鉴定系统发育树，存在 PCR 偏差
末端限制性片段长度多态性	先扩增荧光标记的引物，然后用限制性内切酶切 16S rRNA 基因片段，通过凝胶电泳分离酶解的片段	快速，半定量，费用低	不能鉴定系统发育，PCR 结果有偏差，低分辨率
荧光原位杂交	荧光标记的寡核苷酸探针杂交互补的靶 16S rRNA 序列，当杂交发生时，可以使用流式细胞仪检测荧光	鉴定系统发育，半定量，没有 PCR 导致的误差	取决于探针序列，无法识别未知物种
基因芯片	荧光标记的寡核苷酸探针与互补核苷酸序列杂交，用激光检测荧光	鉴定系统发育，半定量，快速	存在交叉杂交，PCR 结果有偏差，低水平存在的物种难以被检测到
16S rRNA 克隆测序	克隆全长 16S rRNA 扩增子，Sanger 测序和毛细管电泳结合	鉴定系统发育，定量	PCR 结果有偏差，工作量大，费用昂贵，克隆偏差
16S rRNA 扩增子测序	对某一段高变区序列进行 PCR 扩增后进行测序分析	鉴定系统发育，定量，快速，鉴定未命名的细菌	PCR 结果有偏差，工作量大
全宏基因组测序	DNA 被随机打断成一定长度的小片段，之后片段两端加入通用引物进行 PCR 扩增测序	鉴定系统发育，定量	费用昂贵，对数据分析的工作量过大

　　1987 年，以双脱氧核苷酸末端终止法（Sanger 法）为代表的第 1 代测序技术诞生，Sanger 法以其高准确度（99.999%）及较长的读长（1 000 bp）在人类基因组计划（human genome program，HGP）中发挥了巨大作用。然而制约于成本高、通量低及测序速度慢的缺点，Sanger 法已不能满足于宏基因组测序分析的要求。

　　随着 16S rRNA 和全宏基因组测序技术的发展，目前已产生大量的宏基因组测序数据，所有这些测序数据是来源于不同的测序平台，如主要采用二代罗氏 454 测序（GSFLX Titanium）平台和 Illumina 测序（Miseq，Hiseq）平台，还有新兴的半导体测序技术（ion torrent personal genome machines，PGM）平台和基于三代测序手段的单分子测序（single molecule real-time，SMRT）平台。相比较而言，罗氏 454 Titanium 平台可比 PGM 测序平台产生持续长的序列。Illumina 公司的 MiSeq 平台能够持续产生较短的读长、较高质量的序列（叶雷等，2016）。相较于其他测序平台，Ion Torren 测序具有速度最快、读长长、准确率高等优点。

三、宏基因组学在肠道微生物中的应用

（一）阐述哺乳动物肠道微生物组成

在早期研究中，细菌的 16S rRNA 被称为"分子时钟"，这归功于它的通用性、细胞活性、高度保守的核苷酸序列结构，以及长度适中、易于快速测序的特点，这些使得 16S rRNA 成为细菌分类学上的"金标准"。另外，根据进化速率的不同，16S rRNA 中包含 8 个高度保守的核苷酸区域和 9 个高度可变区。根据这些区域的比对差异可以反映物种不同的进化关系，一般 2 条 16S rRNA 基因差异小于 1％ 的认为是同一个种（species），小于 5％ 的认为是同一个属（genus），小于 10％ 的认为是同一个科（family）；此外，研究者还可以根据序列差异（根据研究需要划分阈值一般为 1％、3％、5％）将 16S rRNA 聚类成分类操作单元（operational taxonomic unit，OTU），利用 OTU 的数目、各个 OTU 的序列数来分析估计物种多样性和丰度。

目前，采用宏基因组技术已研究大量不同哺乳动物的肠道菌群结构。结果发现，厚壁菌门（Firmicutes）和拟杆菌门（Bacteroidetes）是人类肠道中最丰富的菌群，构成了超过 90％ 的人类肠道菌群。在人体粪便的微生物中，粪杆菌、瘤胃球菌属、真杆菌属、多雷阿菌、拟杆菌属和双歧杆菌是属水平上的优势菌群。在猪、马等单胃动物胃肠道内，蛋白菌（Proteobacteria）、厚壁菌（Firmicutes）、拟杆菌（Bacteroidetes）是其门水平上的优势菌群（Ericsson 等，2016）。但在反刍动物中，成纤维细胞琥珀酸杆菌（Fibrobacter succinogenes）、白色瘤胃球菌（Ruminococcus albus）、黄色瘤胃球菌（Ruminococcus flavefaciens）、纤维弯曲菌（Butyrivibrio fibrisolvens）、普氏菌（Prevotella）是瘤胃内属水平上的优势菌群。目前，大量研究已证实肠道微生物的菌群结构和功能差异受宿主的生理及环境因素，如宿主基因型、栖息地、饮食、年龄等的影响，其中饮食因素在肠道微生物定殖方面起着至关重要的作用。Tyakht 等（2014）通过对俄罗斯、美国、丹麦及中国人群的肠道菌群结构进行分析后发现，不同地域的人群其肠道菌群存在显著差异，其中俄罗斯人群肠道中拟杆菌属和普氏菌属的含量相对其他国家人群较低，导致该现象的主要原因是他们的膳食模式长期不同。Zhu 等（2003）对断奶前后仔猪的肠道微生物进行 16S rRNA 测序后发现，断奶对仔猪肠道微生物菌群的影响明显，断奶仔猪食用日粮后其肠道微生物菌群发生了改变。Mathew 等（1997）研究发现，仔猪肠道微生物成分是动态且多样的，会随时间及肠段的变化而发生转变，哺乳仔猪肠道中乳酸杆菌的数量较断奶仔猪更高，而大肠杆菌数量则相反。此外诸多研究表明，在宿主的整个消化道内均存在微生物，且不同胃肠段微生物的组成存在差异。

（二）筛选功能活性物质

动物胃肠道中栖息着大量的微生物，它们能分泌纤维素酶、木聚糖酶、淀粉酶和酯酶等水解酶，在动物消化过程中起着积极的不可忽视的作用。然而，由于胃肠道微

生物大都是专性厌氧菌，可培养性很低，因此传统的微生物纯培养技术仅能分离获得胃肠道中15％～20％的微生物，即使利用全面的厌氧培养和高通量16S测序技术，也只有56％的胃肠道微生物得以培养。因此，还有近一半的胃肠道微生物因为无法进行培养而难以鉴定，这大大限制了通过分离培养微生物来发现和筛选新基因及生物活性物质的广泛性和有效性。宏基因组学避开了微生物分离培养的问题，极大地扩展了微生物资源的利用空间，为寻找和发现新的功能基因及生物催化剂提供了新的研究策略。目前，国内外研究者已通过构建动物胃肠道微生物宏基因组文库或对宏基因组进行直接测序，成功筛选到了多种糖苷水解酶及淀粉酶、脂酶/酯酶等酶类基因。

由于植食性动物胃肠道是一个植物纤维素剧烈降解的环境，存在其中的微生物具备了相应的特殊生理、代谢特点，能产生各种纤维素分解酶类，因此，利用宏基因组学技术从动物胃肠道筛选酶基因的研究主要集中在植食性动物上。对白蚁、牛、袋鼠和大熊猫胃肠道微生物宏基因组的研究发现，动物胃肠道中含有种类和数量丰富的植物生物质降解酶类。Hess等（2011）通过分析牛瘤胃2 791个经证实具有生物质降解酶功能的基因同源性发现，只有1％与现有数据库中的基因有较高的相似性。此外，不同植食性动物由于摄食种类不同，因此其胃肠道内的植物生物质降解酶种类也存在很大差异。Warnecke等（2007）通过对白蚁肠道微生物宏基因组的研究发现，其木质纤维素的降解以GH5、GH94、GH51、GH8、GH9、GH44、GH45和GH74的纤维素酶为主，然而却缺乏多数微生物纤维素酶系中的重要组成成分GH6和GH48。上述研究表明，植食性动物胃肠道内蕴涵着大量潜在的纤维素分解酶类基因资源，为新型纤维素分解酶类的研究开发及其在生物能源领域的应用提供了丰富的资源。

（三）揭示肠道微生物对人体健康的作用

肠道菌群能合成许多机体必需的营养素，如维生素和短链脂肪酸等，并参与糖类和蛋白质的代谢，代谢药物和环境中的毒素等。肠道菌群在机体肠道的正常发育和生理功能、神经系统、代谢系统、免疫系统中均发挥着重要作用。大量报道显示，肠道菌群与各种消化系统疾病、肥胖有关的代谢疾病、神经系统疾病、癌症等都具有一定的相关性。其中，Peterson等（2008）基于16S rRNA测序后发现，在克罗恩病人结肠中的拟杆菌和厚壁菌门数量减少，肠杆菌科如中黏附侵袭性大肠杆菌（adherent-invasive *E. coli*）和其他变形杆菌（*Proteobacteria*）的数量增加。Larsen等（2010）研究发现，2型糖尿病与健康人群肠道菌群在门类和属类之间有显著变化，糖尿病患者的厚壁菌门相对丰度降低，但拟杆菌门和变形菌门的数量相对升高。此外，Ridlon等（2013）报道，在肝硬化患者肠道内梭菌属、肠杆菌科、紫单胞菌科菌群数量比健康人明显增多。

（四）揭示微生物对动物营养与消化作用

肠道微生物会影响宿主对营养物质的消化和吸收，同时，微生物的发酵产物可为宿主提供营养成分或者干预宿主健康。对于许多食草类哺乳动物，机体几乎自身不产生降解植物纤维的内源性纤维素酶、半纤维素酶和果胶酶，需要依赖于能够消化降解纤维素的肠道微生物，如霉菌、担子菌等真菌及少量细菌和放线菌。大量的研究证实，瘤胃是反刍动物特有的植物纤维消化器官，而盲肠是非反刍动物重要的消化器官。这两种天然的发酵器对维持机体正常的生理和营养功能起着十分重要的作用，是良好的天然微生物发酵器，能够产生纤维素酶以降解纤维素，为草食性动物提供能量。据报道，在奶牛体内瘤胃发酵能够提供约一半的动物蛋白质需求。不同于瘤胃发酵器，对于单胃动物，盲肠可以提供微生物蛋白以供机体能量需求。大量研究证实，盲肠和结肠是猪和马等动物机体内粗纤维消化发酵的最主要部位，大肠中拥有大量的纤维降解菌，如瘤胃球菌、普雷沃菌等。目前，研究证实马作为非反刍草食类动物，通过盲肠和结肠内的纤维素分解菌分解粗纤维，可产生挥发性短链脂肪酸，为机体提供大部分能源需求；通过对马不同区段的肠道微生组成进行 16S rRNA 扩增子测序研究也发现，碳水化合物在盲肠和结肠内被微生物发酵产生大量短链脂肪酸（SCFA），在盲肠中含有高丰度的纤维分解细菌，如纤维杆菌、瘤胃球菌和厚壁菌。不同于马，猪的不同生长阶段肠道微生物存在差异，猪的大肠比小肠含有更丰富的厚壁杆菌门，并且大肠的碳水化合物代谢功能也比小肠更加丰富（翟齐啸等，2013）。

　　宿主的首要任务是抵御肠道微生物引起的持续性感染。尽管肠道微生物具有多种有益于宿主健康的功能，如碳水化合物的消化和发酵、合成维生素、维持肠绒毛的正常功能、调节免疫反应及保护肠道免受病原菌感染等，然而，肠道微生物也会通过其代谢产物、基因产物或潜在致病性给宿主带来不利影响。因此，肠道微生物的有益功能和对宿主产生的危害之间的平衡取决于其分布、多样性及代谢产物的总体状态（图 12-1）。

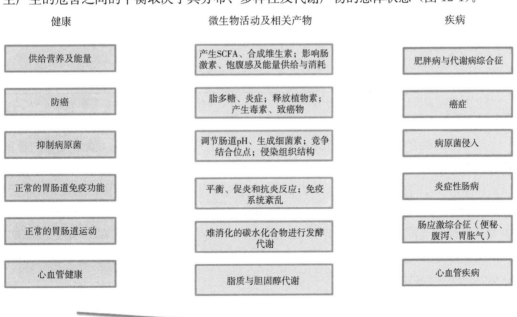

图 12-1　肠道菌群对肠道及宿主健康的影响

四、骆驼胃肠道中原生动物的多样性

Ghali（2005）采用显微镜和 Hawksley 计菌器对不同饮食情况下的单峰驼胃肠道原生动物种群进行了研究，结果表明，当骆驼饮食结构单调即只食用粗饲料时其胃肠道中原生动物的数量少，种类也比较单一，且 *Entodonium* spp. 为其优势种属，占原生动物数量的 83%～92%；而当骆驼的粗饲料中添加谷物时其胃肠道中原生动物的数量大大提高（二者的比例为 40∶60），且 *Epidinium* spp. 成为优势种属，但其原生动物种属的百分比显著降低（表 12-2）。此外，在骆驼的胃肠道中还发现了一些以前没有报道过的其他种属的原生动物，如 *Dasytricha* spp.、*Oligoisotricha* spp. 和 *Buetschilia* spp.，但它们只占总原生动物总量的 2% 以下。当单峰驼仅以粗饲料为食时这些物种都存在，但只有 *Dasytricha* spp. 在当单峰驼以粗饲料及谷物为混合饮食开始时出现。

表 12-2　在以粗饲料和粗饲料＋谷物为饮食结构的单峰驼胃肠道中发现的不同种类原生动物数量比例

项目	粗饲料[a]	粗饲料＋谷物[a]
原生动物总量（×10^4个/mL）[b]	9.9±2.75	2.5±2.1
前胃 pH[c]	6.37	5.35
原生生物种类（%，总量）		
Entodinium spp.	86.3	11.7
Epidinium spp.	4.6	70.4
Eudiplodinium spp.	7.27	16.67
Diplodinium spp.	0.83	1.65
Dasytricha spp.	0.40	0.60
Oligoisotricha spp.	0.75	ND
Buetschilia spp.	0.10	ND

注：[a]罗滋草（盖氏虎尾草）或罗滋草＋蒸汽压片大麦；[b]饮食结构对原生动物数量的影响显著；[c]pH 对原生动物数量的影响显著；[ND]未检出。

给单峰驼喂食粗饲料时其前胃 pH 为 6.3～6.5。在这种条件下，原生动物的优势种属为 *Entodinium* spp.，*Epidinium* spp. 和 *Eudiplodinium* spp. 只占到骆驼胃肠道原生动物的一小部分。相比之下，当骆驼以粗饲料为主，补充蒸汽压片大麦时其前胃 pH 下降到 5.3。*Entodinium* spp. 的数量明显下降，而 *Epidinium* spp. 的数量增加，成为骆驼胃肠道原生动物的优势菌属；同时，*Eudiplodinium* spp. 的百分比也增加，但不如 *Epidinium* spp. 的多。另外，当 pH 降至低于 6.0 时 *Dasytricha* spp.、*Oligoisotricha* spp. 和 *Buetschilia* spp. 完全消失。

五、骆驼胃肠道中的细菌多样性

对于骆驼肠道微生物的研究较早，早在 20 世纪 50 年代，Hungate 等（1959）就使

用微生物培养的方法对骆驼消化系统中的微生物展开了研究。骆驼肠道内有大量的微生物，其中细菌占93.73％，古生菌占0.89％，真菌占0.4％，病毒占0.03％（He等，2018）。骆驼瘤胃微生物在结构上与其他反刍动物相似但在组成上不同，导致这种不同的原因主要是瘤胃中纤维素降解细菌的高度富集（Gharechahi等，2015）。在门水平上，纤维素降解细菌主要包括拟杆菌门（Bacteroides）、纤维杆菌门（Fibrobacteres）、厚壁菌门（Firmicutes）和变形杆菌门（Proteobacteria）。在属水平上，梭菌属（Clostridium）是反刍动物主要的多糖降解者（Deng等，2017）。普雷沃氏菌属（Prevotella）可利用多种多糖，并可促进木聚糖降解（Matsui等，2000；Krause等，2003）。瘤胃菌科（Ruminococlceae）（De等，2013）和淀粉、纤维的降解有关。2011年，Samsudin等基于16S rRNA基因序列的比较对单峰驼前肠内容物进行了研究。结果表明，在门水平上，前肠的肠道菌群中厚壁菌门（Firmicutes）所占比例最高。2013年，研究人员基于宏基因组焦磷酸测序对单峰驼瘤胃微生物进行了研究。表明，在门水平上，拟杆菌门（Bacteroidetes）、厚壁菌门（Firmicutes）、变形杆菌门（Proteobacteria）是单峰驼瘤胃中的优势菌群（Bhatt等，2013）；在属水平上，瘤胃中的纤维杆菌属（Fibrobacter）、梭菌属（Clostridium）和瘤胃球菌属（Ruminococcus）高度富集；双峰驼粪便中梭菌属（Clostridium）、普雷沃菌属（Prevotella）、胃球菌属（Ruminococcus）和粪杆菌属（Faecalibacterium）高度富集（Gharechahi和Salekdeh，2018）。以上研究表明，骆驼的肠道微生物组成和传统反刍动物的组成存在一定差异，表现出了优秀的纤维素降解能力。

除了使用经典微生物学方法鉴定来自多种来源的纤维素酶外（Lynd等，2002），高通量测序技术的发展跨过了微生物培养的过程，加速了纤维素酶的发现历程（Warnecke等，2007；Wang等，2011）。2018年，Gharechahi等对骆驼瘤胃内容物进行了宏基因组测序，确定了有助于纤维素降解的关键物种。该研究发现，骆驼瘤胃宏基因组中糖苷水解酶的编码密度是25个/Mbp（显著高于牛）（Gharechahi和Salekdeh，2018）。骆驼肠道中38.3％为编码糖苷水解酶，26.3％为编码糖基转移酶，13.3％为编码碳水化合物酯酶，12.5％为编码碳水化合物结合模块，4.5％为编码辅助氧化还原酶，2.8％为多糖裂解酶。其中，内切葡聚糖酶、内切纤维素酶、脱支酶和寡糖降解酶是骆驼肠道内最主要的纤维素降解酶，有助于双峰驼肠道内食物的进一步发酵。

六、骆驼胃肠道中的古生菌多样性

研究人员采集了思威克动物园（Southwick Zoo）和波特动物园（Potter Park Zoo）内的双峰驼粪便样品，基于独立的16rRNA基因文库研究粪便中产甲烷微生物的群落结构特点。尽管两个不同地区骆驼检测出的产甲烷微生物都属于甲烷短杆菌属（Methanobrevibacter）且都是文库中的优势菌群，但是它们在微生物群落结构和多样性方面有显著差异。通过对它们种群结构的分析发现，思威克动物园有2个特有的OTUs（操作分类单位），而波特动物园有7个特有的OTUs，两者仅有2个共有

OTUs。因此，可以得出结论，即不同区域内同一品种骆驼的产甲烷微生物存在很大的结构差异。研究者们建议，在控制骆驼饮食的条件下，采用新一代测序法对更多的骆驼群体进行测序研究，以进一步了解骆驼肠道中产甲烷微生物的多样性和功能（图12-2）。

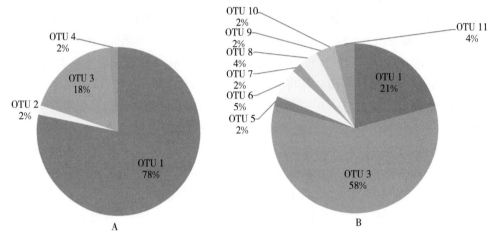

图 12-2　克隆 OUT 分布图
A. 思威克动物园　B. 波特动物园

　　骆驼属于适应干旱和半干旱环境的草食性动物，其消化系统为了适应干旱荒漠地区低消化率的植被而经历了漫长的进化过程。虽然骆驼的消化系统结构与真正的反刍动物（如牛、绵羊和山羊）不同，但在生理上它们的作用相同。骆驼与牛、绵羊和山羊一样依靠大量多元化的微生物种群来消化食物并汲取能量。目前，对骆驼胃肠道微生物的研究只局限于单峰驼，而在双峰驼方面的研究又很有限。单峰驼和双峰驼由于生存环境、地理位置和饮食结构有区别，因此其肠道微生物也应该存在很大的区别。研究者应致力于研究双峰驼肠道微生物，以及双峰驼胃肠道的发酵过程与反刍动物的相同点和不同点，进而提高对双峰驼胃肠道和整个消化道生理特性及其在骆驼生长过程中作用的认识。

七、影响骆驼肠道菌群丰度与多样性的因素

　　2017 年，明亮等基于 16S rRNA 基因的 V4 区测序对内蒙古双峰家驼、蒙古国双峰驼家驼、蒙古国双峰驼野驼及内蒙古黄牛的粪便样品进行了研究。表明，骆驼的优势菌门是厚壁菌门（Firmicutes）和疣微菌门（Verrucomicrobia），其他门的丰度相对较低。其中，宿主基因型不是唯一决定肠道菌群丰度与多样性的因素，生活环境和饮食不同是影响肠道菌群丰度与多样性的主要因素（Ming 等，2017）。

　　2019 年，何静基于 16S rDNA 基因高通量测序技术对不同年龄双峰驼的粪便样品进行了研究。发现随着年龄的增加，肠道菌群的多样性也变得丰富；不同年龄的双峰驼其肠道微生物中的优势菌群也不完全相同，1 岁时其肠道中的微生物组成就趋于稳定状态，1 岁和 3 岁时肠道菌群以厚壁菌门（Firmicutes）、拟杆菌门（Bacteroidetes）和

疣微菌门（Verrucomicrobia）为主。之后，何静等基于 16S rDNA 高变区 V4 测序，分析了 11 峰成年双峰驼胃肠道 8 个区段的菌群多样性。结果表明，胃肠道不同区段微生物菌群组成具有显著的空间特异性，特别是在大肠和粪便样品中发现了相对丰度较高的阿克曼菌属（*Akkermansia*）和未分类的胃瘤菌科（Ruminococcaceae），而在胃和小肠中存在更多未分类的梭菌科（Clostridiales）和未分类的拟杆菌科（unclassified Bacteroidales）。此外，研究人员基于 16S rRNA 基因扩增子测序对 3 峰成年雌性单峰驼瘤胃内的固体和液体内容物分别进行了测序。结果，单峰驼瘤胃固体消化物中的纤维杆菌属（*Fibrobacter*）、梭菌属（*Clostridium*）和瘤胃球菌属（*Ruminococcus*）相对丰度明显比液体消化物组的高，但在液体消化物组中普雷沃氏菌属（*Prevotella*）、疣微菌门（Verrucomicrobia）、蓝细菌（*Cyanobacteria*）和琥珀酸弧菌属（*Succinivibrio*）高度富集（Gharechahi 和 Salekdeh，2018）。

主要参考文献

白建军，1994. 卡尔梅克骆驼饲养业复兴问题 [J]. 草食家畜（1）：16-18.

柏丽，冯登侦，2014. 中国双峰驼绒毛品质和纤维类型分析 [J]. 黑龙江畜牧兽医（2）：155-157.

柏丽，冯登侦，2015. 中国双峰驼血液生理生化特性研究 [J]. 畜牧与兽医，47（1）：103-106.

陈彩安，门正明，1984. 双峰驼染色体组型分析 [J]. 甘肃农业大学报（2）：30-33.

陈怀涛，朱宣人，王秋婵，等，1996. 双峰驼红细胞的形态与特性研究 [J]. 畜牧兽医学报（2）：171-177.

陈慧玲，2016. 中国家养双峰驼 Y 染色体 SNP、STR、CNV 与父系起源研究 [D]. 杨凌：西北农林科技大学.

陈明华，董常生，2007. 骆驼科物种的比较生物学特性 [J]. 家畜生态学报，28（6）：153-157.

陈如熙，1982. 双峰驼禁饮水前后红缅胞形态、压积、渗透抵抗力变化的初步研究 [J]. 宁夏农业科技（4）：23-26.

程佳，任战军，王乐，等，2009. 基于 Cytb 基因的家养双峰驼分子系统发育研究 [J]. 西北农林科技大学学报（自然科学版），37（增刊12）：17-21.

程佳，任战军，王乐等，2009. 基于 Cytb 基因的家养双峰驼分子系统发育研究 [J]. 西北农林科技大学学报（自然科学版），37（12）：17-21.

程志学，董常生，赫晓燕，2004. 羊驼的行为学特征 [J]. 畜牧与兽医，36（7）：26-27.

翟齐啸，田丰伟，王刚，等，2013. 肠道微生物与人体健康的研究进展 [J]. 食品科学，34（15）：337-341.

高宏巍，2008. 利用微卫星标记分析双峰驼进化和遗传多样性 [D]. 上海：上海交通大学.

耿建军，穆晓丽，孙乐天，等，2010. 内皮素受体 B 在不同毛色羊驼皮肤中的表达与定位 [J]. 畜牧兽医学报，41（11）：1478-1484.

郭文场，张嘉保，陈树宁，2014. 羊驼的饲养管理和产品的开发利用（1）[J]. 特种经济动植物，17（8）：7-10.

国家畜禽遗传资源委员会，2011. 中国畜禽遗传资源志 马驴驼 [M]. 北京：中国农业出版社.

韩建林，2000. 旧世界骆驼属动物的起源、演化及其遗传多样性 [D]. 兰州：兰州大学.

何晓红，2011. 中国主要双峰驼群体遗传多样性、系统进化及 mtDNA 异质性研究 [D]. 北京：中国农业科学院.

吉日木图，2006. 双峰家驼与野驼分子进化及驼乳理化特性研究 [D]. 呼和浩特：内蒙古农业大学.

吉日木图，陈钢粮，2014. 骆驼产品与生物技术 [M]. 北京：中国轻工业出版社.

吉日木图，陈钢粮，李建美，等，2014. 神奇的骆驼与糖尿病 [M]. 北京：中国轻工业出版社：2-10.

姜俊兵，任杰，于秀菊，等，2010. 中国羊驼种群 MC1R 基因的 PCR-SSCP 分析 [J]. 家畜生态学报，31（3）：15-18.

姜俊兵，赵志军，贺俊平，等，2007. Agouti 在不同颜色被毛羊驼皮肤组织中的表达 [J]. 畜牧与兽医，39（4）：38-40.

蒋涛，2006. 羊驼 [J]. 畜牧兽医杂志，25（1）：35-37.

李擎，2013. 双峰驼细胞色素 P450 基因家族测序分析 [D]. 呼和浩特：内蒙古农业大学.

李彦明，张映，孙九光，2003. 极具发展潜力的特种经济动物羊驼 [J]. 畜禽业（4）：26-27.

吕雪峰，邢巍婷，许艳丽，等，2017. 新疆引进羊驼遗传多样性与系统发育研究 [J]. 中国畜牧兽医，44（9）：2709-2715.

马森，1996. 青海柴达木双峰驼羔红细胞系统的特性 [J]. 草与畜杂志（4）：15-16.

门正明，韩建林，张月周等，1989. 双峰驼血液蛋白多态性遗传的研究 [J]. 畜牧兽医学报，20（4）：313-314.

权洁霞，张亚平，2000. 家养双峰驼线粒体 DNA 遗传多样性的研究 [J]. 遗传学报，27（增刊5）：383-390.

权洁霞，张亚平，韩建林，等，2000. 家养双峰驼线粒体 DNA 遗传多样性的研究 [J]. 遗传学报（5）：383-390.

任玉红，任彬，范瑞文，等，2009. 羊驼 MC1R 基因克隆及其在不同个体中表达水平研究 [J]. 畜牧兽医学报，40（6）：841-845.

萨根古丽，沙拉，袁磊，2010. 罗布泊野骆驼国家级自然保护区野骆驼的栖息环境及适应特征 [J]. 新疆环境保护，32（增刊2）：30-33.

萨仁图娅，2016. 囊胶的制作及骆驼毛色基因研究 [D]. 呼和浩特：内蒙古农业大学.

萨仁图娅，斯仁达来，付龙霞，等，2015. 中国双峰驼种质资源保护调查研究 [J]. 中国草食动物科学，35（6）：62-65.

宋云飞，田雪，卢绪秀，等，2012.Wnt3α 在不同毛色羊驼皮肤中的表达和定位 [J]. 畜牧兽医学报，43（5）：785-790.

苏学轼，1990. 养驼学 [M]. 北京：农业出版社.

田月珍，努尔比亚·吾布力，王力俭，等，2012. 新疆6个地方双峰驼遗传多样性分析 [J]. 畜牧与兽医，44（6）：38-43.

王乐，2010. 中国5个地区家养双峰驼遗传多样性的微卫星分析 [D]. 杨凌：西北农林科技大学.

王秋掸，1994. 双峰驼与牛马血液学值的比较学研究 [J]. 中国兽医科技，24（6）：45-46.

王作洲，2006. 羊驼是草饲家畜的好品种 [J]. 农民科技培训（9）：26-27.

杨国珍，岳贵全，1999. 双峰驼血清蛋白初析 [J]. 畜牧与兽医，31（3）：23-24.

杨润，哈尔阿力·沙布尔，2007. 哈萨克斯坦骆驼品种简介 [J]. 中亚信息（8）：22-23.

姚积生，2009. 甘肃安南坝野骆驼国家级自然保护区野骆驼现状及其保护对策 [J]. 甘肃林业科技，34（增刊2）：46-49.

叶雷，闫亚丽，陈庆森，等，2016. 高通量测序技术在肠道微生物宏基因组学研究中的应用 [J]. 中国食品学报，16（7）：216-223.

袁磊，张永山，张宇，等，2004. 罗布泊野骆驼自然保护区的建设及生物多样性保护 [J]. 新疆环境保护，26（增刊3）：39-42.

张才骏，1996. 青海双峰驼血液蛋白质多态性的研究 [J]. 中国畜牧杂志，32（5）：33-34.

张才骏，1984. 青海高原骆驼红细胞系统特性的初步研究 [J]. 青海畜牧兽医学院学报（1）：1-5.

张成东，2014. 中国骆驼父系和母系起源的分子特征与系统进化研究 [D]. 杨凌：西北农林科技大学.

张俊珍，董常生，范瑞文，等，2005. 我国羊驼的管理 [J]. 中国草食动物，25（1）：64.

张莉，袁磊，1997. 世界野双峰驼各分布区食性分析 [J]. 新疆环境保护（增刊）：60-64.

张培业，达来，1994. 蒙古国的养驼生产概况 [J]. 当代畜禽养殖业（5）：10-11.

张巧灵，乔丽英，宋德光，等，2008. 显性白毛调控基因（KIT）对羊驼毛色作用的影响 [J]. 中国兽医学报，28（9）：1101-1104.

张巧灵，2002. 羊驼——特种经济动物之佼佼者 [J]. 当代畜牧，1 (2)：36-38.

张瑞娜，范瑞文，程志学，等，2011. CDK5 对羊驼皮肤黑色素细胞 TYR 和 MITF mRNA 表达的调节 [J]. 畜牧兽医学报，42 (12)：1712-1717.

张瑛，2006. 羊驼的开发利用与饲养技术 [J]. 中国畜禽种业 (7)：53-54.

张勇，张会斌，刘志虎，等，2008. 基于线粒体细胞色素 b 基因序列的阿尔金山野生双峰驼分子系统发育研究 [J]. 浙江大学学报（理学版）：87-91.

张勇，张会斌，刘志虎，等，2008. 基于线粒体细胞色素 b 基因序列的阿尔金山野生双峰驼分子系统发育研究 [J]. 浙江大学学报（理学版）(1)：87-91.

朱芷葳，贺俊平，于秀菊，等，2012. Mitf-M 在羊驼皮肤组织的表达与序列分析及免疫组织化学定位 [J]. 中国农业科学，45 (4)：794-800.

Abdoun K A, Samara E M, Okab A B, et al, 2013. The relationship between coat colour and thermoregulation in dromedary camels (*Camelus dromedarius*) [J]. Journal of Camel Practice & Research, 20 (2)：251-255.

AichouniA, Jeblawi R, Dellal A, et al, 2010. Breed variation in blood constituents of the one-humped camel (*Camelus dromedaries*) in Algeria [J]. Journal of Camelid Science, 3：19-25.

Alireza S, Anja J, 2017. Parasitic diseases of camels in Iran (1931—2017) - a literature review [J]. Parasite, 24：21.

Amin A S, Abdoun K A, Abdelatif A M, 2007. Seasonal variation in blood constituents of one-humped camel (*Camelus dromedarius*) [J]. Pakistan Journal of Biological Sciences, 10 (8)：1250-1256.

Babeker E A, Elmansoury Y H, Suleem A E, 2013. The influence of seasons on blood constituents of dromedary camel (*Camelus dromedarius*) [J]. Online Journal of Animal and Feed Research, 3 (1)：1-8.

Balmus G, Trifonov V A, Biltueva L S, et al, 2007. Cross-species chromosome painting among camel, cattle, pig and human：further insights into the putative cetartiodactyla ancestral karyotype [J]. Chromosome Research, 15 (4)：499-514.

Barakat M Z, Abdel-Fattah M, 1970. Biochemical analysis of normal camel blood [J]. Zentralbl Veterinarmed, 17 (6)：550-557.

Bhatt V D, Dande S S, Patil N V, et al, 2013. Molecular analysis of the bacterial microbiome in the forestomach fluid from the dromedary camel (*Camelus dromedarius*) [J]. Molecular Biology Reports, 40 (4)：3363-3371.

Anna B P, 2016. The history of old world camelids in the light of molecular genetics [J]. Tropical Animal Health and Production, 48 (5)：121-126.

Cecchi T, Valbonesi A, Passamonti P, et al, 2007. Quantitative variation of melanins in llama (*Lamaglama* L.) [J]. Small Ruminant Research, 71：52-58.

Chuluunbat B, Charruau P, Silbermayr K, et al, 2014. Genetic diversity and population structure of Mongolian domestic bactrian camels (*Camelus bactrianus*) [J]. Animal Genetics, 45 (4)：550-558.

Cui P, Ji R, Ding F, et al, 2007. A complete mitochondrial genome sequence of the wild two-humped camel (*Camelus bactrianus* ferus)：an evolutionary history of camelidae [J]. BMC Genomics, 8 (241)：1-10.

De O M N, Jewell K A, Freitas F S, et al, 2013. Characterizing the microbiota across the gastrointestinal tract of a Brazilian Nelore steer [J]. Veterinary Microbiology, 164 (3/4)：307-314.

Deng Y, Huang Z, Zhao M, et al, 2017. Effects of co-inoculating rice straw with ruminal microbiota and anaerobic sludge: digestion performance and spatial distribution of microbial communities [J]. Applied Microbiology Biotechnology, 101 (14): 1-12.

Druart X, Rickard J P, Mactier S, et al, 2013. Proteomic characterization and cross species comparison of mammalian seminal plasma [J]. Journal of Proteomics, 91: 22.

Elamin F M, Saha N, 1980. Blood protein polymorphism in the one-humped camel (*Camelus dromedarius*) in the Sudan [J]. Blood Grps Biotem, 11: 39-41.

Ericsson A C, Johnson P J, Lopes M A, et al, 2016. A microbiological map of the healthy equine gastrointestinal tract [J]. PLoS One, 11 (11): e0166523.

Faye B, Saintmartin G, Bonnet P, et al, 2011. Guide de l'élevage du dromadaire [J]. Cirad, 12 (6): 51-23.

Feelet N L, Bottomley S, 2011. Three novel mutation in ASIP associated with black fibre in alpacas (*Vicugna pacas*) [J]. Journal of Agricultural Science, 149: 529-538.

Gharechahi J, Salekdeh G H, 2018. Ametagenomic analysis of the camel rumen's microbiome identifies the major microbes responsible for lignocellulose degradation and fermentation [J]. Biotechnology for Biofuels, 11 (1): 216-218.

Gharechahi J, Zahiri H S, Noghabi K A, et al, 2015. In-depth diversity analysis of the bacterial community resident in the camel rumen [J]. Systematic & Applied Microbiology, 38 (1): 67-76.

Guridi M, Soret B, Alfonso L, et al, 2011. Single nucleotide polymorphisms in the Melanocortin 1 Receptor gene are linked with lightness of fibre colour in Peruvian Alpaca (*Vicugna pacos*) [J]. Animal Genetics, 42: 679-682.

Hamelin M, Sayd T, Chambon C, et al, 2007. Differential expression of sarcoplasmic proteins in four heterogeneouso vine skeletal muscles [J]. Proteomics, 7 (2): 271-280.

Hanski I, Gaggiotti O E, Hanski I, 2004. Ecology, genetics and evolution of metapopulations [J]. Journal of the Torrey Botanical Society, 131 (4): 696.

He J, Yi L, Hai L, et al, 2018. Characterizing the bacterial microbiota in different gastrointestinal tract segments of the Bactrian camel [J]. Scientific Reports, 8 (1): 654-655.

Heintzman P D, Zazula G D, Cahill J A, et al, 2015. Genomic data from extinct north American camelops revise camel evolutionary history [J]. Molecular Biology and Evolution, 32 (9): 88-92.

Helen F S, Miranda K, Jane C W, 1994. Molecular evolution of the family Camelidae: a mitochondrial DNA study [J]. Proceedings of the Royal Society B: Biological Sciences, 256 (1345): 1-6.

Hess M, Sczyrba A, Egan R, et al, 2011. Metagenomic discovery of biomass-degrading genes and genomes from cow rumen [J]. Science, 331 (6016): 463-467.

Hungate R, Phillips G, Mcgregor A, et al, 1959. Microbial fermentation in certain mammals [J]. Science, 130 (3383): 1192-1194.

Isani G B, Balooch M N, 2000. Camel breeds of Pakistan [J]. CARDN-Pakistan ACSAD, 93: 150-155.

Ishag I A, Reissmann M, Eltaher H A, et al, 2015. Polymorphisms of tyrosinase gene (exon 1) and its impact on coat color and phenotypic measurements of Sudanese Camel Breeds [J]. Scientific Journal of Animal Science, 2 (5): 109-115.

Ishag I A, Reissmann M, 2010. Phenotypic and molecular characterization of six Sudanese camel breeds

主要参考文献

［J］. South African Journal of Animal Science，40：319-332.

Jain N C，Keeton K S，1974. Morphology of camel and llama erythrocytes as viewed with the scanning electron microscope ［J］. British Veterinary Journal，130（3）：288-291.

Khanna N D，Rai A K，Tandon S N，1990. Population trends and distribution of camel population in India ［J］. Indian Journal of Animal Sciences，60（3）：331-337.

Krause D O，Denman S E，Mackie R I，et al，2003. Opportunities to improve fiber degradation in the rumen：microbiology，ecology，and genomics ［J］. FEMS Microbiology Reviews，27（5）：5-7.

Kumar S，Sharma V K，Singh S，2013. Proteomic identification of camel seminal plasma：purification of β-nerve growth factor ［J］. Animal Reproduction Science，136（4）：289-295.

Larsen N，Vogensen F K，Fw V D B，et al，2010. Gut microbiota in human adults with type 2 diabetes differs from non-diabetic adults ［J］. PLoS One，5（2）：e9085.

Lupton C J，McColl A，Stobart R H，2006. Fiber characteristics of the Huacaya Alpaca ［J］. Small Ruminant Research，64：211-224.

Lynd L R，Weimer P J，Zyl W H V，et al，2002. Microbial cellulose utilization：fundamentals and biotechnology ［J］. Microbiology and Molecular Biology Reviews，66（3）：56-77.

Mariasegaram M，Pullenayegum S，Ali M，et al，2002. Isolation and characterization of eight microsatellite markers in Camelus dromedarius and cross-species amplification in C. bactrianus and Lama pacos ［J］. Animal Genetics，33：377-405.

Mathew A G，Robbins C M，Chattin S E，1997. Influence of galactosyl lactose on energy and protein digestibility，enteric microflora，and performance of weanling pigs ［J］. Journal of Animal Science，75（4）：1009.

Matsui H，Ogata K，Tajima K，et al，2000. Phenotypic characterization of polysaccharidases produced by four prevotella type strains ［J］. Current Microbiology，41（1）：45-49.

Mohamad W，Abdelbary P，Hyoung K K，et al，2014. Proteomics of old world camelid (*Camelus dromedarius*)：better understanding the interplay between homeostasis and desert environment ［J］. Journal of Advanced Research，5（2）：219-242.

Niasari-Naslaji A，Gharahdaghi A A，Mosaferi S，et al，2008. Effect of sucrose extender with different levels of osmolality on the viability of spermatozoa in bactrian camel (*Camelus bactrianus*) ［J］. Pajouhesh And Sazandegi，20：112-117.

Obreque V，Coogle L，Henney P J，et al，1998. Characterisation of 10 polymorphic alpaca dinucleotide microsatellites ［J］. Animal Genetics，29（6）：461-462.

Oria I，Quican，Quispe E，et al，2009. Variabilidad del color de la fibra de alpaca en la zona altoandina de Huancavelica-Peru ［J］. Animal Genetic Resources Information，45：79-84.

Pamela A B，2016. The history of old world camelids in the light of molecular genetics ［J］. Tropical Animal Health and Production，48（5）：121-126.

Penedo M，Caetano A，Cordova K，1999. Eight microsatellite markers for South American camelids ［J］. Animal Genetics，30：161-168.

Peters J，Driesch A，1997. The two-humped camel (*Camelus bactrianus*)：new lights on its distribution，management and medical treatment in the past ［J］. Journal of Zoology，242：651-679.

Peterson D A，Frank D N，Pace N R，et al，2008. Metagenomic approaches for defining the

Deng Y, Huang Z, Zhao M, et al, 2017. Effects of co-inoculating rice straw with ruminal microbiota and anaerobic sludge: digestion performance and spatial distribution of microbial communities [J]. Applied Microbiology Biotechnology, 101 (14): 1-12.

Druart X, Rickard J P, Mactier S, et al, 2013. Proteomic characterization and cross species comparison of mammalian seminal plasma [J]. Journal of Proteomics, 91: 22.

Elamin F M, Saha N, 1980. Blood protein polymorphism in the one-humped camel (*Camelus dromedarius*) in the Sudan [J]. Blood Grps Biotem, 11: 39-41.

Ericsson A C, Johnson P J, Lopes M A, et al, 2016. A microbiological map of the healthy equine gastrointestinal tract [J]. PLoS One, 11 (11): e0166523.

Faye B, Saintmartin G, Bonnet P, et al, 2011. Guide de l'élevage du dromadaire [J]. Cirad, 12 (6): 51-23.

Feelet N L, Bottomley S, 2011. Three novel mutation in ASIP associated with black fibre in alpacas (*Vicugna pacas*) [J]. Journal of Agricultural Science, 149: 529-538.

Gharechahi J, Salekdeh G H, 2018. Ametagenomic analysis of the camel rumen's microbiome identifies the major microbes responsible for lignocellulose degradation and fermentation [J]. Biotechnology for Biofuels, 11 (1): 216-218.

Gharechahi J, Zahiri H S, Noghabi K A, et al, 2015. In-depth diversity analysis of the bacterial community resident in the camel rumen [J]. Systematic & Applied Microbiology, 38 (1): 67-76.

Guridi M, Soret B, Alfonso L, et al, 2011. Single nucleotide polymorphisms in the Melanocortin 1 Receptor gene are linked with lightness of fibre colour in Peruvian Alpaca (*Vicugna pacos*) [J]. Animal Genetics, 42: 679-682.

Hamelin M, Sayd T, Chambon C, et al, 2007. Differential expression of sarcoplasmic proteins in four heterogeneouso vine skeletal muscles [J]. Proteomics, 7 (2): 271-280.

Hanski I, Gaggiotti O E, Hanski I, 2004. Ecology, genetics and evolution of metapopulations [J]. Journal of the Torrey Botanical Society, 131 (4): 696.

He J, Yi L, Hai L, et al, 2018. Characterizing the bacterial microbiota in different gastrointestinal tract segments of the Bactrian camel [J]. Scientific Reports, 8 (1): 654-655.

Heintzman P D, Zazula G D, Cahill J A, et al, 2015. Genomic data from extinct north American camelops revise camel evolutionary history [J]. Molecular Biology and Evolution, 32 (9): 88-92.

Helen F S, Miranda K, Jane C W, 1994. Molecular evolution of the family Camelidae: a mitochondrial DNA study [J]. Proceedings of the Royal Society B: Biological Sciences, 256 (1345): 1-6.

Hess M, Sczyrba A, Egan R, et al, 2011. Metagenomic discovery of biomass-degrading genes and genomes from cow rumen [J]. Science, 331 (6016): 463-467.

Hungate R, Phillips G, Mcgregor A, et al, 1959. Microbial fermentation in certain mammals [J]. Science, 130 (3383): 1192-1194.

Isani G B, Balooch M N, 2000. Camel breeds of Pakistan [J]. CARDN-Pakistan ACSAD, 93: 150-155.

Ishag I A, Reissmann M, Eltaher H A, et al, 2015. Polymorphisms of tyrosinase gene (exon 1) and its impact on coat color and phenotypic measurements of Sudanese Camel Breeds [J]. Scientific Journal of Animal Science, 2 (5): 109-115.

Ishag I A, Reissmann M, 2010. Phenotypic and molecular characterization of six Sudanese camel breeds

［J］. South African Journal of Animal Science，40：319-332.

Jain N C，Keeton K S，1974. Morphology of camel and llama erythrocytes as viewed with the scanning electron microscope ［J］. British Veterinary Journal，130 (3)：288-291.

Khanna N D，Rai A K，Tandon S N，1990. Population trends and distribution of camel population in India ［J］. Indian Journal of Animal Sciences，60 (3)：331-337.

Krause D O，Denman S E，Mackie R I，et al，2003. Opportunities to improve fiber degradation in the rumen：microbiology，ecology，and genomics ［J］. FEMS Microbiology Reviews，27 (5)：5-7.

Kumar S，Sharma V K，Singh S，2013. Proteomic identification of camel seminal plasma：purification of β-nerve growth factor ［J］. Animal Reproduction Science，136 (4)：289-295.

Larsen N，Vogensen F K，Fw V D B，et al，2010. Gut microbiota in human adults with type 2 diabetes differs from non-diabetic adults ［J］. PLoS One，5 (2)：e9085.

Lupton C J，McColl A，Stobart R H，2006. Fiber characteristics of the Huacaya Alpaca ［J］. Small Ruminant Research，64：211-224.

Lynd L R，Weimer P J，Zyl W H V，et al，2002. Microbial cellulose utilization：fundamentals and biotechnology ［J］. Microbiology and Molecular Biology Reviews，66 (3)：56-77.

Mariasegaram M，Pullenayegum S，Ali M，et al，2002. Isolation and characterization of eight microsatellite markers in Camelus dromedarius and cross-species amplification in C. bactrianus and Lama pacos ［J］. Animal Genetics，33：377-405.

Mathew A G，Robbins C M，Chattin S E，1997. Influence of galactosyl lactose on energy and protein digestibility，enteric microflora，and performance of weanling pigs ［J］. Journal of Animal Science，75 (4)：1009.

Matsui H，Ogata K，Tajima K，et al，2000. Phenotypic characterization of polysaccharidases produced by four prevotella type strains ［J］. Current Microbiology，41 (1)：45-49.

Mohamad W，Abdelbary P，Hyoung K K，et al，2014. Proteomics of old world camelid (*Camelus dromedarius*)：better understanding the interplay between homeostasis and desert environment ［J］. Journal of Advanced Research，5 (2)：219-242.

Niasari-Naslaji A，Gharahdaghi A A，Mosaferi S，et al，2008. Effect of sucrose extender with different levels of osmolality on the viability of spermatozoa in bactrian camel (*Camelus bactrianus*) ［J］. Pajouhesh And Sazandegi，20：112-117.

Obreque V，Coogle L，Henney P J，et al，1998. Characterisation of 10 polymorphic alpaca dinucleotide microsatellites ［J］. Animal Genetics，29 (6)：461-462.

Oria I，Quican，Quispe E，et al，2009. Variabilidad del color de la fibra de alpaca en la zona altoandina de Huancavelica-Peru ［J］. Animal Genetic Resources Information，45：79-84.

Pamela A B，2016. The history of old world camelids in the light of molecular genetics ［J］. Tropical Animal Health and Production，48 (5)：121-126.

Penedo M，Caetano A，Cordova K，1999. Eight microsatellite markers for South American camelids ［J］. Animal Genetics，30：161-168.

Peters J，Driesch A，1997. The two-humped camel (*Camelus bactrianus*)：new lights on its distribution，management and medical treatment in the past ［J］. Journal of Zoology，242：651-679.

Peterson D A，Frank D N，Pace N R，et al，2008. Metagenomic approaches for defining the pathogenesis of inflammatory bowel diseases [J]. Cell Host & Microbe, 3 (6): 417.

Powell A J, Moss M J, Tree L T, et al, 2008. Characterization of the effect of melanocortin 1 receptor, a member of the hair color genetic locus, in alpaca (*Lama pacos*) fleece color differentiation [J]. Small Ruminant Research, 79: 183-187.

Radwan A I, Bekairi S I, Prasad P V, 1992. Serological and bacteriological study of brucellosis in camels in central Saudi Arabia [J]. Revue Scientifique et Technique, 11 (3): 837-844.

Ridlon J M, Alves J M, Hylemon P B, et al, 2013. Cirrhosis, bile acids and gut microbiota: Unraveling a complex relationship [J]. Gut Microbes, 4 (5): 382-387.

Saalfeld W K, Edwards G P, McGregor M, et al, 2010. istribution and abundance of the feral camel (*Camelus dromedarius*) in Australia. [J]. Rangeland Journal, 32 (1): 1-9.

Sadder M T, Migdadi H M, Zakri A M, et al, 2015. Expression analysis of heat shock proteins in dromedary camel (*Camelus dromedarius*) [J]. Journal of Camel Practice & Research, 22 (1): 19-24.

Samsudin A A, Evans P N, André-Denis G, et al, 2011. Molecular diversity of the foregut bacteria community in the dromedary camel (*Camelus dromedarius*) [J]. Environmental Microbiology, 13 (11): 3024-3035.

Sponenberg P, 2001. Some educated guesses on colour genetics of alpacas [J]. Alpaca Registry Journal, 4: 118-124.

Stanley H F, Kadwell M, Wheeler J C, 1994. Molecular evolution of the family camelidae: a mitichondrial DNA study [J]. Biological Sciences, 256 (1345): 1-6.

Taghi G K, 2017. A review of genetic and biological status of Iranian two-humped camels (*Camelus bactrianus*), a valuable endangered species [J]. Journal of Entomology and Zoology Studies, 5 (4): 906-909.

Tyakht A V, Kostryukova E S, Popenko A S, et al, 2014. Human gut microbiota community structures in urban and rural populations in Russia [J]. Gut Microbes, 4 (3): 2356-2469.

Valbonesi A A, 2011. Inheritance of white, black and brown coat colors in alpaca (*Vicuna pacos* L.) [J]. Small Ruminant Ressarch, 99: 16-19.

Wang T Y, Chen H L, Lu M Y, et al, 2011. Functional characterization of cellulasesidentified from the cow rumen fungus Neocallimastix patriciarum W5 by transcriptomic and secretomic analyses [J]. Biotechnology for Biofuels, 4 (1): 24-25.

Wardeh M F, 2004. Classification of the dromedary camels [J]. Camel Science, 1: 1-7.

Warnecke F, Luginbuhl P, Ivanova N, et al, 2007. Metagenomic and functional analysis of hindgut microbiota of a wood-feeding higher termite [J]. Nature, 450 (7169): 560-565.

Watanabe H, Tokuda G, 2001. Animal cellulases [J]. Cellular & Molecular Life Sciences Cmls, 58 (9): 1167-1178.

Wu H, Guang X, Al-Fageeh M B, et al, 2014. Camelid genomes reveal evolution and adaptation to desert environments [J]. Nature Communications, 5 (5): 1-8.

Wu H, Guang X, Alfageeh M B, et al, 2014. Camelid genomes reveal evolution and adaptation to desert environments [J]. Nature Communications, 5 (5): 5188.

Zhu W, Yao W, Mao S, 2003. Development of bacterial community in faeces of weaning piglets as revealed by denaturing gradient gel electrophoresis [J]. Wei Sheng Wu Xue Bao, 43 (4): 503-508.

图书在版编目（CIP）数据

骆驼基因与种质资源学/吉日木图，明亮，何静主
编．—北京：中国农业出版社，2021.12
国家出版基金项目　骆驼精品图书出版工程
ISBN 978-7-109-28909-3

Ⅰ．①骆…　Ⅱ．①吉…　②明…③何…　Ⅲ．①骆驼—
基因②骆驼—种质资源　Ⅳ．①S824

中国版本图书馆 CIP 数据核字（2021）第 221159 号

中国农业出版社出版

地址：北京市朝阳区麦子店街 18 号楼
邮编：100125
丛书策划：周晓艳　王森鹤　郭永立
责任编辑：周晓艳　王丽萍
版式设计：杜　然　责任校对：沙凯霖
印刷：北京通州皇家印刷厂
版次：2021 年 12 月第 1 版
印次：2021 年 12 月北京第 1 次印刷
发行：新华书店北京发行所
开本：787mm×1092mm　1/16
印张：16.5　插页：7
字数：470 千字
定价：200.00 元